低炭素社会の法政策理論

兼平裕子

低炭素社会の法政策理論

学術選書
56
環境法

信山社

はしがき

　本書は，地球温暖化対策を実効性あるものとするための国際的枠組み作りや国内政策の具体策において必要とされる，低炭素社会構築に向けた法政策理論をまとめたものである。

　もともとは 2003 年に提出した学位論文として書き上げたものであるが，このたび出版の機会を与えていただいたのを契機に，全面的に書き直した。書き直しに際して改めて感じたのは，地球温暖化問題について，世界的・全市民的な関心が集まり，新法の制定や改定を含めて多方面からの実践が行われているが，それでも，エネルギー政策に必要なグランド・ビジョンは欠けたままということである。それは，研究者や実務家（行政府や立法府）と市民活動（NPOやNGO）のコラボレーションが欠如していることの反映であり，今後は，官も民も第三セクターもが共働し，グランド・ビジョンを共創し，政策提言を実践に移していく仕組みが求められていると思われる。

　1997 年の COP3 での京都議定書の締結以降，社会的実践や学問的な進捗はかなり大きい。持続可能な社会を形成し，将来世代に負の遺産を残さないためには，低炭素社会の形成が必要なことは共通の認識となっている。しかし，どのような枠組みが公平で効率的であり，それらを形成するためにはどのような法政策や法理論が必要かについては，それぞれの立ち位置により異なる。理論に基づいた実践段階となると，政治の問題となり，利害調整プロセスが必要となる。理論と実践の両分野において，双方の壁を乗り越えて，共創体制が形成されることを期待したい。

　社会科学の分野では，温室効果ガスを削減する仕組みは環境経済学の理論，国際的な合意形成は国際法の分野の問題と捉えられることが多い。しかし，環境経済学の理論を取り込んだ枠組み作りにしても，国際的な枠組みを遵守するための国内的な仕組みにしても，最終的には法律の形式に落とし込んでいく必要がある。これらの実定法に共通する一貫した理論が必要になる。本書はこれらを念頭に論じたものである。

　地球温暖化問題の本質はエネルギー問題であり，資源の乏しい日本の準国産エネルギーとしての原子力問題は避けて通れない。原子力を低炭素社会形成の切り札とするのが政府の立場であるが，このままの推進策を 2020 年，2030 年，そして政府が 60％削減を目指している 2050 年においても続けることに関し，

はしがき

矛盾は生じないのか。規制緩和を背景にした電気事業分野における原子力と再生可能エネルギーの将来像を念頭に置きつつ、2020年において政府が目指す25％削減にとって不可欠とされる炭素税や排出量取引等をどう位置付けるのかにつき、租税法、競争法、行政法、環境法上の論点について言及した。

　本書を通じて提起したいことは、ことエネルギー分野においては、日本には日本独自の理論が必要であり、EUや米国の政策を後追いすることなく、日本のエネルギーの特異性を念頭にした法理論が形成できないだろうかという点である。その目指すべき到達点の入り口にすら達していない拙ない書物ではあるが、以上を念頭にアプローチした本書が、理論と実践をつなぐ小さな橋渡しとして役立つことを願っている。

　そもそも、地球温暖化問題に興味を持つようになったのは1995年頃、北欧諸国で環境税という税金が導入されているらしいということを知ったことが契機である。もともと学問を目指した人生設計をしてきたわけではなく、興味があること、出来ることを、とりあえず積み重ねて、今日に至ることができた。いろいろな仕事や活動を重ねて感じることは、壁は意外と低いということであり、それを後に続く人たちにも伝えたいと願っている。厳しい学問の世界で能力の限界を感じつつも、現在の仕事は天職だと感じている。ここまで来ることができたのは、何といっても、理解のある家族みんなのおかげである。実家の家族、現在の家族に心から感謝したい。

　神戸大学の指導教官である阿部泰隆先生には、博士論文の作成・審査時からご指導していただき、感謝の限りである。今回も、出版を勧めていただき、信山社をも紹介してくださった。信山社の袖山貴社長、編集をしてくださった稲葉文子氏にも、お忙しい中、助力をいただき、心から感謝申し上げる次第です。

2010年7月

道後温泉の地にて
兼平　裕子

目　次

はしがき

第1章　国際的枠組みと国内対策 … 1

1.1　京都議定書以降の新たな枠組み作りへの模索 … 1
- 1.1.1　IPCC第四次報告書と京都議定書 … 1
- 1.1.2　気候変動枠組条約の理念——共通だが差異のある責任と予防原則 … 5
- 1.1.3　京都議定書から新たな枠組み作りへ … 9
- 1.1.4　COP15での争点をめぐって——法的拘束力のある枠組み … 13

1.2　主要国の国内対策 … 15
- 1.2.1　コペンハーゲン合意とEU排出量取引制度 … 15
- 1.2.2　米国の温暖化防止への取組みとクリーンエネルギー安全保障法 … 18
- 1.2.3　日本の国内対策——地球温暖化対策基本法の実効性を求めて … 20

第2章　公共事業における競争のあり方と電気事業における温暖化対策 … 23

2.1　エネルギー政策の理念と電力自由化の進捗度 … 23
- 2.1.1　エネルギー政策の理念と電力自由化に対する考え方 … 23
- 2.1.2　EU電力指令と電力自由化の進捗度 … 28
- 2.1.3　米国における電力自由化の進捗度と包括エネルギー法 … 32

2.2　公益事業における競争のあり方 … 34
- 2.2.1　どのような分離方式が望ましいか——供給競争か供給責任か … 34
- 2.2.2　電気事業分野における規制緩和の目指すもの … 36
- 2.2.3　電気事業における公益的課題 … 38
- 2.2.4　電力市場再編の方向——アンバンドリング … 43

2.3　電気事業における温暖化対策 … 46
- 2.3.1　排出原単位20％削減の問題点 … 46
- 2.3.2　天然ガスか，石炭か，石油か … 50

         2.3.3　電源の多様化の目指すもの ……………………………… *53*
   2.4　電源の選択と電力市場完全自由化 …………………………… *54*
         2.4.1　炭素含有量のより少ない燃料源へ──石油石炭税 ……… *54*
         2.4.2　原子力振興のための電源開発促進税 ………………… *57*
         2.4.3　電力市場完全自由化 …………………………………… *59*

第3章　温室効果ガス削減への原子力の役割と依存の限界 … *65*

   3.1　原子力ルネサンスと原子力発電への国の関与 ……………… *65*
         3.1.1　原子力ルネサンスと日本の原子力立国の問題点 ……… *65*
         3.1.2　原子力発電への国の関与 ……………………………… *67*
         3.1.3　原子力発電に公益性はあるか──ベース・ロード電源としての役割 ………………………………………………………… *72*
   3.2　温室効果ガス25％削減への原子力推進の問題点 …………… *75*
         3.2.1　地震国での原発集中立地のリスク …………………… *75*
         3.2.2　核燃料サイクルと最終処分地問題 …………………… *77*
   3.3　原発への過度の依存と司法審査の限界 ……………………… *80*
         3.3.1　立地プロセス段階における法の欠缺と伊方原発訴訟 … *80*
         3.3.2　志賀原発訴訟・浜岡原発訴訟と新耐震基準 ………… *85*
   3.4　行政府への統制──司法的統制と手続的統制 ……………… *89*
         3.4.1　段階的安全規制方式の限界と義務付け訴訟の可能性 … *89*
         3.4.2　原子力安全委員会への手続的統制と情報公開 ……… *91*
         3.4.3　プルサーマルの限界と廃炉・最終処分地問題──見直しは不可能か …………………………………………………………… *92*
   3.5　官と民の役割と住民の関与 …………………………………… *95*
         3.5.1　地震大国における原子力立国の限界──社会通念上許容されるリスクとは？ …………………………………………………… *95*
         3.5.2　地方の選択──住民自治と情報公開 ………………… *96*

第4章　どのような炭素税が望ましいか ……………………… *101*

   4.1　どのような経済的手法が望ましいか ………………………… *101*
         4.1.1　エネルギー需給の現状からの炭素税導入の必要性 …… *101*

4.1.2　環境税に関するこれまでの議論 …………………………… 104
　　4.1.3　経済的手法のポリシー・ミックス——炭素税と排出量取引 …… 110
　4.2　租税としての炭素税の機能…………………………………………… 114
　　4.2.1　政策税としての炭素税——税制上の役割と税の中立性の意義 …… 114
　　4.2.2　グリーン税制改革の意義と限界 ……………………………… 118
　　4.2.3　消費課税における課税権の限界——租税法における違憲審査基準 …… 123
　　4.2.4　法人への影響と国境税調整 …………………………………… 127
　　4.2.5　政策税制の役割 ………………………………………………… 130
　　4.2.6　租税特別措置のグリーン化 …………………………………… 131
　4.3　具体的な炭素税——欧州における実践例の検討………………… 135
　　4.3.1　イギリスの気候変動税と排出量取引 ………………………… 135
　　4.3.2　ドイツの電気・石油税と憲法抗告 …………………………… 138
　　4.3.3　フランスの炭素税・違憲判決と電力部門の化石燃料ゼロ …… 141
　　4.3.4　スウェーデンの成果——二元的所得税と環境税 …………… 143
　4.4　どのような炭素税が望ましいか …………………………………… 145
　　4.4.1　既存エネルギー諸税と炭素税の導入 ………………………… 145
　　4.4.2　石炭にかかる税金と石油にかかる税金 ……………………… 148

第5章　エネルギー源の低炭素化 ……………………………………… 153

　5.1　電源の選択は可能か ………………………………………………… 153
　　5.1.1　政策手段の評価軸 ……………………………………………… 153
　　5.1.2　エネルギー業界の規制緩和と環境保全策との両立策 ……… 157
　　5.1.3　持株会社制で競争が起きるか ………………………………… 161
　　5.1.4　エネルギー事業法の必要性——エネルギー政策と環境政策の融合化 ……………………………………………………………… 165
　5.2　再生可能エネルギー促進策の検討 ………………………………… 168
　　5.2.1　供給者側へのインセンティブ，需要者側へのインセンティブ 168
　　5.2.2　固定価格買取制度とRPS制度の問題点——保護策か競争策か …… 171
　　5.2.3　廃棄物発電と「新エネルギー等」の定義 …………………… 174
　5.3　再生可能エネルギー普及策各論 …………………………………… 177
　　5.3.1　風力と系統問題——スマートグリッドの可能性 …………… 177

5.3.2　太陽光発電──一般家庭用から輸出産業に ……………………… *180*
　　5.3.3　バイオマス発電とバイオ燃料──国土保全の観点と木質廃棄物の
　　　　　有効利用 ……………………………………………………………… *182*
　　5.3.4　廃棄物発電──サーマルリサイクルとマテリアルリサイクル …… *187*
　　5.3.5　燃料電池の可能性──水素経済に向けて ……………………… *191*

第6章　京都議定書以降の枠組み作り …………………………… *195*

6.1　温室効果ガス25％削減のための国内政策──地球温暖化対策税　*195*
　　6.1.1　税制改正大綱の役割………………………………………………… *195*
　　6.1.2　経済のグローバル化と炭素税──二元的所得税の検討を含めて… *200*
6.2　国際的な資金援助システムの構築に向けて──地球環境税の可
　　能性………………………………………………………………………… *206*
　　6.2.1　国際連帯税・地球環境税に関する議論 …………………………… *206*
　　6.2.2　国際連帯税──航空券連帯税　……………………………………… *209*
　　6.2.3　緩和策と適応策──気候変動のための基金 ……………………… *211*
　　6.2.4　地球環境税の可能性………………………………………………… *213*

低炭素社会の法政策理論

第1章　国際的枠組みと国内対策

1.1　京都議定書以降の新たな枠組み作りへの模索

1.1.1　IPCC第四次報告書と京都議定書

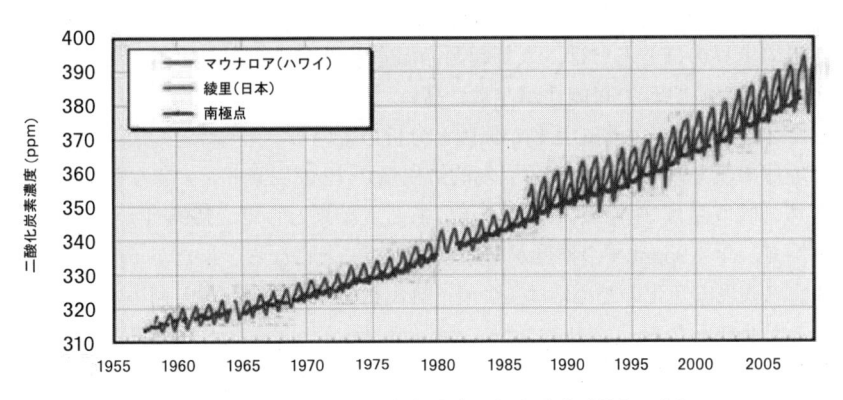

　現在，地球表面の平均気温が約15°Cに保たれているのは，光はよく通すが赤外線（熱）を吸収する温室効果ガス[1]が大気中に存在しているためであり，仮に温室効果ガスがなかったとすると，地球の気温は－18°Cくらいになってしまうといわれている。地球の地表温度はCO_2等の排出と固定の微妙なバランスの上に維持されてきたものであるが，産業革命以後の人為的な温室効果ガスの排出によって，大気中のCO_2濃度は産業革命以前の280ppmから2008年には385.2ppmへと上昇している[2]（図1-1参照）。

図1-1　大気中の二酸化炭素濃度の経年変化（過去50年）
http://www.jccca.org/content/view/1034/775/

---

[1]　京都議定書の数値目標の対象とされる温室効果ガスは，二酸化炭素（CO_2），メタン，一酸化二窒素（N_2O），HFC, PFC, SF6の6種類である。

[2]　WMO（世界気象機関）2009年11月23日発表によると，大気中の温室効果ガス濃度は2008年，産業革命以降で最高となった。地球温暖化への影響が一番高いと考えられているCO_2は2007年に比べ2.0ppm上昇し385.2ppmに，メタンは同じく7ppb増え1,797ppbに，一酸化二窒素（N_2O）は0.9ppb増の321.8ppbとなった。WMOプレスリリースNo.868.http://www.wmo.int/pages/mediacentre/press_releases/pr_868_en.html

第 1 章　国際的枠組みと国内対策

　地球温暖化問題に関する科学的知見は，1988 年に WMO（世界気象機関）と UNEP（国連環境計画）によって設立された IPCC（Intergovernmental Panel on Climate Change）による報告書によって示されている。これまでも，四度の報告書（第一次報告書（1990 年），第二次報告書（1995 年），第三次報告書（2001 年），第四次報告書（2007 年））を発表し，人間活動に起因する温暖化の影響に関する科学的知見を蓄積してきた。これら IPCC 報告書は，気候変動に関する最新の科学的，技術的，社会経済的情報を，包括的，客観的，透明に評価することを目的とする。査読付論文をベースに評価し，政策に関連（policy-relevant）している必要があるが，政策を規定するもの（policy-prescriptive）であってはならないとされている。

　最新の IPCC 第四次報告書・統合報告書（2007 年 11 月）では，「最近 100 年間（1906－2005）で CO_2 を主因とする温暖化によって 0.74℃（誤差幅を含んでいるので，実際には 0.56～0.92℃）気温が上昇している。気候の温暖化には疑う余地がない。このことは，大気や海洋の世界平均気温の上昇，雪氷の広範囲にわたる融解，世界平均海面水位の上昇が観測されていることから，いまや明白である。」[3] と断定している。さらに，「20 世紀半ば以降に観測された世界平均気温の上昇のほとんどは，人為起源の温室効果ガス濃度の観測された増加によってもたらされた可能性が非常に高い。」[4]，すなわち，これら気候上昇のほとんどの部分は、人間の活動が原因と分析している。

　地球規模でみると，CO_2 の人為的排出量が 72 億炭素トン／年なのに対し，自然の吸収量は 31 億炭素トン／年である。結果として，1995 年から 2005 年平均で，年 1.9ppm ずつ濃度が増加していることになる。したがって，温室効果ガス濃度安定化のためには，今後，排出量を，自然吸収量と同等まで減らすことが必要となる。

　言い換えると，気候を安定化させるためには，不可逆的な段階に至ってしまう前に，排出量を減らす必要がある。生態系にとって危険な状態に至らないようにするためには，産業革命前からの気温上昇を 2.0~2.4℃以下に抑える必要

---

[3] *Intergovernmental Panel on Climate Change Fourth Assessment Report Climate Change 2007 : Synthesis Report* pp.2.

[4] 「非常に高い」，すなわち，"very likely" という記述は IPCC の表記ルールでは 90％以上の確率を意味する。第三次報告書の "likely"（可能性が高い）は 66％以上の自信があるという意味である。*Supra* note pp.5, 江守正多『地球温暖化の予測は「正しい」か？』（化学同人，2008 年）39 頁。

がある。そして，この目標値を達成するためには，2050年における温室効果ガスの排出量を，途上国を含めて，1990年比で少なくとも50％以下に削減させる必要がある[5]。そのためには，2015年までにCO_2排出量をピークにし，先進国は2020年までに90年比で25〜40％削減，途上国も成り行き排出量(BaU)から15〜30％削減する必要がある。

なぜならば，同第三作業部会報告書は，現在の気候変動緩和政策および持続可能な開発に関する実践手法の下では，世界の温室効果ガス排出量は今後20〜30年間増加しつづけると予想しているからである。さらには，エネルギー起源CO_2排出量の増加分のうち，3分の2から4分の3は，非附属書I国（途上国）から排出されると予想している。つまり，途上国も何らかの抑制をしないと平均気温の上昇を2°C以下に抑えることはできないことになる。またIPCC第四次報告書では，既に温暖化による気温上昇と海面水位上昇の影響は表れていることも示されている。

それでも，地球温暖化の被害が実際に顕在化するのは数十年先のことであり，我々世代が被害者となる蓋然性は低い。そして，温暖化対策として提案される施策は，国内的には何らかの既得権益を侵害している。国際的には，先進国と途上国がどのように負担を分担すべきか，という南北間の対立問題となる。このような利害対立が，地球温暖化対策への取組みの合意を得ることを困難にしている。国際的にも，国内的にも，数値目標や削減義務への合意形成を阻む要因となっている。

歴史的な経緯をみると，20世紀後半からの地球温暖化問題への関心——気候変動の原因の可能性として温室効果ガスが考えられる——は，WMOのフィラハ会議（1985年）[6]における科学者によるメッセージを背景に，1988年のIPCCの設立へとつながった。さらには，地球規模での温暖化対策に関する国際条約である国連気候変動枠組条約の締結（1992年5月9日），同年6月，リオデジャネイロにおける「環境と開発に関する会議」（地球サミット）の開催へとつながった。

---

[5] 「2050年50％削減」の意味をどう理解するかが大事になる。第四次報告書・統合報告書では，CO_2濃度につき6つのケースに分け，工業化以前からの平均気温の上昇，排出量の頭打ちの年，2050年の排出量変化を示している（pp.21）。

[6] 「21世紀前半に起こるであろう海面と気温の上昇は人類が経験した，いかなる上昇よりも大きくなる」とし，政治家に対しても「対策へ踏み出すべき」と訴えた。竹内啓二『地球温暖化の政治学』（朝日選書，1998年）5頁。

気候変動枠組条約第2条においては，附属書Ⅰ締約国（削減義務を負う39カ国）は，「気候系に対して危険な人為的干渉を及ぼすこととならない水準において大気中の温室効果ガスの濃度を安定化させる」ことを究極的な目的とすること，そして，第4条2項(b)において，「二酸化炭素その他の温室効果ガスの人為的な排出の量を1990年の水準に戻すという目的をもって行われる」ことが約束（コミットメント）された。

　すなわち，第2条の目的を達成するため，「二酸化炭素その他の温室効果ガスの人為的な排出の量を個別に又は共同して1990年の水準に戻すという目的をもって行われる」（第4条2項）こととされている。しかしこれは「義務」ではなく，「約束」という「努力目標」にすぎない。

　このように気候変動枠組条約の形式は「ソフトロー」[7]的要素を含んでいる。枠組条約は，全体目標，協力義務を一般的な枠組みとして締結し，その後の締約国会議で具体的な義務，条約の解釈を議定書として決定する形をとる。

　枠組条約の努力目標を法的義務のある具体的な削減目標とするため，締約国会議（COP; Conference of Parties）[8]が重ねられた。3回の会議を経た1997年12月のCOP3京都会議において，附属書Ⅰ国全体で2008年から2012年までの5年間の排出量を1990年レベルより5％，EUは8％，米国は7％，日本は6％削減するという内容の京都議定書が採択された。

　この京都議定書の合意内容は，①目標をフローとしての排出量（ストックとしての濃度ではない）におき，②早期の対策を目指し，③数量アプローチをとったものである。ただし，③については，京都メカニズムと呼ばれる「排出量取引」「共同実施（JI）」「クリーン開発メカニズム（CDM）」という柔軟措置の採用も決定された[9]。したがって，議定書は，附属書Ⅰ締約国の排出量を全体で

---

[7]　条約が採択された時点では，曖昧でソフトローのように拘束力のない単なる努力目標に過ぎない。そのため，成立当初から多くの国家の参加が期待でき，定期的に開かれる締約国会議において，内容を詳細に決定していき，最終的に拘束力のあるハードロー化していくものである。

[8]　1995年のCOP1（ベルリン会議）において，1997年のCOP3（京都会議）までに具体的内容を決めるというベルリン・マンデートを採択した。

[9]　2001年7月のボン会議，同年11月のマラケシュ会議では目標達成のための柔軟措置としての京都メカニズムの運用方法が決められた。「排出量取引」（emissions trading）として附属書Ⅰ国間での排出枠の一部の移転が認められたほか，森林の吸収源（シンク）の取扱いが決定された。また，削減費用の低い国に投資し，排出削減分の一部または全部を自国の削減分に算入する方法のうち附属書Ⅰ国間で行う「共同実施（JI）」，途上国との間で行う「クリーン開発メカニズム（CDM）」の詳細も決定された。OECD著・天野明弘監訳『環境関連税制－その評価と導入政策－』（有斐閣，2002年）222頁。

1990年比5％削減させるという数量アプローチをとりながら、京都メカニズムの活用による価格アプローチを補足的手段として、両面からの目標達成を目指したものとなっている。

1.1.2　気候変動枠組条約の理念——共通だが差異のある責任と予防原則

　気候変動枠組条約の究極の目標は、「気候系に対して危険な人為的干渉を及ぼすこととならない水準において大気中の温室効果ガスの濃度を安定化させる」（第2条）ことである。そして第3条において、締約国がこの目的を達成し及びこの条約を実施するための措置をとるにあたっての5項目の指針（6つの原則）が列記されている。うち第1項が「共通だが差異のある責任」、第3項が「予防原則」である。

　まず第1項において、「締約国は、衡平の原則に基づき、かつ、それぞれ共通に有しているが差異のある責任及び各国の能力に従い、人類の現在及び将来の世代のために気候系を保護すべきである。」と明記する。

　「共通に有しているが差異のある責任」（リオ宣言第7原則に定められる原則）とは、ボーダーレスである地球大気圏における温室効果ガスの削減義務はすべての国が負うべき責任であるとの共通利益の認識に由来する。他方、責任の「差異」化は、今後さらなる経済発展を求めたい途上国（非附属書Ⅰ国）の責任と、既に多くの温室効果ガスを排出してきた先進国（附属書Ⅰ国）の責任とは異なること、すなわち、過去の排出に対する南北間の相違を踏まえた上での責任分担の必要性を意味する[10]。地球環境悪化に対する「寄与」と、対応「能力」に応じた費用負担という二つの論拠に基づき認められるものである[11]。

　このような「差異のある責任」を果たすため、途上国には削減目標を課すことなく、附属書Ⅰ国のみ削減目標を負うことになった。しかしIPCC第四次報告書にも明記されているように、今後は、中国やインドのような非附属書Ⅰ国の排出量に関しても何らかの抑制を求めなければ、世界全体で2050年に90年比50％削減し、気温上昇を2℃以下に抑えることはできない。削減義務を負う附属書Ⅰ国以外の途上国（そもそも本条約制度の下では、途上国の定義は存在

---

[10]　気候変動枠組条約3条には、汚染者負担原則（PPPの原則）は明記されていない。代わりに規定されたのが「衡平原則」と「共通だが差異のある責任」である。奥真美「汚染者負担原則」環境法政策学会編『温暖化防止に向けた将来枠組み』（商事法務、2008年）112頁。

[11]　大塚直「環境法の基本原則を基盤とした将来枠組提案」環境法政策学会編『温暖化防止に向けた将来枠組み』（商事法務、2008年）33頁。

しないが）にも何らかの抑制策を課すことが必要になる。

　一方の時系列を越えた責任,「将来の世代」のために「現在の世代」の負うべき責任とはいかなる責任であろうか。将来世代に対する衡平な責任を定めても，守らないときに将来世代から責任を追及されることはない。したがって，あくまで，現在世代が責任を追及できるような方法を定めなければならないことになる。つまり，将来世代のためと言いながら，現在の世代のために約束すること，守れない場合は現在の世代が責任を負うような国際的なシステムを構築することが「将来の世代のための責任」ということになるのではないか。

　「現在世代は，将来世代に対して，その生存条件を保障する完全義務を負っている。」という主張が，環境倫理学の基本的な主張の一つである世代間倫理である[12]。しかし，まだ存在しない人との間に，約束とか契約といった双務的・相互的な関係を取り結ぶことができるのか，という疑問がある。環境悪化の影響を被る将来世代と，汚染を行う現在世代の間の交渉によって問題を解決することはできない。相互的でない関係には拘束力は成立しない。

　現在，何らかの環境保護政策を行わなければ，環境負荷が将来世代に及ぶことになる。しかしながら，現時点での意思決定に，将来世代は参加することができない。現在世代に負担を負わせることを正当化するためには，単なる「汚染者負担の原則」を超えた正当化根拠が必要となる。中長期の視点からの政策意思決定の枠組みを導入する必要が出てくる[13]。

　とはいっても，現在世代と将来世代は連綿とつながっているのであり，何らかの利害関係は存在する。まず，地球上の資源が有限である以上，現在世代と将来世代の間には資源の配分という利害が対立する。さらには，あらゆる世代が引継ぎの連鎖の中にあることからして，放射性廃棄物・有害化学薬品などの負の遺産を将来世代に残す線引きに関しても，利害が一致するとは限らない。

　そもそもの前提として，現在世代と将来世代の間に共通の価値観が存在するとは限らない。「将来世代は，現在世代よりも，よりよい生活をする」ことができるための経済発展の指標がGDPであるが，資源の有限性を考えると，

---

[12] 加藤尚武『環境倫理学のすすめ』（丸善ライブラリー，1991年）110頁以下，同『新・環境倫理学のすすめ』（丸善ライブラリー，2005年）81頁以下参照。

[13] 神山弘行／中里実（監修）「環境と財政制度－経済的手法と世代間衡平」ジュリストNo.1363，21頁以下は，「何らかの利益保護メカニズムがなければ，将来世代の利益は，現在世代の利他心の範囲でのみ保護されるにすぎない。そこで，予算単年度主義を財政統制の原則としつつ，それを補完する仕組みとして中長期な視点からの政策意思決定の枠組みを導入する必要が出てくる。」と財政面からの統制の必要性を主張している。

GDP による計測方法[14] が唯一の評価方法であるとは限らない。

　将来の人々は，現在のわれわれと同じように「危険から平等に保護される権利」を持っていると言えるのだろうか。結局のところ，「人類の現在及び将来の世代のための責任」とは，成長の限界や資源の有限性を前提に，将来の気候系の保護のため，現在世代が負うべき，あくまで，現在世代に対して法的責任を取れる形での負担方法でなければならないのではなかろうか。将来世代は，既に環境を悪化させた過去世代に対して，責任を追及できないのである。

　次に第3項において，「締約国は，気候変動の原因を予測し，予防し又は最小限にするための予防措置（precautionary measures）をとるとともに，気候変動の悪影響を緩和すべきである。」と定められている。さらには，「深刻な又は回復不可能な損害のおそれがある場合には，科学的な確実性が十分にないことをもって，このような予防措置をとることを延期する理由とすべきではない。」との「予防原則」[15] を明記している。

　当該枠組条約における予防原則は，条約の究極目標（2条）とセットとして考慮されるべきである。すなわち，予防原則を支えとして，「気候系に対して危険な人為的干渉を及ぼすことにならない水準において大気中の温室効果ガスの濃度を安定化させる。」という条約の「究極目的」の達成が可能になる[16]。

　「予防原則」とは，もともとドイツの行政法学での「危険防禦」を量的に拡張した概念として捉えられた「リスクへの事前配慮」が，ヨーロッパ法や国際法のレベルでその一部として位置付けられたものである[17]。これが EC 委員会

---

[14] GNH（Gross National Happiness；国民総幸福度）という指標もある。GDP で把握できない「文化の多様性」や「自然環境」など総合的な国力の理念であり，1976 年にブータンの第4代ワンチュク国王が提唱した。日本政府も，2009 年 12 月 30 日に打ち出した「新成長戦略」のなかで，「国民の『幸福度』を表す新たな指標を開発し，その向上に向けた取組を行う」と明記した（33 頁）。ノーベル経済学賞受賞者のスティグリッツも「GDP は経済成長をはかる便利な指標だが，これひとつで開発を語りつくせるわけではない。持続可能で公正な民主的な開発が必要である。」として，ブータン国王による GNH に言及している。ジョセフ・E・スティグリッツ著・楡井浩一訳『世界に格差をバラ撒いたグローバリズムを正す』（徳間書店，2006 年）93 頁。

[15] 「科学的には因果関係が証明できないが，有害性に関してまだ不確実な部分が多いため，この化学物質を予防的に規制した方がよい」という考え方（政策立案や決定まで含む）を「予防原則」（precautionary principle）という。欧州環境庁（EEA）から 'Late lessons from early warnings' が出されている。1992 年のリオ宣言でも「環境保全のために，各国はその能力に応じて，予防的アプローチ（precautionary approach）を幅広くとらなくてはならない」とされている。

[16] 大塚・前掲注(11)95 頁。

の 2000 年報告書「予防原則の適用可能性」や EC 条約 174 条 2 項（共同体の環境政策は，予防と防止の原則……による）につながり，欧州司法裁判所（European Court of Justice）でも予防原則が環境法の分野を超えて適用されるようになった。

　国際法の分野においては，かつては意味内容の曖昧さを根拠に予防概念の法規範性を否定する議論もあったが，「原則」としての予防概念の特性からして，法の解釈・発展において依拠されうる「国際法の原則」であると主張されるようになってきている。特定の行動を指示するような意味内容の明確さがなくても，予防原則の規範性は，裁判や条約レジームなどの決定過程において表明・採用されることで規範的な力を発揮する[18]。

　つまるところ，予防原則とは事前配慮原則を環境法・国際法の一般原則として条文化したものであり，地球温暖化問題に関しては，「将来のために環境資源を保存しておく措置をとるべきであるという資源管理に関する事前配慮」ということになる。予防的な行動をとれなかった場合のコストは誰が支払うのか明らかではなく，より長期的なコストとなるので，ガバナンスの問題を突きつけるものとなる[19]。

　したがって，温暖化防止のための国際的な枠組みとは，科学的知見に基づき，さらには，これらの予防原則に基づき，将来世代に対して責任を果たせる（＝現実的可能性を考慮すると，現在世代が果たすべき法的責任）割合での，先進国と途上国間の責任分担方法ということになるのではないか。

　このように，あくまで現在世代という時系列での責任の所在の明確化が前提になると解すると，次は，「共通の」責任と「差異のある」責任の住み分けが重要になってくる。先進国は，「責任の度合いや強度は異なるにしても，削減に向けて，途上国も含めて全ての国が共通して努力することが必要なので，その共通の部分についての枠組が必要」と主張する。

　一方途上国は，「先進国の約束と途上国の約束は，強度だけではなく，性格

---

[17] 山本隆司「リスク行政の手続的構造」城山英明・山本隆司編『融ける境　超える法⑤ 環境と生命』（東京大学出版会，2005 年）16 頁。
[18] 予防概念を，国家に特定の行為を義務付ける規範として性格付けることは容易ではないが，今日の国際法秩序の解釈・発展において少なからぬインパクトを与えつつある。堀口健夫「予防原則」環境法政策学会編『温暖化防止に向けた将来枠組み』（商事法務，2008 年）149 頁。
[19] 予防原則に基づいて国際条約（気候変動枠組条約）が締結され，その具体的内容が議定書の形で明文化され，発効する。発効すると，批准国はそれぞれ国内法を制定することによって，予防原則を間接的に遵守することになる。

も異なるので，それぞれの約束は分けて定めることが必要」と主張する。いまだ経済発展の恩恵を享受していないにもかかわらず，温暖化による被害を被ることになる脆弱性をもつ途上国は，まず先進国の温室効果ガス大幅削減による「緩和」（mitigation）と，途上国の「適応」（adaptation）に必要とされる資金・投資のフローを要求している。

2009年12月のCOP15コペンハーゲン会議においても，目標を達成するのに必要な資金・投資をいかに確保するか（資金規模，公的資金と民間資金の役割，資金負担はすべての国か，革新的資金メカニズム）が争点となり[20]，合意に至ることができなかった。

現在世代は，予防原則に基づき，将来世代に対して共通の責任があることは認識されている。しかし，差異のある責任分担方法に関しては，南北間のみならず，先進国間でも，利害が対立したままとなっている。

1.1.3 京都議定書から新たな枠組み作りへ

地球温暖化防止は，科学的知見に基づいた政治的な判断が必要とされる問題である。気候変動の社会経済的影響（植生・水資源・食料生産・洪水高潮・感染症の増加等）や世代間の公平の観点から，予防原則に基づいた現在世代としての責任が求められている。

しかし，温室効果ガスの中で重要なウエイトを占めるCO_2は主として化石燃料の燃焼に伴って発生するため，その排出抑制はエネルギー消費のあり方と関わってくる。ここ数十年，石油の可採年数（現在確認されている埋蔵量を1年間の供給量（消費量）で割った数字）は40数年，天然ガスの可採年数は60数年といわれてきた。石炭は，化石燃料の中で可採年数が最も長く，200年以上とされてきたが，近年の消費量の増加により，2000年の227年から2008年では122年と急激にその年数を下げてきている[21]（図1-2参照）。これらの数字には，石油等の探査・開発の可能性や市場メカニズムによる需給調整機能は考慮に入れられていないので確定的でないが，われわれは地球の生態系が35億年の歴

---

[20] 途上国における緩和策や適応策の実現に必要な追加的資金の規模は，条約事務局や世界銀行等で試算されているが，2030年までに数百億～数千億ドル規模になると見込まれている。(UNFCCC Investment and Financial Flows to Address Climate Change, 2007) (財)地球環境戦略研究機関（IGES）編『地球温暖化対策と資金調達』（中央出版法規，2009年）25-26頁。
[21] 榎本聰明『原子力発電がよくわかる本』（オーム社，2009年）11頁。

史をかけて蓄積した太陽エネルギーの化石をたかだか数百年で使い切ってしまおうとしている。化石燃料が地殻に蓄積した速度の約 100 万倍のスピードで化石燃料を使っている。このような文明が「持続可能」であるはずがない。

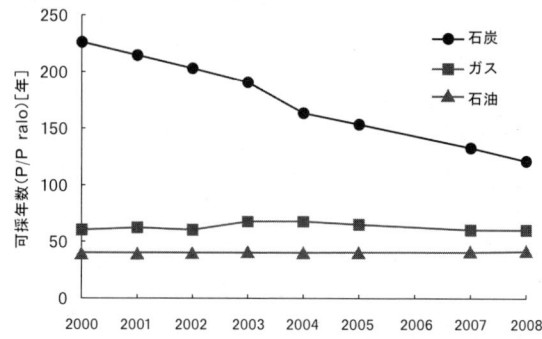

図 1-2 化石燃料の可採年数（BP Statistical Review of World Energy 2009 より）

　地球温暖化を防止し，持続可能な社会を築くためには，燃料源の抜本的な転換と技術革新により，エネルギー利用システムを改革させ，低炭素社会を構築する必要がある。持続可能な社会は「人と環境の両方」にやさしい社会でなければならない。環境と経済はトレード・オフの関係にあるのではない。持続可能な温暖化対策として，経済的に採算のとれるエネルギー政策が必要となる。採算のとれるエネルギー政策は，どのような立場であれ損はないが，過大な費用のかかる対策，生活の利便性を損なう対策，自由な経済活動の障害となる対策ではリグレット・ポリシーとなってしまうからである[22]。

　京都議定書の内容の詳細なルール設定については交渉が重ねられ，2001 年 7 月の COP6 ボン会議，同年 11 月の COP7 マラケシュ会議において詳細な運用ルールが決定された[23]。2001 年 3 月には，CO_2 総排出量の 1/4 を占める米国のブッシュ政権が議定書から離脱するという危機に遭遇したが，それでもロシアの批准によって，2005 年 2 月 16 日には京都議定書が発効した[24]。

　京都議定書の約束期間は 2008 年から 2012 年までの 5 年間である。2013 年

---

[22] 佐和隆光『地球温暖化を防ぐ── 20 世紀型経済システムの転換──』（岩波新書，1997 年），天野明弘「CO_2 排出削減のための経済的政策手段」環境と公害 Vol.27. No.2 参照。
[23] 浜中裕徳編『京都議定書をめぐる国際交渉　COP3 以降の交渉経緯（改訂増補版）』（慶応義塾大学出版会，2009 年）115 頁。
[24] 京都議定書の発効には 55 カ国以上の批准と，批准した付属書 I 締約国の温暖化ガス排出量合計が付属書 I 締約国全体の排出量の 55％を越えるという 2 つの条件が必要であった。17.4％を占めるロシアの批准によって排出量割合の条件が満たされ，発効した。

1.1 京都議定書以降の新たな枠組み作りへの模索

以降の枠組みは何ら整っていない。「2013年以降の枠組み作り（第二約束期間）を2009年のCOP15コペンハーゲン会議までに合意する」というのが2007年バリで開催されたCOP13での「バリ行動計画」であった。その内容は，まず，①米国等も参加した交渉の場（AWG-LCA）[25]で，米国や途上国も含めた削減義務・抑制努力について検討すること。次いで，②長期的協同行動のための共通のビジョンを持ち，先進国と途上国が排出削減策（mitigation）をとること，さらには，③途上国における森林減少の抑制による排出削減対策として，技術移転・資金供与の促進（adaptation）を行うというものであった。

ここ数年の交渉が難航しているのは，COP1ベルリン・マンデートにおいて，「途上国には新たな義務を課さないこと」が明記されていることが大きな要因となっている。まず，途上国の緩和と適応行動支援を目的とする施策（＝資金援助等のシステム作りや技術開発・移転）により，交渉に積極的に参加できるような仕組みの構築が求められている。

2008年12月にポーランドで開催されたポツナニ会議（COP14）では，米国の次期大統領にオバマ大統領が決定したばかりであったため，ほとんどの課題がCOP15へと持ち越されることになった。

2009年12月に開催されたコペンハーゲン会議（COP15）は，120カ国を超える首脳が集まり，世界的な注目を集めたが，結果としては，コペンハーゲン合意案は決議されず，留意（take note）にとどまった。温室効果ガスの削減については，これまで同様に，「産業革命前からの気温上昇を2℃以内に抑える」という点を再確認したにとどまり，具体的な成果としては，「2012年までの3年間に300億ドル支援」「2020年時点で年1,000億ドルの拠出を目指す」という先進国から途上国への資金供与のみであった。

世界の温室効果ガスの排出量は図1-3に示すように，2007年にはついに中国がアメリカを抜いて世界一の排出国になった。しかし，経済成長が政治体制の安定に欠かせない中国にとって，排出抑制を義務付けられるのは困るという事情がある。一人当たりの排出量を比較すると，2006年段階で，米国の19.3トン／人，日本の9.7トン／人に対し，中国は4.3トン／人（出典；EDMCエ

---

[25] 会議の交渉は，議定書を批准していない米国や，途上国である中国・インドなど主要途上国を含めた枠組条約の下での特別作業部会（AWG-LCA; Ad-hoc Working Group on Long-Term Cooperation Action under the U.N. Framework Convention on Climate Change）と，京都議定書の下の特別作業部会（AWG-KP; Ad-hoc Working Group on Further Commitments for Annex I Parties under the Kyoto Protocol）で同時に進められている。

ネルギー・経済統計要覧 2009 年版）にすぎない。人口が多いため総排出量は大きくなるが、一人当たりでは米国の 1/4 にすぎないという事実も、軽視できない要因である。

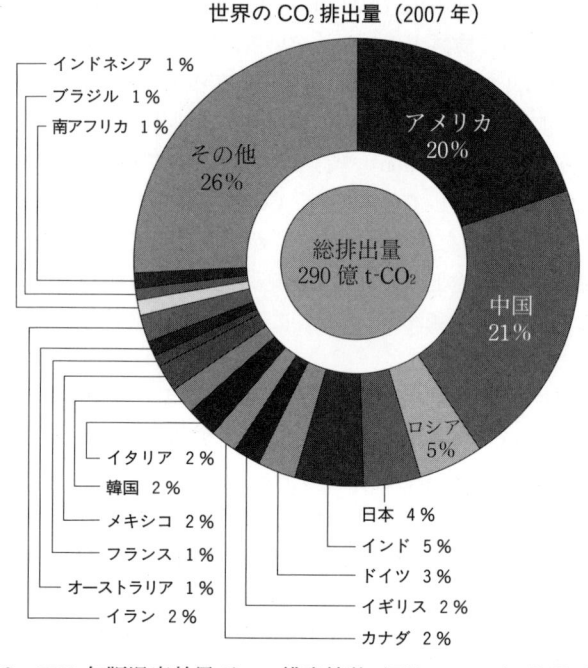

世界の CO_2 排出量（2007 年）

- インドネシア 1%
- ブラジル 1%
- 南アフリカ 1%
- その他 26%
- アメリカ 20%
- 中国 21%
- ロシア 5%
- 日本 4%
- インド 5%
- ドイツ 3%
- イギリス 2%
- カナダ 2%
- イラン 2%
- オーストラリア 1%
- フランス 1%
- メキシコ 2%
- 韓国 2%
- イタリア 2%

総排出量 290 億 t-CO_2

図 1-3 2009 年版温室効果ガスの排出統計（国際エネルギー機関（IEA））

このように、非附属書Ⅰ国は「共通の」責任を負っているが、「差異ある」責任にすぎないとして、義務付けを拒んできた。しかしながら非附属書Ⅰ国でも、インドや中国などの主要排出国に対しては、何らかの制限（コペンハーゲン合意で言うところの緩和行動（mitigation actions））が必要である。どのような法原則を根拠とすべきだろうか。

まず、差異化は、条約の究極目的（2 条）による制約を受ける[26]。附属書Ⅰ国のみでは究極目的を達成できないからである。第二に、汚染者負担原則（PPP 原則）から派生する国際競争上の衡平の原則からして、国際投資の額が大きい国は何らかの意味での義務付けが必要となる。第三に、未然防止原則は国際慣習法上の原則であり、予防についての一般的義務（3 条 3 項）から途上

---

[26] 大塚・前掲注(11) 40 頁。

国も含めた締約国に課されている。以上の原則からして、途上国のうち主要排出国についても緩和行動の必要性が表面化してくると考えられる。

　一方、議定書から離脱している米国のオバマ大統領は合意作りに積極的に動いたが、温暖化対策法の成立が遅れているという国内事情から、積極的な役割は果たせなかった。米国は世界第二の排出国であり、衡平原則からも、予防原則からも、相当の義務付けが必要になろう。

　IPCC報告書の科学的知見に基づき、附属書Ⅰ国や非附属書Ⅰ国のうち主要排出国に対し、第一約束期間以降における何らかの削減目標を織り込んだ新たな削減策を法的拘束力のある将来枠組みとすることが必要となる。2013年以降の温暖化防止の枠組み作りは時間的に逼迫している。にもかかわらず、困難な作業が続いているのが現状である。

1.1.4　COP15での争点をめぐって——法的拘束力のある枠組み

　このように難航しているCOPの交渉の場で求められている「共通だが差異のある責任を達成するための目標」とは、IPCC第四次報告書で示された科学的知見を根拠に、将来的に気候系が安定する程度に温室効果ガスの排出を抑制するための、先進国と途上国との責任分担のあり方であろう。非附属書Ⅰ国といっても韓国のようなOECD加盟国も、中東のような産油国もあり、利害はそれぞれ異なる。かといって、附属書Ⅰ国・非附属書Ⅰ国という分類を見直すことも難しい。パリ行動計画においては、先進国・途上国の用語が使われたが、コペンハーゲン合意では、再び、附属書Ⅰ国・非附属書Ⅰ国の用語が使われている。

　IPCC第四次報告書で示された科学的知見であるところの「20世紀半ば以降に観測された世界平均気温の上昇は、人為起源の温室効果ガスの増加による可能性が非常に高い」は、90％以上の確率を意味する。科学の分野に対し、100％の確実性を求めることは不可能である。にもかかわらず、温暖化懐疑論は枚挙に暇がない[27]。

　環境保全それ自体には誰も反対しない。意見が対立するのは、その方法論に関してであろう。しかし、前述したように、枠組条約には予防原則が明記されている。そもそも、温暖化防止をめぐる国際交渉や国内対策で求めるべき究極

---

[27] 枝廣淳子・江守正多・武田邦彦『温暖化論のホンネ』（技術評論社，2009年），武田邦彦『科学者が読み解く環境問題』（シーエムシー，2009年），ヴァーツラフ・クラウス著・住友進訳『環境主義は本当に正しいか？』（日経BP社，2010年）。

の目標とは,「有限の資源である化石燃料からの脱却による低炭素社会の構築という社会システムの変革」であろう。現在世代と将来世代とは,利害関係があり,引継ぎの連鎖の中にある。ゆえに大量消費社会を築いてしまった現在世代には,将来世代に対する責任として,低炭素社会システムへと転換する義務がある。具体的には,市場経済での低炭素化を促すための,すなわち,市場原理を補うためのルール作りによって,エネルギー利用システムを改革させる必要がある。

　国連交渉の仕組みは全会一致（コンセンサス）が原則となっており,1カ国でも異議を唱えると決定できない。気候変動枠組条約の締約国数は194カ国,京都議定書の締約国数は191カ国に及ぶ。あくまで先進国の削減を求め,資金の拠出や技術移転を求める途上国と,中国やインドのような排出量の多い主要途上国にも法的拘束力を持った何らかの取組みが必要という先進国との意見の対立が繰り返されている。先進国のなかでも,数値目標や遵守方法に関して,意見が異なる。さらには,米国が新たな枠組みに参加するかどうかも不透明という状況が続いており,現行の交渉体制の難しさを映し出している。世界的な不況も相まって,必要とされる資金拠出や基金運用方法の議論も難航している。途上国が求める技術移転や資金援助を優先すると,2013年以降の枠組み作りが間に合わなくなる懸念がある。

　このような閉塞状態の中で,法的拘束力のある合意を求めることは,どのような意義を持つのであろうか。

　京都議定書における附属書Ⅰ国の排出削減目標は法的拘束力がある。しかし,議定書の義務の不遵守に対して課される措置については,議定書上は拘束力の有無は定められていなかった（18条）。しかし,締約国会議の場での合意決定は,実質的に各国の政策や交渉を拘束することになる。京都メカニズムの参加資格を,不遵守時の措置に法的拘束力を付与する遵守協定を前提としていることや,フリーライダーの防止等を考慮すると,法的拘束力の有無は遵守を促すための重要な要素となる[28]。

　今後の各国の具体的な国内温暖化対策は,国際的協調行動の枠組みであるCOPの合意に沿うように策定しなければならない。わが国の2020年における90年比25％削減目標も,国際的な枠組みの合意が前提となる。

---

[28] 不遵守（non-compliance）であるという採決を締約国が受けた場合,当該締約国は京都メカニズムに参加する資格を一時停止される。不遵守の採決は,現在までにギリシャ及びクロアチアに対して出されている。

したがって，今後の COP の交渉の場において，2013 年以降の枠組み作りの早期決定や，2020 年中期目標の数値目標設定という法的な成果を得ることが，国内的にも，国際的にも，重要になってくる。

1.2　主要国の国内対策

1.2.1　コペンハーゲン合意と EU 排出量取引制度

コペンハーゲン合意に基づき，附属書 I 国は数量での削減目標が，非附属書 I 国は削減行動（目標）が，2010 年 1 月 31 日までに条約事務局に提出された[29]。京都議定書の数値目標と異なり，コペンハーゲン合意の基本は，自主的な目標を国際的な計測・報告・検証可能な仕組み（MRV）で相互監視する仕組み（法形式としては，pledge and review（P&R））となっている[30]。数値目標自体に難色を示していた中国やインドが目標値を提出したのも，P&R 方式であることが大きい。しかし，P&R 方式による数値の積み上げでは，IPCC 第四次報告書で示された削減量には届かない。

日本の提出した削減目標は，「すべての主要国による公平かつ実効性のある国際枠組みの構築及び意欲的な目標の合意を前提」として，2020 年において 1990 年比 25％削減である[31]。

欧州連合（EU）の 27 加盟国も削減目標値を掲げている。それは，「2020 年までに域内の温室効果ガス排出量を少なくとも 1990 年比 20％削減する。」そして，「他の主要排出国が応分の削減努力をし，途上国も責任と能力に応じて貢献をするなら，目標値を 30％に引き上げる。」という従来より表明していた内容である。

日本の場合は，「すべての主要国が意欲的な目標に合意したならば」という条件付きの目標設定であるのに対し，EU は無条件で，「少なくとも 20％削減する」という目標を掲げている。

---

[29]　国連気候変動枠組み条約（UNFCCC）事務局は，55 カ国から温室効果ガス排出量の削減，抑制に関する 2020 年までの中期目標の提出を受けたと発表した。これらの国々のエネルギー使用による温室効果ガス排出量は，世界全体の 78％を占める。
　　提出国のリスト（附属書 I 国）　http://unfccc.int/home/items/5264.php
　　提出国のリスト（非附属書 I 国）http://unfccc.int/home/items/5265.php

[30]　コペンハーゲン合意の基本の P&R 方式は，もともとは米国が次期枠組みとして提唱していた方式である。京都議定書のような全体会合を通じて罰則のある各国目標を決める方式は，「ターゲット＆タイムテーブル」と呼ばれる。

[31]　http://www.mofa.go.jp/mofaj/press/release/22/1/0126_05.html

世界の排出量の2割を占める米国は2005年比17％削減（90年比では3～4％程度）という削減目標を提出している。オバマ政権は医療保険制度改革や雇用対策といった国内対策で手いっぱいで，後述する温暖化対策法案も上院では可決されていないため，グリーンニューディールを掲げながらも，リーダーシップをとれないままである。

　途上国（非附属書Ⅰ国）とはいえ世界一の排出国となった中国は，2020年までに2005年比，GDPあたりの排出量40～50％削減，5％を占めるインドも2005年比，GDP比20～25％削減と，実質的には増加が見込まれる目標値を掲げている。

　COP15で合意に至らなかった南北間の対立の溝は深い。京都議定書に代わる新たな枠組み作りは難しく，議定書とは別の枠組みで削減行動を担保する形にするのが現実的との見方もある。前述したP&Rという仕組みである。南北間の合意を得ることができるポスト京都の枠組み作りのためには，議定書から離脱してしまった米国，世界一の排出国である中国を取り込む必要がある。このような観点からは，P&R方式はそれなりに機能している。

　しかしながらIPCC報告書の科学的知見に基づき，気温上昇を2℃以下に抑えるためには，あくまで，「法的拘束力をもつ仕組み」を構築しなければならない。世界的なリーダーシップをとれる国が不在のなか，地球益よりも国益優先というエゴのぶつかり合いのなかで，合意形成が求められるという難しい局面での綱渡り状態の交渉が続いている。

　温暖化対策に熱心なEUは，2005年に加盟国によって施行された欧州排出量取引制度（EU ETS）を，気候変動への取組みにおける政策の中でコスト効果の高い手段として捉えている。EU ETSはキャップ&トレード方式の排出量取引制度である[32]。排出量取引[33]が機能するためには，キャップ（温室効果ガスの総排出枠）[34]の決め方が重要になる。キャップとして定められた総排出枠を

---

[32] 米国・オバマ大統領もキャップ&トレードの国内排出量取引制度の導入方針を明示しているほか，カナダは2010年に，豪州は2011年に，国内制度開始予定である。

[33] 大塚直「EUの排出枠取引制度とわが国の課題」ジュリストNo.1296, 36頁，同「国内排出枠取引に関する法的・法政策的課題」ジュリストNo.1357, 19頁，諸富徹「排出枠取引制度の設計に関する経済学的視点」ジュリストNo.1357, 37頁，渡邉理絵「EUの排出枠取引制度」ジュリストNo.1357, 61頁，大塚直編著『地球温暖化をめぐる法政策』（昭和堂，2004年），排出権取引ビジネス研究会『排出権取引ビジネスの実践』（東洋経済新報社，2007年），大串卓矢『排出権のしくみ』（中央経済社，2007年），三菱総合研究所『排出量取引入門』（日本経済新聞出版社，2008年）参照。

個々の主体に配分することになる。減らしたCO₂クレジットを通貨のような価値があるとみなし，全体の排出量を制限できる仕組みがキャップ＆トレード方式であり，参加者はその範囲内で必要な排出枠（allowance）を売買できる。

EU ETSは，現在はフェーズⅡ（2008～2012年；京都議定書の第一約束期間）段階である。EUは8％削減の義務を負っているので，欧州委員会は，各加盟国への配分計画を全体で10.5％減らしている（フェーズⅠの22.99億t-CO₂/年より5.6％削減；全体のキャップは20.83億t-CO₂/年）。フェーズⅡでは，規制対象をエネルギー転換部門（発電）と産業部門（鉄鋼，セメント・窯業，パルプ・製紙業等）とし（温室効果ガスカバー率42％），過去実績による無償配布が中心となっている。

フェーズⅢ（2013～2020年）では，航空部門も加え（2012年から対象），有償割当（オークション）を中心とし，2020年には2005年比21％削減を目標とする[35]。オークション収入の使途としては，グローバルエネルギー効率・再生可能エネルギー基金や適応基金への拠出等があげられている。

このようにEU ETSは排出枠の上限を定め，その枠の保有者は，CO₂を排出することができる権利を有する。排出枠の全体が制限されることで，カーボン市場に不足が生じるという仕組みであるが，実際は産業界の抵抗もあり，排出総枠（キャップ）をどのように定めるか，更には，バンキングやCDMプロジェクトの利用をどこまで認めるかにつき，問題点も多い。

現在，EU ETSでの排出量の価格は下落している。それは，景気後退によってエネルギー消費量が減少し，EU ETSで割り当てられた排出枠の方がCO₂排出量より多い状態になっているためである。排出枠の初期配分は難しい。英国政府気候変動委員会報告書（2009年10月）でも，価格が低調なことへの懸念を示し，「エネルギー市場と排出量取引の組み合わせは最善のものではない」と指摘している[36]。

炭素に値段をつけることによる排出量取引は，あくまで，市場原理を利用し

---

[34] キャップ（排出枠）の決め方が重要になる。過去の排出実績を基に決めるグランドファザリング方式（無償），業種ごとの排出原単位を基に決めるベンチマーク方式（無償），必要な排出枠と購入価格を入札して決めるオークション方式（有償）がある。

[35] http://www.jetro.be/jp/business/eurotrend/200904/0904R3.pdf

[36] EU ETSにおいてCO₂排出量の価格が急落しているため，余剰排出量を売却して得られる利益よりも，CO₂削減のための設備投資の方が高くついてしまい，CO₂削減のための設備投資へのインセンティブが働かなくなっている。EU ETSでは，2008年7月に1トンあたり約30ユーロの価格をつけたのをピークとして下落を続け，2009年10月15

た方法である。現在は EU, 米国, カナダ, オーストラリアと地域ごとに導入しているにすぎない(検討中も含む)。地球規模でキャップを設けると, 効果的な削減が見込める。ゆくゆくは, 科学的知見に基づいた水準で排出総量を制限する世界規模での炭素市場ができてこそ, 有効な市場原理の利用ということになろう。

1.2.2 米国の温暖化防止への取組みとクリーンエネルギー安全保障法

京都議定書から離脱した米国は温暖化対策に後ろ向きと捉えられることが多いが, 排出枠取引の仕組みを最初に導入したのは米国である[37]。1980年代, 酸性雨——発電所から排出される二酸化硫黄(SO_2)が原因——による被害に対して, 二酸化硫黄の排出を対象とするキャップ&トレードの酸性雨プログラムを 1995 年に導入した(1990 年の修正大気浄化法の一部として可決)。

二酸化硫黄(SO_2)が煙突から出て行く前に捕獲するスクラバーを設置するという厳しい規制では, 高コストとなる。このような規制策ではなく, 市場メカニズムを利用する仕組みを取り入れたことによって, 2004 年までに二酸化硫黄の排出量は 700 万トン減り, 1980 年の水準(1,800 万トン)から 40% 減少した[38]。

化石燃料を湯水のごとく消費する社会がアメリカ型大量生産大量消費社会であったが, 現在は原油の 70% を輸入に頼っている。エネルギー安全保障上も, 大量消費を続けるわけにはいかない。環境規制を避けてきたアメリカの自動車メーカーは破綻してしまった。アメリカの広大な国土に張り巡らされた送電網への投資は滞り, 老朽化した送配電網に起因する停電によってビジネスに損失がもたらされる, といった脆弱さを露呈している。その発電所の燃料の半分は, 石炭火力に頼っている。化石燃料に頼りきった社会であり, その脱却が焦眉の

日の時点では約 14 ユーロ, COP15 終了後の 2010 年初頭は, 11〜12 ユーロで推移している。

[37] 排出許可証取引制度は, 酸性雨プログラムとして SO_2 の排出者である火力発電所を規制対象として 1995 年から導入された。大塚直・久保田泉「排出権取引制度の新たな展開(1)(2)」ジュリスト No.1171, 77 頁, ジュリスト No.1183, 158 頁, 浜本光紹「アメリカ合衆国における二酸化硫黄排出許可証取引」環境研究 No.124, 23 頁。

[38] 同プログラムの第 1 期(1995〜1999)には, 規制対象となった発電所は必要な削減量よりも 40% 多く削減した(SO_2 を 1,000t 削減)。この排出量の削減にかかる費用は, 発電所全体の操業費用 1,510 億ドルの 0.6%(エネルギー省推計)であった。アル・ゴア著・枝廣淳子訳『私たちの選択』(ランダムハウス, 2009 年) 344 頁。

急となっている。

　このような背景を映し出したともいえるのが，米国連邦最高裁判所の画期的な判決[39]（2007年4月2日）である。それは，「温室効果ガスは，大気浄化法202条(a)(1)が規定する大気汚染物質の定義[40]に当てはまり，環境保護庁（EPA）は規制をする必要がある。」という判決である。この最高裁判決において，まず，「気候変動に基づく損害は深刻であること，そして環境保護庁（EPA）は人為由来の温室効果ガス排出と地球温暖化の間の因果関係の存在に異議を唱えることに失敗している。」との判断を示した。さらに，「自動車由来の排出を規制することがそれ自身，地球温暖化を反転させることはないと思われるが，EPAは新しい型式の自動車に由来するそのようなガスの排出を規制する条文上の権限を含む。」と，EPAに対して，積極的な対策を求めている。この判決は，大気浄化法という既存の法律の枠組みに現在的事情を組み込むことにより，新しい環境問題である地球温暖化への対応を可能とした。新しく法律を作らなくても，政府が温室効果ガスの排出を規制できる可能性を示している。

　当該判決を受けて2009年12月7日，環境保護庁（EPA）は，「科学的証拠を徹底的に分析し，市民意見を十分に考慮した結果，温室効果ガスは米国民の健康と福祉を脅かしているとの結論に至った。」と発表した。これは，自動車の走行に伴う温室効果ガスが，脅威の一因になっているとの長年の懸案に答えを出したものである[41]。

　キャップ＆トレードによる排出量取引制度を含む温暖化対策法案である「米クリーンエネルギー安全保障法」（American Clean Energy and Security Act）は，2009年6月26日，僅差で下院を通過したが，上院では，医療保険改革を優先したため，審議は遅れたままである。数カ月にわたる議論を経てまとめられた同法案は，932頁に及ぶ修正法案となった。温室効果ガス排出量を2005年比

---

[39] MASSACHUSETTS ET AL. v. ENVIRONMENTAL PROTECTION AGENCY ET AL (Decided April 2, 2007) http://www.supremecourtus.gov/opinions/06pdf/05-1120.pdf
[40] 大気汚染物質は，大気浄化法においては，「大気中に排出される大気を汚染する全ての原因体であり，すべての物理的・化学的実体を含む」とされる。硫黄酸化物（SO_X）や窒素酸化物（NO_X）等，人体に取り込まれれば直接悪影響を及ぼす物質ということになるが，CO_2は人体に直接的に悪影響を及ぼす物質ではない。浅岡美恵編著『世界の地球温暖化対策』（学芸出版社，2009年）60頁。
[41] 自動車走行に伴う温室効果ガスは，米国全体の温室効果ガス排出量の23％以上を占める。EPAの温室効果ガス排出基準を適用することで，2012年型から2016年型の軽量自動車は寿命を終えるまでに，およそ9億5,000万トンの温室効果ガスを削減でき，18億バレルの石油を節約できるとしている。

で2020年までに17％，2050年までに83％削減し，環境関連の雇用を創出し，米経済の輸入石油への依存を減らすことを目指している。そのために，2020年までに電力会社に15％の電力を太陽光，風力，地熱，バイオマスなど再生可能なエネルギーから調達すること義務付けているほか，年5％の省エネルギーを求めている。

大量排出国であるアメリカが離脱したままでは，温室効果ガス削減の実効的な削減につながらない。国際的なリーダーシップのためにも，同法案の上院での可決が待たれている状況である。

1.2.3　日本の国内対策——地球温暖化対策基本法の実効性を求めて

1997年の京都議定書締結を受けた国内法として，「地球温暖化対策の推進に関する法律」（1998年6月19日，最終改正2008年6月13日）が制定された。その具体的取組みとして策定されたのが「地球温暖化対策推進大綱」[42]である。「エネルギー起源のCO_2総排出量を1990年レベルに安定化する」抑制目標を決め，2010年におけるCO_2を含む6種類の温室効果ガスで2.5％削減を目指したものであった。節目節目（2004年，2007年）に対策の進捗状況について評価・見直しを行い，段階的に必要な対策を講じていく（ステップ・バイ・ステップ・アプローチ）ものであったが，実際には削減どころか，2007年段階で1990年比8.7％増加という状況であった。

その後2009年9月に，鳩山政権が2020年における温室効果ガスの1990年比25％削減を打ち出したことから，大幅な改訂が必要となった。コペンハーゲン合意に基づく条約事務局への届け出（2010年1月31日）も，「すべての主要国による意欲的で公平な目標での合意」という前提条件をつけているが，従来の方針を堅持することを確認した。そして，25％目標達成への具体策を盛り込んだ地球温暖化対策基本法（案）が2010年3月12日閣議決定された（2010年6月16日閉会の通常国会では廃案となった）。

25％削減といっても，国内対策のみで全ての削減が可能なわけではない。国内での削減により賄う部分（真水部分）を，15％分，20％分，25％分のいずれにするか，議論の最中であり，残りは海外からの排出枠で賄うことになる。CDMや共同実施（JI），国際的な排出量取引市場からの購入によって，国や企

---

[42]「大綱」は「推進法」を具体化する枠組みであり，行政方針である。閣議決定によるものではなく，審議会（推進本部）によって策定される。

業は温室効果ガスを削減することになる。

　同法案には，国内温暖化対策の基本的施策として，①国内排出量取引制度（14条），②地球温暖化対策税の創設（15条），③再生可能エネルギーの固定価格買取制度（16条），④革新的な技術開発の促進（うちに，原子力発電に関連する技術の開発の促進を明記）（17条），⑤エネルギーの使用の合理化の促進（18条）等を掲げているが，具体的な政策は今後つめていく段階である。

　日本のエネルギー政策の指針を示す基本法は，規制緩和によるエネルギー市場の自由化政策を背景に，2002年6月議員立法により成立した「エネルギー政策基本法」である。電力市場の自由化，分散型電源の普及・促進につながった米国のエネルギー政策法（Energy Policy Act of 1992）と異なり，エネルギー政策の大きな方向性を示した法律である。

　同法では，安定供給の確保（2条），環境への適合（3条），市場原理の活用（4条）という優先順位で，基本理念が掲げられている。あくまで，安定供給の確保が最優先であり，続いて，環境への適合が求められ，これらと両立する範囲での市場原理の活用が求められている。すなわち，今後のエネルギー政策は「エネルギーの安定供給や環境保全に対応しつつ，効率化を促す」ということになる。

　エネルギー安定供給の確保（Energy Security），環境の保全（Environmental Protection），効率性の確保（Economic Efficiency）のトレード・オフの関係にある3Eの同時達成が基本的な目標であるが，その優先度には濃淡がつけられているといえよう[43]。

　エネルギー政策と環境保全は，適切な手段を選定することにより，初めて，両立可能となる。すなわち，日本のエネルギーの特質を考慮した上での温暖化対策に，競争の視点を取り込む必要がある。資源小国日本のエネルギー政策のビジョンを示すには，CO_2をほとんど排出しない原子力を推進するかどうかといった問題がかかわってくる。「環境の時代」＝「原子力の時代」と捉えることは可能であろうか。一方で原子力は，放射性廃棄物の最終処分という解決の

---

[43] 電力中央研究所編著『次世代エネルギー構想』（エネルギーフォーラム，1998年）16頁以下では，トリレンマとして，「エネルギー・セキュリティの確保」（Energy Security），「環境の保全」（Environmental Protection），「経済の発展」（Economic Growth）の3Eと表現している。「長期エネルギー需給見通し」では，エネルギー政策の基本目標を「安定供給という従来からの構造的課題に加えて，環境保全の要請・効率化の要請という相互に矛盾する側面も有する3Eの同時達成」と表現している。

目途のたたない問題をかかえる。核燃料サイクル計画の閉塞感，原子力行政の行き詰まり等を考慮したうえで，整合性のある温暖化対策を採る必要がある。

　エネルギー政策は温暖化対策の一部であるが，エネルギー政策が環境保全と両立した政策とならない限り，エネルギー起源のCO_2排出抑制は不可能である。エネルギーはどの国でも国の根幹を支える大きな項目である。わが国は一次エネルギー供給の輸入依存度が8割以上と高水準にある上，島国であるという実情から，他の国よりその重要度が高いといえる。

　地球温暖化対策基本法案は，その目的（1条）として，「環境基本法の基本理念にのっとり」，その枠組みでの法体系であることを示している。しかしながら，同法案の基本的施策の中身はエネルギー政策である。エネルギー使用のあり方を，脱化石燃料となるように変化させないことには，温暖化防止はおぼつかない。

　温暖化対策の中身はエネルギー政策にほかならない。低炭素社会の構築のためのエネルギー源の転換は，規制的手法のみでは達成できない。したがって，同法の目的を達成するための法制上の措置等（8条）として，財政上の措置，税制上の措置が必要となる。要は，ポリシー・ミックスが必要となる。

第2章　公共事業における競争のあり方と電気事業における温暖化対策

2.1　エネルギー政策の理念と電力自由化の進捗度

2.1.1　エネルギー政策の理念と電力自由化に対する考え方

わが国のエネルギー政策の基本的な方針は，2002年（平成14年）議員立法により成立した「エネルギー政策基本法」に示されている。同法は，安定供給の確保（2条），環境との適合（3条），及びこれらを十分に考慮した上での市場原理の活用（4条）という優先順位となっている。

同法12条5項を受けて策定される「エネルギー基本計画」は，少なくとも3年ごとに検討を加え，必要があると定めるときは，これを変更するとされている。最新の，2030年までのエネルギー政策の指針となるエネルギー基本計画は，2010年6月18日に閣議決定された。エネルギーの安定調達や地球温暖化対策を強化するため，2020年までに原子力発電所9基の新増設，2030年までに少なくとも14基以上の新増設を目指している。

昨今のエネルギー需給に関する情勢として，アジアの途上国を中心にエネルギー需要が急増し[1]，化石燃料の価格が高水準で推移していることがあげられる。わが国では温室効果ガスの約9割がエネルギー起源のCO_2であるため，エネルギー政策においても，脱化石燃料による温暖化防止という視点が極めて重要になる。

日本の部門別CO_2排出量のうち，エネルギー転換部門は，直接排出方式（図2-1）では33.8％，間接排出方式（図2-2）では6.4％を占めており（2007年分）[2]，

---

[1] IEA/WORLD ENERGY OUTLOOK 2009によると，2030年におけるエネルギー需給見通しは07年の4割増になる。気温上昇を抑えるためには30年までに原発を倍にしなければならないことになる。
[2] 発電所で作られた電力を全て発電所の排出としてカウントするのが直接排出方式（図2-1）であり，京都議定書の国別報告，欧米の統計などではこの方式によって表されている。一方，地球温暖化対策推進法では，温暖化ガスを原油換算で年間1,500ℓ以上排出する事業者は，国に報告するよう義務付けられているが，この場合の計算の仕方は，発電所の排出を，消費者の電力消費量に応じて配分した間接排出方式（図2-2）になっている。

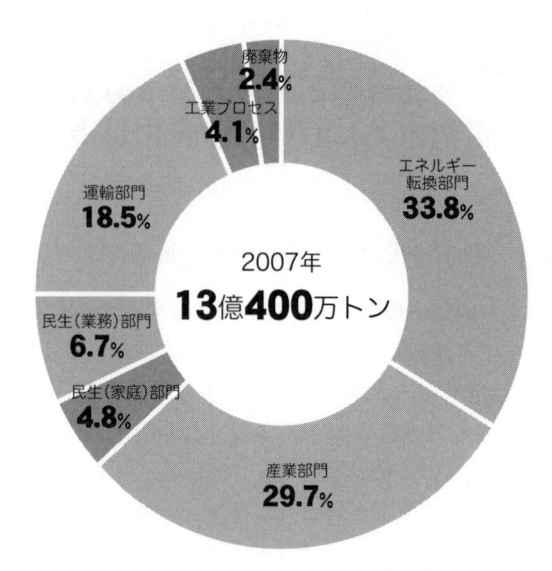

第2章 公共事業における競争のあり方と電気事業における温暖化対策

図 2-1 日本の部門別二酸化炭素排出量の割合
（各部門の直接排出量）
http://www.jccca.org/content/view/1046/786/

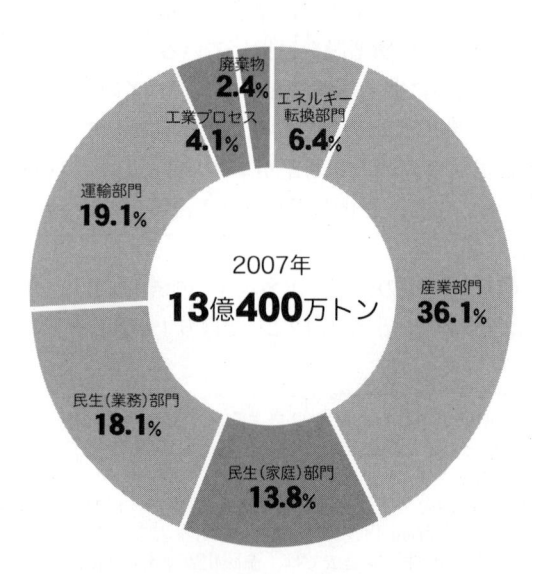

図 2-2 日本の部門別二酸化炭素排出量の割合
（各部門の間接排出量）
http://www.jccca.org/content/view/1046/786/

2.1 エネルギー政策の理念と電力自由化の進捗度

この割合は年々増加している。エネルギー転換部門のなかでは，発電に伴うCO_2排出が約9割（90年比1.5倍の増加）を占めることは，電気事業部門における温暖化対策の重要性を示している。

世界的な規制緩和・電力再編の趨勢のなかで，わが国の電力自由化についての議論は，「2001年までに国際的に遜色のないコスト水準を目指し，わが国の電力のコストを中長期的に低減する基盤の確立を図るため，今後の電気事業はいかにあるべきか」という1997年5月16日の閣議決定に基づく通産大臣からの諮問の付託（1997年7月）により始まった。そして，電気事業分科会で議論を重ねた結果，2000年3月21日から部分自由化がスタートした。自由化の範囲は順次広げられ，2005年には契約電力が50kW（高圧A）以上の需要家（電力量の63％）の料金が自由設定になった。

自由化本来の目的は，競争の導入により需要家（消費者）利益の増進を図ることにある。すなわち，経営の自主性が最大限に発揮できる環境で，需要家の利益の最大化を図ることを目的とする。一方，われわれの生活や経済活動は，エネルギーという基盤の下に初めて成り立つものであり，エネルギー政策は国の最重要政策の一つである。したがって，政府の関与をなくして，「市場原理の活用」のみでのエネルギー政策はありえないことになる。

エネルギー資源に乏しいわが国の，原子力を含めた長期のエネルギー政策をどのように考えればいいか。自由化は，結局のところ，クリーム・スキミングと呼ばれる「良いとこ取り」を増やすことになる。ユニバーサル・サービスという供給責任をどのように考えればいいのか。というように，市場メカニズムの導入による効率性の追求と，市場メカニズムでは解決できない公益的課題の達成という狭間で，最も必要となるのは，政府による競争のルール作りであろう。

市場メカニズム，すなわち，効率性を重視すると，安価な化石燃料の使用が増え，CO_2の排出量が増加する。競争の激化により，燃料のインプットを削減し，発電効率性を高めることによるCO_2削減効果が期待される一方，コストの高い再生可能エネルギーの導入が停滞したり，エネルギー価格の低下が省エネ意欲を鈍らせる可能性もある。

地球温暖化問題は，換言すれば，エネルギー問題であり，エネルギー政策と温暖化対策を両立させる必要がある。規制緩和による経済的競争の激化は，エネルギー・環境問題にはマイナスに作用する可能性がある。自由な競争による経済発展と資源・環境調和型社会を両立させる政策が必要となる。

第2章 公共事業における競争のあり方と電気事業における温暖化対策

　電気事業分野に競争を導入することは，すなわち，価格をコントロールできなくなることを意味する。その中で原子力発電を維持していくためには，フランスのように政府の関与を強めるか，新規立地が可能となるような支援措置・経済措置を打ち出す必要がある。一方，再生可能エネルギー発電を促進していくためには，環境保全コストをすべての人が応分に負担し，脱化石燃料が促されるような財政メカニズム設計をしなければならない。

　後述するように，イギリスやドイツ，北欧諸国の自由化では，再生可能エネルギー促進施策が織り込まれている。日本の電力自由化においても，規制緩和による消費者利益の増進を図るとともに，地球温暖化対策と両立できることが肝要である。すなわち，規制緩和による自由競争のなかで，化石燃料以外のエネルギー源が競争力をもつ必要がある。

　「環境的に望ましい再生可能エネルギー普及策が必要である」という総論に対しては誰もが賛成するが，各論となると「安定性がない」「コストが高い」「エネルギー密度が低い」ということで制約が多い。一方で，ほとんどCO_2を排出しないもう一つのエネルギー源である原子力発電に対し，政府は，温暖化防止の観点からも国策として推進しながら，最大のネックになる高レベル放射性廃棄物処理問題の解決策を見いだせないままである。

　自然独占[3]，同時同量の達成[4]という技術的に難しい論点を含む電気事業分野における規制緩和と，環境保全・安定供給との整合性を保つ必要がある。すなわち，電力自由化政策と整合的な温暖化対策となるように，外部効果[5]を内部化することにより，適切な手段を選択する必要がある。

　「部分自由化」をまとめた1998年5月27日の電気事業審議会基本政策部

---

[3] 自然独占が発生する場合，事業開始にあたっては巨額の資本投資を必要とするが，生産量を増加させるに従って長期平均費用が逓減する。このような産業では複数企業の存在は資源配分の観点からは有効といえず，独占または寡占が容認される。電力セクターでは，電力供給の系統設備は固定資産が巨大なものになるため，二重投資を避け社会的損失を回避すると共に，規模の経済性を生かすことが有効とされてきた。

[4] 電気は他の財と違って，蓄えが効かないため，瞬時瞬時の需要に合わせた形で供給を行わなければならない。電力ネットワーク全体で見て，常に需要と供給を一致させることが必要で，これを同時同量の達成という。電気新聞編『続電力自由化　そこが知りたい徹底Q&A「制度と約款」』（電気新聞，2000年）13頁。

[5] 「外部効果」「外部不経済」とは，経済活動に伴い直接関係を有していない第三者が受ける不利益のことで，環境汚染は代表的な外部不経済である。市場経済では汚染防止費用がコストとして算入されない限り，環境汚染を企業等が自ら除去するインセンティブは働きにくい。これが，通常「市場の欠陥」といわれる問題である。

2.1 エネルギー政策の理念と電力自由化の進捗度

会・中間的整理では「民間事業者の創意工夫・経営の自主性を最大限活用し，行政の介入を最小化するという視点」と「電力会社と新規参入者との対等競争・有効競争の確保という視点」が示されている。2000年3月21日の部分自由化から10年が経過したが，果たしてこれらの視点は達成されたのであろうか。

従来の「規模の経済性」に基づく規制を緩和することは，エネルギー産業間の垣根を壊すことを意味する。一方，分散エネルギーシステム[6]の普及にみられるように，エネルギー市場の形も消費者の意識も変わっている。規制緩和と分散エネルギーの普及によって，今後の電気事業は，各エネルギー産業間の垣根をこえた競争・集中化が起こると考えられる。電力・ガス・石油の業界内の垣根は低くなり，いずれエネルギーは水素と電力の供給に集約していくとみられている。したがって，現行の「熱供給事業法」「ガス事業法」「電気事業法」という個別事業法では，今後のエネルギー市場のコンバージェンス（融合化）に対応できなくなると懸念される。

電気事業分野を市場原理にのみ任せると，価格的に有利な化石燃料源が一層増える事態が考えられる。価格的に不利な再生可能エネルギーは淘汰され，初期投資額の大きい原子力発電所の新設は困難になろう。市場原理のみでは，地球温暖化対策は何一つ進展しないことになる。電気という同時同量を要求される特殊な財に対する規制を完全にはずしてしまうわけにはいかない。ネットワーク事業には独占部門も存在するため，何らかの規制が必要である。

価格的に不利な再生可能エネルギー推進のため，固定価格買取制度などの経済的インセンティブを導入することは，規制緩和の趨勢に逆行するのではない。これらは新たな規制ではなく，環境を考慮した競争市場創設のための新たな「ルール作り」である。

電力という生活に不可欠なインフラについては，ユニバーサル・サービスや供給信頼度，エネルギー安全保障という公益的課題も無視できない。政府の役割は，原子力や再生可能エネルギー・省エネをどう組み合わせるか[7]，どのよ

---

[6] 分散エネルギーシステム（Distributed Energy System: DES）には，自然エネルギー系（資源供給が分散：太陽光・風力・地熱・小水力など）とオンサイト型（需要地近くにエネルギー設備が分散：マイクロガスタービン，燃料電池など）がある。

[7] 「長期エネルギー需給見通し」（2008年5月）は，「新・国家エネルギー戦略」（2006年5月31日）の目標達成に向けて，「エネルギー技術戦略」に掲げられた最先端のエネルギー技術の進展・導入の効果が最大限に発揮された場合に想定されるわが国のエネルギー需給構造を示したものである。その基本方針は，2030年頃における原子力発電比率

うな電力取引市場を作るか，という基本理念を示した上で，民間の自由な競争を促進すべきということになる。すなわち，温室効果ガス排出量25％削減目標を共有するための具体策（原子力発電に対する姿勢，再生可能エネルギー促進のための具体策）を示したうえでの市場原理の活用（今後の電力市場自由化に関する方針）を図るべきであろう。

2.1.2 EU電力指令と電力自由化の進捗度

欧州における電力自由化は，EU市場統合の一環として，欧州委員会主導により，指令（Directive）[8]の形式で進められた。限定的な市場開放での合意が成立したのは，1996年12月の欧州電力域内市場指令（EU域内電力市場単一化に関するEU指令（Directive 96/92/EC））である（1997年2月19日発効）。加盟各国に1999年2月（市場開放率22％）から2003年2月（同32％）にかけて段階的に，小売市場の開放を求めたものである[9]。垂直統合型事業者は会計分離を，送電系統運用者は他の活動から経営的に独立することが求められた。

その後，2003年6月26日付けで，改正EU電力自由化指令が成立し，2004年7月1日には家庭用需要家を除くすべての需要家の自由化が，2007年7月1日からは家庭用を含めた全面的な自由化が求められた。送配電系統の開放形態は，規制による第三者アクセス方式（R-TPA方式）[10]が，部門別の分離は，少なくとも法的形態・組織及び意思決定の点において，他の事業からの独立（別会社制）が求められた。このように欧州では，2003年改正EU電力指令に

を30～40％程度以上にする方針を堅持するものである。

[8] EU共同体法令として，規則（Regulation），指令（Directive），決定（Decision），勧告（Recommendation），意見（Opinion）がある。指令は，達成されるべき結果について，命じられた加盟国に対してのみ拘束力を持つが，その形式および方法は各国の裁量に委ねられる。指令に従うために，加盟国は何らかの国内法を制定する。『海外諸国の電気事業 第1編』（（社）海外電力調査会，2008年）87頁。

[9] Directive 96/92/EC concerning common rules for electricity は供給の安定性や競争の促進を求めつつ，エネルギー市場を自由化し，単一市場へ踏み出すものである。EU電力指令では送電部門の中立について「会計分離」と「経営分離」を義務付けている。EU加盟国は最終的にはEU共通のシステムに移行していかなければならない。また，拘束力はないが国別の目標が明示される。加盟国は毎年，自国の進捗状況を報告しなければならない。

[10] 規制による第三者アクセス方式（R-TPA方式）は，公表された料金に基づき，透明・非差別的なサービスを提供するものである。一方，交渉による第三者アクセス方式（N-TPA方式）はドイツで適用されたが，2005年7月のエネルギー事業法改正によって，認可制度に変更された。

2.1 エネルギー政策の理念と電力自由化の進捗度

よって，2007年における完全自由化が求められるところまで進捗した[11]。

以上の電力小売市場の自由化は，1990年3月31日のイングランド・ウェールズのプール制[12]の導入から始まったものである。これはサッチャー政権における規制緩和策の一つであり，1989年電気法（Electricity Act 1989）に基づき，国有電気事業者の分割・民営化と電気事業への競争導入が実施された。その後1999年5月には全面自由化された。

イギリスでは2001年3月「プール制」を廃止，発電会社と配電会社や需要家が私設市場で相対取引する「NETA」（New Electricity Trading Arrangements）に切り替えた。プール制は発電側だけが参加する変則的な市場であり，買い手はナショナル・グリッド社（送電会社）一社のみであった。価格決定は安い順に積み上げ，限界落札価格（最後の1kWの価格）を全落札電力の価格とする。原子力などベース電源は落札を確実なものとするためゼロ・ペンスで入札を行い最後の1kWの落札を待つという変則的なものであった。

NETAは，決済時期の違う3つの市場（先物先渡市場，短期相対取引市場，需給調整市場）で構成され，市場は政府から決済管理を請け負ったナショナル・グリッド社が運営。価格については，先物市場ではプール制当時と比べて15～20％下落した。

その後，2005年4月，NETA制をスコットランドまで拡大し，「英国卸電力送電制度」（BETTA; British Electricity Trading Transmission Arrangements）としてスタートした。

イギリスは，京都議定書におけるEUの温室効果ガス削減目標8％のうち12.5％を割り当てられているが，2000年時点で既に達成している。2003年及び2007年には，長期エネルギー政策を発表した。それは2020年までにCO_2排出量を26～32％，2050年までに60％削減（1990年比）する目標である。

電気・ガス事業に直接関連する施策としては，前述した欧州排出量取引制度（EU ETS）のほか，気候変動税（Climate Change Levy），再生可能エネルギー購入義務（RO; Renewable Obligation），炭素削減目標制度（CERT; Carbon Emissi-

---

[11] 2007年現在，適用除外を認められたマルタを除くEU26カ国中13カ国で透明性が高いとされる所有分離を実施している。㈳海外電力調査会・前掲注(8)93頁。

[12] 英国独特の卸電力取引市場である。このプール制の下では，発電会社は発電した電力の全量をプールへ入れ，小売事業者は必要とする電力をプールから調達する。取引価格（プール価格）は需要曲線と供給曲線が交差する点で30分ごとに決定された。森田浩仁「英国電力市場の現状（プール制廃止と新制度）について」IEEJ2001年7月。

ons Reduction Target) を設けている。

　気候変動税は 2001 年に導入された。家庭部門と運輸部門を除く各部門で消費されるエネルギーに対して課税される。再生可能エネルギーやコージェネで発電された電力の利用については免税される。エネルギー多消費産業は，政府との削減目標（気候変動協定）を達成することによって，気候変動税の 8 割が免除される。

　再生可能エネルギー購入義務（RO）は，電力小売事業者に対して，小売電力量の一定割合について，再生可能エネルギー電源から調達することを義務付けるものである。RO の義務量は，2002 年の 3 ％から，2010 年には 10.4％に，2015 年には 15.4％に引き上げられる。

　炭素削減目標制度（CERT）は，2002 年にスタートした省エネ達成目標割当制度（Energy Efficiency Commitment）を前身とする。ガス・電気の小売事業者に対し，省エネ投資や分散型電源などの設置を通じ，家庭用需要家の CO_2 削減を義務付けた制度である。

　2008 年 11 月には，これら一連のエネルギー政策を実施に移す法律として，エネルギー法（Energy Act 2008），気候変動法（Climate Change Act 2008），計画法（Planning Act 2008）が成立した。気候変動法は，2050 年までの自国の温室効果ガス削減目標を明記し，2050 年までの削減を，数値目標をもって政府に義務付ける世界初の法律である。

　自由化政策の成功例として評価されるものには，イギリスの卸電力送電制度（BETTA）のほか，北欧 4 カ国（ノルウェー，スウェーデン，フィンランド，デンマーク）によるノルド・プール制（Nord Pool）もある[13]。ノルド・プール制による自由化政策を採るスウェーデンやノルウェーでは，1990 年代前半に導入された炭素税によりバイオマスの方が化石燃料より安い燃料源となっていること，排出量取引制度（EU ETS）の利用，相対契約とノルド・プール制の並立の枠組みと相まって，「環境を考慮した自由化」が比較的うまく機能している。

---

[13] ノルド・プールは北欧 4 カ国をまたぐ電力取引所である。ノルド・プール自体は 1993 年にノルウェーに電力取引所が開設されたことに始まる。1996 年スウェーデンと共通の取引所として改編された後，1998 年にフィンランド，2000 年にデンマークが参加した。小笠原潤一・森田雅紀「海外における電力自由化動向～PJM と Nord Pool を中心として～」IEEJ: 2001 年 5 月，服部徹・後藤美香・矢島正之・筒井美樹「欧州における電力自由化の動向」八田達夫・田中誠編著『電力自由化の経済学』（東洋経済新報社，2004 年）271 頁。

2.1 エネルギー政策の理念と電力自由化の進捗度

　ただし，もともと市場集中度が低く市場支配力の懸念がほとんどないこと，水力が約半分を占める北欧では古くから電力の国際融通の歴史があったこと（ノルド・プールの前身は1971年頃からの電力融通のための協調的プール），国境を越えて太い電力系統を巡らせていること，イギリスの民営化と異なり所有は政府や自治体の手に残されたという特徴がある。

　このほか，①脱原子力，②再生可能エネルギーの普及，③環境税制改革を骨子とするエネルギー政策をとったドイツのシュレーダー政権（1998年成立の社会民主党と緑の党の連立政権，2005年発足のメルケル政権も前政権の政策を踏襲）下で行われた電力の全面自由化（1998年）も注目例となる。具体的には，エネルギー事業法の改正により，全需要家に供給事業者の選択を認めた。電力会社には垂直分離を求めず，会計分離にとどめた（2005年改正で，系統運用部門の別会社化）。

　ドイツの自由化の特徴は，「交渉による第三者アクセス方式」（N-TPA方式）を採用したことである[14]。送配電料金の設定方法は，電気事業3団体の協定によって定められた。根拠は，競争制限禁止法（カルテル法）19条(4)4に定める「エッセンシャル・ファシリティの法理」である。米国の反トラスト法に基づくエッセンシャル・ファシリティの法理は，市場競争に不可欠なものを支配している者は，それを市場競争に参加している者に対して合理的な条件で利用させなければならないとの法理である[15]。

　ドイツでは，送配電の利用料金を，「交渉による第三者アクセス方式」（N-TPA方式）による協定により定め，送配電料金を認可制としなかったため，送

---

[14] ドイツでは，政府は大きな枠組みを決め，細部のルールは民間自主ルールに従うという歴史的経緯がある。電力供給のシステムも，民事法上で協議・交渉の上，電気供給者連盟が価格について合意を形成する方法をとった。料金水準の査定は，市場参加者から提訴があった場合に，事後的にカルテル庁が実施する。『海外諸国の電気事業　第1編　追補編』（㈳海外電力調査会，2006年）90頁。

[15] エッセンシャル・ファシリティの利用拒絶が違法と判断されるのは，拒絶の目的が市場支配力の維持・拡大の意図を持っており，正当な理由がない場合に限定される。単独事業者による取引拒絶がエッセンシャル・ファシリティの法理によって違法であると認定されるためには，①独占者がエッセンシャル・ファシリティを支配している，②競争者がそれを複製することは，実行可能でもなく，合理的でもない，③競争者に対して，エッセンシャル・ファシリティへのアクセスが拒絶される，④競争者がアクセスすることは現実には可能であった，という4つの要件を満たすことが必要である。丸山真弘「送電網へのエッセンシャル・ファシリティの法理の適用」電力中央研究所研究報告（Y96008）5頁。

配電料金水準は周辺諸国に比べ相対的に高いという結果を招聘した。

このような背景により，2005年7月にはエネルギー事業法を改正し，送配電料金の認可制度を導入した。すなわち，連邦ネットワーク庁の規制を受けることになった。2006年には，4大手電力の送配電子会社に対して，8～18%の値下げ命令を下すといった厳格な査定を進めることとなったが，このような規制に対しては，憲法異議も出されている[16]。

2.1.3　米国における電力自由化の進捗度と包括エネルギー法

1978年カーター政権下のオイルショックを背景にしたエネルギー危機時に，化石燃料需要の抑制・石油輸入低減を目標とした「国家エネルギー法」の一環として，公益事業規制政策法（PURPA; Public Utility Regulatory Policy Act）が制定された。PURPAは，省エネルギーや代替エネルギーの開発を目的とし，電力会社に小規模発電施設・コージェネ施設（適格認定施設QF; Qualifying Facility）からの電力を回避可能原価（avoided cost）で買い取ることを義務付けた。料金に一定の上限を付したうえで，電力会社に強制的に買い取らせるというQFにとって特恵的な契約により，再生可能エネルギー電源の普及を促進した[17]。

そして，これに続く1992年のエネルギー政策法（Energy Policy Act of 1992）によって電力市場自由化政策が明らかな形で示された。同法により独立電気事業者（IPP; Independent Power Producer）の卸売市場への参入自由化や，送電線へのオープン・アクセスが実現した。同法では，再生可能エネルギープロジェクトに対する課税及び料金設定に関する検討，再生可能エネルギーの輸出に関するワーキンググループの設立，技術移転プログラム，再生可能エネルギーへのインセンティブの賦与などの具体的な施策――環境を保護し，経済成長を損なうことなく，石油輸入依存度を低減することを目標とした施策――が掲げられた。

---

[16]　連邦通常裁判所は，連邦ネットワーク庁が電力大手バッテンフォール・ヨーロッパに命じた送電網の利用料金の18%引下げを支持する判決を下した。申立人の異議は州上級裁判所には認められたが，連邦通常裁判所ではくつがえされた。そこで申立人は自らの基本権が侵害されたとして，憲法異議を提起したが，不受理となった。
　　（2009年12月21日　Beschluss vom 21.Dezember 2009－1 BvR 2738/08）

[17]　QFは1990年代初めまでに約6,000万kWが新規参入を果たし，国内電力量の10%を賄うまでに成長した。しかし，PURPAの再生可能エネルギー促進策であるQF制度は，1992年のエネルギー政策法の制定や公益事業持株会社法の改正により実効性を喪失した。草薙真一「アメリカ新エネルギー優遇政策」環境研究2002 No.124, 27頁。

2.1 エネルギー政策の理念と電力自由化の進捗度

 その後 1996 年に FERC(連邦エネルギー規制委員会)が通称メガ最終規制と呼ばれる Order888, 889 を出し, 電力会社に対し, 送電線開放を義務付けた[18]。FERC が出した Order888 は, ①公平な送電網利用を確保する, ②送電部門は原則的に既存企業から分離していく, ③ストランデッド・コストは最終的に回収できる, という原案であった。

 しかしながら, Order888 で義務付けた発送電部門の機能分離が不十分であったため, すべての事業者に対し, より広域的に協調的な系統運用を行う独立機関として, 地域送電機関(RTO; Regional Transmission Organization)の自主的な設立と参加を求めたのが, Order2000 である(1999 年 12 月)。

 以来, 各州で電力の小売自由化が進んだが, カリフォルニア州の電力危機(カリフォルニア州では 2001 年 9 月から小売自由化を中止)やエンロン事件[19] の影響もあり, 一部の州では小売自由化が延期されたり, あるいは州再編法自体が廃止され, 最大 25 州(ワシントン DC を含む)まで広がっていた自由化は, 2008 年 5 月末現在, 16 州およびワシントン DC のみに後退している。

 1992 年エネルギー政策法以来 13 年ぶりの包括的な国家エネルギー戦略を方向付けたのが, ブッシュ大統領による 2005 年エネルギー政策法(Energy Policy Act of 2005)である。①供給信頼度の向上, ②再生可能エネルギーや原子力等に対する税制優遇措置, ③原子力支援策, ④公益事業持株会社法(PUHCA; Public Utility Holding Company Act)の廃止等を内容とする。

 このエネルギー政策法による原子力推進策はオバマ政権に引き継がれた。現政権は, 原子力新規建設については, 放射性廃棄物問題, 核拡散問題の解決などの条件が満たされれば, 容認する方針である。建設には多額の費用がかかるため, 政府の支援も重要な要素となる。2010 年 2 月には, 約 30 年ぶりとなる

---

[18] Order888, 889 により, 米国内の電力会社に独立系統運用者(ISO;Independent System Operator)の設置と送電線のオープン・アクセスを義務付けた。
　FERC(1996)*Order No.888.Promoting Wholesale Competition Through Open Access Non-discriminatory Transmission Services by Public Utilities;Recovery of Stranded Costs by Public Utilities and Transmitting Utilities*, FERC(1996)*Order No.889. Open Access Same-Time Information System(formerly Real-Time Information Networks)and Standards of Conduct*.
[19] エンロン社は米国ヒューストンに本社を置く総合エネルギー取引と IT ビジネスを行う(2000 年年間売上高 1,110 億ドル(米国 7 位))大企業であったが, 巨額の不正経理, 不正取引が明るみに出て, 2001 年 12 月に破綻した。
[20] エネルギー政策法(2005 年)による原子力推進策を受け, 新増設計画が目白押しである。米原子力規制委員会(NRC)は 13 計画を本格的に審査している(2010 年 2 月現在)。

33

原発建設の政府保証（2基の原発に83億ドル）を実施した[20]。

オバマ大統領は，国内の温室効果ガス排出量を2050年までに80％削減することを選挙公約としたように，京都議定書から離脱したブッシュ大統領とは対照的に，温暖化対策に積極的である。グリーンニューディールを掲げ，①クリーンエネルギーを推進するため，10年間で合計1,500億ドルの投資と500万人の雇用の創出，②自動車の燃費基準を毎年5％向上，③再生可能エネルギーが全電力に占める比率を2012年に10％，2025年に25％にする目標を掲げている。

しかし，「クリーンエネルギー安全保障法（案）」（温暖化対策法案）の議会審議は難航している。2010年2月には，環境保護庁（EPA）が温暖化ガスの排出規制の強化を2011年以降に先送りする方針を表明したように，原発新増設以外の温暖化対策は足踏み状態である。

2.2 公益事業における競争のあり方

2.2.1 どのような分離方式が望ましいか——供給競争か供給責任か

電力小売を完全自由化しても，送電部門には自然独占が残る。市場競争に不可欠なものを支配している者はそれを市場競争に参加する者に対して合理的な条件で利用させなければならないという「エッセンシャル・ファシリティの法理」に従い，公正で効率的な競争を促すためには，送電部門の分離独立を進める必要がある。垂直統合された電力会社の送電部門を他社に開放するためには，既存電力会社の垂直的な供給形態に対して，区分経理や企業分割などのアンバンドリング（unbundling）が採用される傾向にある。

アンバンドリングの手法は，①所有面でのアンバンドリングと，②機能面でのアンバンドリングに分けられる。①は既存企業を複数の別会社に移行させ，互いに独立した関係に置くもので企業分割に相当する。②は部門別に会計を分離する区分経理を導入し，各部門の独立性を高める方法である。日本の部分自由化では，託送料金の算定根拠として，部門別の区分経理というアンバンドリングが要求されているだけである。

現行の垂直統合型電力会社の送電部門の効率性を保持する方法としては，①

構想段階を含めて，米国内で約30の新増設計画が進行しており，米や日本，フランスの原発メーカーが受注を競っている。2010年2月17日付日本経済新聞「原発受注の競争過熱」。

会計分離（社内カンパニー制），②持株会社制，③完全別会社制の三つの選択肢がある。

　全面自由化により，全ての需要家に対し，あらゆる事業者が対等に競争できるという「送電部門の公平性の担保」を重視するならば，③が望ましいことになる。しかし，民間企業の強制的分離は，2.2.4 で論ずるように，憲法問題となるおそれがある。イングランド・ウェールズの自由化は，国営企業の民営化であったため，発送電分離が選ばれたが，最近の世界的な趨勢からみても，③は難しい。実現可能な方法は，①の会計分離の厳格化か，②の持株会社化による発送電分離であろう（①②がアンバンドリングに相当する）。

　電力は同時同量を要求されるネットワーク産業である。誰が供給責任を担い，需要の増大に合わせた送電網建設をするか[21]，これらの課題が発送電分離体制で可能か[22]という問題がある。

　わが国の電気事業の場合，「一般電気事業者」（電気事業法 2 条 2 号）が，地域独占と引き換えに供給責任を負ってきた。一般電気事業者に対しては同法 18 条 1 項により，供給責任が課されている。しかし，「持株会社は発送電一貫の一般電気事業者ではなくなる」というのが資源エネルギー庁の見解である。②の持株会社制を採用する場合，発電子会社・送電子会社を規定する新しい業者区分の定義が必要になる。

　電気は瞬時の商売であり，「発送電一貫体制による最終的な安定供給を担う一般電気事業者である」ことが，現行電力会社の存在意義の根幹をなしている。かといって，会計分離だけで送電網の中立性・公平性を確保できるか，という問題がある。要は，2.2.4 で述べる ABC 会計制度が，電力会社が算定している託送料金の中立性・公平性を担保する仕組みとして機能しているか，という問題である。これら託送料金算定のためのアンバンドリングだけで，電力会社間，そして新規参入者間の，より公正な競争を促すことができるか，との観点からみると，なかなかハードルは高い。

　経営の自由度を確保するためには，一般電気事業者だけでなく，特定規模電気事業者（PPS）も供給責任を負いつつ，自由な競争を促す必要がある。しか

---

[21] 米国では，変電機や送電線の約 70% は築 25 年以上であり，遮断機の 60% 超は，築 30 年以上である。これらのシステムは，21 世紀に要求される性能を満たすように設計されていない。DOE（米エネルギー省）によれば，老朽化した送配電網に起因する停電によってビジネスや工場が被る損失は，年間 1,000 億ドルに達すると報告されている。福井エドワード『スマートグリッド入門』（アスキー新書，2009 年）42 頁。

し，小規模事業者が多いPPSに最終的な供給責任を求めることは可能であろうか。

　電力という財には，①貯蔵が利かない，②価格が上がっても，買い控えることの難しい商品であるという特性がある。電気事業には，①設備投資に長い年月（リードタイム）と大規模投資を要する，②環境規制をはじめステイクホルダーが多く，クリアすべき課題が多いという特徴がある。したがって，どこからも供給を受けることができない需要家が出てくるという事態を避けるための供給責任を重視すると，既存電力会社の果たすべき役割が重要になってくる。

2.2.2　電気事業分野における規制緩和の目指すもの

　従来，電気事業は「公企業の特許」[23] という経済介入法により保護される一方で，多くの規制を受けてきた。戦前の1931年に電気事業法が改正され，国又は地方公共団体が電気事業を買収できる旨の規定（29条）が新設された。この規定は公企業の特許概念に基づいて置かれたものであり，公益上の必要のなかには国防上の理由が含まれるとされていた[24]。

　電力・ガス・鉄道等の公益事業に対する規制手法である特許制は，憲法22条・29条で保障される経済的自由を「公共の福祉」のために規制する手段であり，積極的規制の典型例である。

　「許可」は，本来各人の有している自由を回復させる行為である[25]。電気事業法3条の「電気事業の許可」は，法令上許可といわれるが，特許にあたる行政行為である。「特許」は，今日では「許可」と同様に民間の営業活動に対する規制と捉えられるが，その規制の仕方は相当積極的である。現在では，電気

---

[22] 米国の自由化政策は，独立系統運用者（ISO）が電力取引を成立させる役割を担う電力取引所（PX）とともに送電部門を維持してきたが，将来的に誰がネットワークに対する設備投資をどのように行うかという問題は残されたままである。FERCは1999年にOrder2000として送電部門の運営主体として，全ての市場参加者から独立した地域送電機関（RTO）の設立を推奨した。2008年5月現在，ISO/RTOは7組織，うちRTOとして承認されているのは4組織である。丸山・前掲注(15)17頁。

[23] 「公企業の特許」とは国家がその独占的に有する経営権を裁量により与え，特に国民に対して適切なサービスが提供されるように監督する関係をいう。今日では国家独占という前提が成り立たず，民間の営業活動に対する規制となっている。阿部泰隆『行政の法システム（上）』（有斐閣，1997年）102頁。

[24] 丸山真弘「オープン・アクセスにおける財産権の保障」電力中央研究所報告Y95010，20頁。

[25] 原田尚彦『全訂第7版行政法要論』（学陽書房，2010年）168頁。

事業の規制根拠として「公企業の特許」という考え方が単独で用いられることはなく[26]，警察許可の考え方やアメリカの公益事業規制の考え方なども踏まえた複合的な考え方をすべきとされている[27]。規制緩和や自由競争が求められる中にあっては，法政策上，特許企業の範囲は縮減されることになる。

これまで「電力の自由化」「電力の規制緩和」とは「規制緩和→競争促進→価格低下→消費者の利益」という経済学的な枠組みを前提としたものであった[28]。しかし，今後の電力自由化の姿としては「安価な電力」だけが目的ではなく，電気事業法による規制は緩和するが，公益性を損なわない新たなルールでの自由な競争を目指す必要がある。

昨今は，分散エネルギーシステム（DES）の発展，すなわち，マイクロガスタービンなどの分散型発電や定置式燃料電池などの技術開発により，電力供給の仕組みが急速に変わるのは時間の問題といわれている。したがって，今後の電力市場再編は「官による規制・指導から民主導へ」という第一の座標軸とともに，「集中から分散へ」という第二の座標軸をも考慮したものでなければならない。

野村宗訓教授は電力改革を検証する視点として，①市場支配力と料金動向，②供給安定性とインフラ投資をあげている[29]。新規参入者にとっては既存企業の市場支配力は大きな問題であるが，一方で電気という特殊な商品に対する公益性も重視する必要があるとの視点である。

また，佐和隆光教授らは，自由化された電力市場において，完全競争市場の前提が満たされるのに必要な条件として，①小規模分散型電源のコスト削減，②送電網の整備・拡充による電力供給市場の広域化，をあげている[30]。①のコ

---

[26] 電気・ガスなどの供給事業は，その営業は本来私人の自由に委ねられるべきではなく，国家の特別の承認を得，国の業務監督を受けながら実施すべき事業であり，これらの事業に対する許可は，講学上の許可（本来の自由の回復）ではなく，国が公益事業を営む特権を付与する特許であるとされた。原田・前掲注(25)170頁。

[27] 丸山・前掲注(24)20頁。

[28] 電力制度改革のバックボーンは経済学の最適資源配分の理論フレームであるが，経済学者が「市場原理」というとき，それは市場・需要のシグナルに従って動いているという極めて大まかな枠組みを示している，という理解が適正である。西村陽『電力改革の構図と戦略』（電力新報社，2000年）23頁。

[29] 野村宗訓「英米の電力改革から探る日本の自由化動向」㈳日本電気新聞協会新聞部『電力市場の参入者』（日本電気新聞社，2001年）253頁。

[30] 佐和隆光・早田裕一「米カリフォルニア州電力危機の教訓　小規模電源，自由化に最適」2001年2月2日付日本経済新聞。

スト削減は，地球温暖化対策基本法（案）（2010年）で創設予定の地球温暖化対策税や新エネルギー等の固定価格買取制度によってブレイク・スルーが起きると，かなりの競争力が期待できるのではないか。②の送電網の整備・拡充は，次世代電力網と期待されているスマートグリッド[31]の進捗によって期待できるのではないか。

　市場に参加する供給者も需要者も，市場や価格に対して影響を及ぼしえない程度に小規模であることが完全競争市場の前提となる。したがって，電力自由化のために小規模電源の経済性の確保は必要だし，また逆に，電力小売自由化は小規模分散型電源の普及を促すと考えられている。しかしながら，部分自由化がスタートして10年，新規参入者と既存電力会社との競争は，「アリと象」の競争という側面が一層強まってきている。

　独占禁止法第21条の自然独占に固有な行為として，電気・ガス事業等の適用除外条項は，2000年5月に撤廃された。しかし，むしろ自由化は後退し，新規参入者は減少している[32]。

2.2.3　電気事業における公益的課題

　電気事業に課せられた公益的課題としては，電気事業審議会基本政策部会答申（1999年1月21日）にいうところの，①ユニバーサル・サービスの達成[33]，②供給信頼度の維持，③エネルギー・セキュリティ確保，環境保全，があげられる。

　一般電気事業者である電力会社には，電気事業法18条1項により，「正当な理由がなければ，その供給区域における一般の需要に応ずる電気の供給を拒んではならない。」と，供給責任が負わされている。電気は生活や経済活動に欠くことができない。ゆえに一般電気事業者に対して，すべての利用者が価格・

---

[31] スマートグリッドとは，情報通信・情報制御の技術（IT）を使って，電力エネルギーのネットワークを効率的に運用しようとするものである。スマートメーターによる情報連携は，電力の需給調整だけでなく，IT家電やスマートハウスの導入と組み合わさって，人々のライフスタイルの変化を促す。福井・前掲注(21)10頁。

[32] 自由化されている市場のなかで，新規参入者のシェアは2％程度であり，電力10社による事実上の独占状態が続いている。

[33] ユニバーサル・サービスの基本的な内容はavailabilityとaffordabilityの確保，すなわち，すべての需要家に対して，少なくとも一つの供給者が，需要家にとって実際に利用可能な水準でサービスを提供するものをいう。丸山真弘「米国でのユニバーサルサービス確保の方策――低所得者支援プログラムの検討――」電力中央研究所報告Y99012, 20頁。

2.2 公益事業における競争のあり方

サービス等を等しく受けられるユニバーサル・サービスが義務付けられてきた。しかし，小売部分自由化を受け，地域独占ではなくなった。供給責任を課す前提がなくなったことになる。

特定規模電気事業者（同法2条8号）（PPS; Power Producer and Supplier）に対しては，供給責任は課されていない。しかし，電気が社会生活に不可欠な財である性格が変わるわけではなく，PPSからの供給を受ける需要家に対しても，誰かがラスト・リゾート供給者[34]となる必要がある。かといって，一般電気事業者に課すと，義務の性格が公共サービス義務という形にかわったにすぎず，電力会社の市場支配力が維持されるという問題点がある。

ユニバーサル・サービスの内容には，全ての需要家に対する利用可能性（availability）と共に，利用可能な水準でのサービスの提供（affordability）も含まれる。低所得者層や過疎地の需要家に対しても，適正水準での供給が要求される。改正電気事業法では，地域独占は撤廃されたが，最終保障約款（同法19条の2第1項）による供給責任は依然として一般電気事業者に負わせ，電力会社に対し，ラスト・リゾートを義務付けている。

同条は「諸刃の剣」である。一般電気事業者はこの最終保障約款の内容を厳しくすることによって，PPS参入の敷居を高くすることができる。一方で，最終保障約款に守られることによってPPSの安易な参入を促し，負荷の良い需要家にのみPPSが供給し，残された負荷の悪い需要家を電力会社の供給に任せることになったり，都市部にのみPPSが進出し，過疎地域の供給は行わないという「クリーム・スキミング」を増やすことにもつながる。条件の悪い需要家に対し，供給責任を負わされると，供給コストは高くなる。これらの費用を転嫁すれば，電力会社からの需要家の不利益に通じる。自由化の範囲が拡大されると，電力会社のみに供給責任を負わせる体制では公平な競争は保たれないことになる。

二番目の公益的課題である供給信頼度の維持とは，情報化社会に耐えうる質の高い電気を維持するため，信頼度の高い設備・ネットワークを万全に形成・管理していくことである。図2-3に示すように，日本では，一日のうちでも時

---

[34] ラスト・リゾート供給者に課せられたユニバーサル・サービスを提供する義務を公共サービス義務（Public Service Obligation）と呼ぶ。米国では多くの州で，ラスト・リゾート供給者によってユニバーサル・サービスの提供を確保するという考え方が取り入れられている。丸山真弘「自由化時代における公共サービス義務——誰がラストリゾート供給者となるか——」電力中央研究所・社会経済研究 No43。

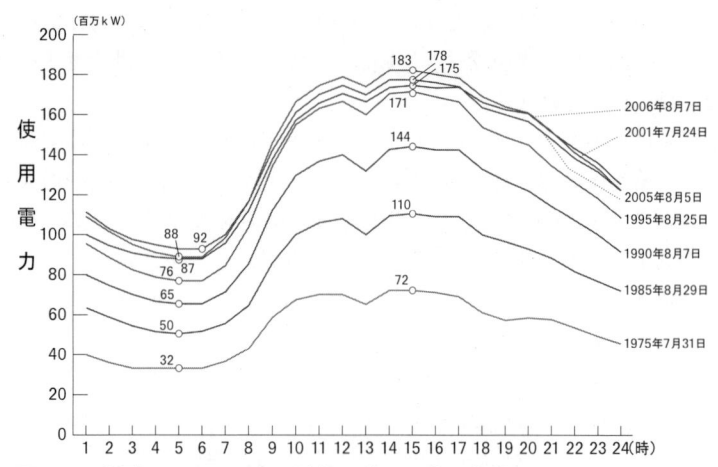

第 2 章　公共事業における競争のあり方と電気事業における温暖化対策

図 2-3　真夏における一日の電気の使われ方の推移
　　（出典：「原子力・エネルギー図面集 2009　1-22」）
　　http://www.fepc.or.jp/present/jigyou/japan/sw_index_05/index.html

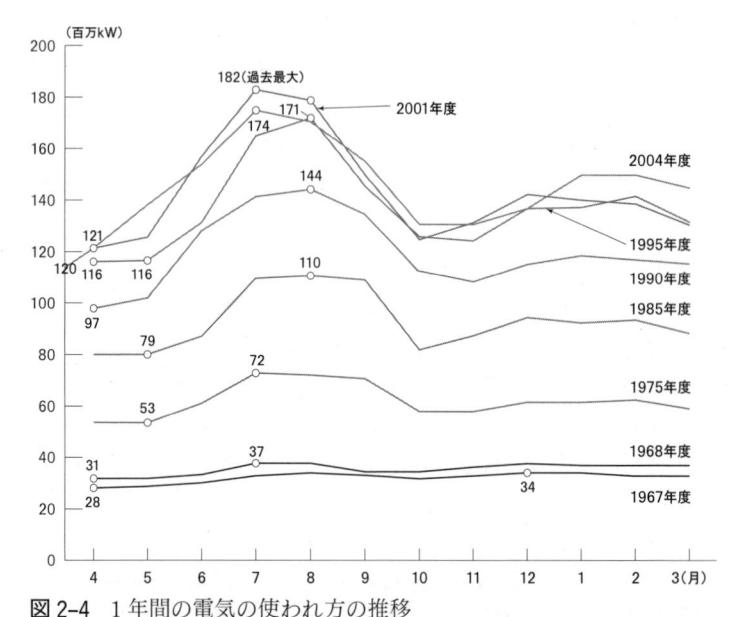

図 2-4　1 年間の電気の使われ方の推移
　　（出典：「原子力・エネルギー」図面集 2007　1-21)
　　http://www.fepc.or.jp/present/jigyou/japan/sw_index_06/index.html

2.2 公益事業における競争のあり方

間帯による消費量の格差が大きい。図2-4に示すように，季節による消費量の格差も大きい。夏季が高温多湿なわが国では冷房需要が多いため，格差は年々大きくなり，その結果，負荷率（発電設備の稼働率に相当する数値を表す係数。負荷率＝平均電力÷最大電力）が約60％と著しく低い。

このように，ピーク時の電力に合わせて設備投資を行うため，電力会社の財務体質は脆弱である。漸次，財務体質の強化を図っているが，株主資本比率は15％程度の低水準にある[35]。これは電力会社が公共投資を含む地場産業的色彩が強いこと，ピーク時の需要のため設備を積み上げる方式をとってきた結果である[36]。

今後はピーク時の電力を減少させるインセンティブとなりうる措置をとり（負荷平準化），省エネや需要抑制を図る必要がある。夏のピーク時の需要を作っている三分の一以上が，主にデパート・事務所・機械製品工場などの冷房需要である[37]。この削減には電気料金を高くすることが効果的であり，電力会社側としてはDSM (Demand-Side Management) を考える必要がある。

DSMは「供給の範囲内に需要の側をコントロールしよう」とする供給側の省エネルギー策である。従来のように，電力需要が伸びてきたから供給を増やして不足しないようにしようと考えるのではなく，「環境的にも経済的にもこれ以上の発電所への投資はもったいないから，現状の供給力に合わせた程度に需要を管理しよう」というアプローチである。

地球温暖化も，ヒートアイランド現象も，確実に進行している。夏の猛暑で，各電力会社が軒並み最大電力量を更新する事態も考えられる。その対策として，太陽光発電やマイクロガスタービン・燃料電池などオンサイト型の分散エネルギーシステムの普及が大きな後押しになると考えられる。夏期昼間時の電力需

---

[35] 東京電力㈱における2008年（平成20年）度末の単独有利子負債残高は7兆7,400億円である。有利子負債残高が最大であった1996年（平成8年）度末の10兆5,300億円に比べて，かなり財務体質の改善が図られている。株主資本比率（（純資産－新株予約権）／総資産）は，2008年度末で16.4％である。（東京電力の財務内容資料参照）

[36] ピーク時（1993年）には約5兆円あった電力会社の設備投資額は，自由化以降，右肩下がりとなり，2005年度にはピーク時の3割の1兆5,000億円まで落ち込んだ。

[37] デマンドレスポンス（DR）として，系統でのピーク需要に応じて重要家側で機械を停めるなどして，電気の使用を控えるサービス（電力会社と大口需要家とであらかじめ取り決めた契約に基づき，真夏の昼間に工場の操業を調整する）がある。このプロセスがスマートグリッドの実用化により，スマートメーターを通じて自動化されると，効率性が向上する。福井・前掲注(21)23頁。

要ピーク時にこれらの発電を稼働させる場合，電力の負荷平準化（ピークカット効果）に資することが可能である。

　このような分散エネルギーシステムの普及により，設備の投資を抑制できる。需要地に近い発電所は送電ロスが少ないだけでなく，消費地に向かって一方向に偏りがちな電力の潮流を緩和させる効果が期待できる。ネットワーク全体としても歓迎すべき電流となる。そして，これらは経営の効率化にもつながる。

　電気事業の目的は，エネルギー・サービスに関する需要家のニーズを満足させることであるとすると，電気事業ではサプライ・サイド（供給側）の限界費用とデマンド・サイド（需要側）の限界費用とを考慮し，全体的な供給コストが最小になるようにエネルギー・サービスの提供を行うべきと考えられる。しかし，将来の不確実性，省エネ投資の高い初期コスト等の市場の障壁が省エネルギーへの投資を妨げており，効率的な資源配分を歪めている[38]。

　省エネルギー策の場合，最も大きな市場の失敗は，化石燃料を用いる発電所からの排出のコストが発電単価に内部化されていないことである。環境要因は非価格的要因である。ゆえに，電気料金は最適な資源配分がなされた場合と比べ低すぎ，電気消費量は過大，また省エネルギー投資は過小という事態が生じる。このような市場の失敗が存在する場合には，政府による市場への介入（外部効果を内部化することにより適切なインセンティブを付与する）は正当化されうる。すなわち，供給信頼度の維持と効率性の向上の両面から，外部不経済を補うための政策が必要ということになる。

　自由化政策で垂直統合が分離された場合，発電事業者もネットワーク所有者も最終需要家にアクセスできない。DSM を提供するのは小売供給事業者ということになるが，小売事業者は DSM 実施によるメリットは享受できないためインセンティブは削減される。したがって，完全別会社化されると，エネルギー効率向上のための手段としての DSM だけでは目標の達成可能性は不確実となる。

　現行法制度における競争のルールだけで公益的課題の全てを解決するのは不可能である。そもそも，電力会社は電気事業法の規制を受けるが，会社法や金融商品取引法（証券取引法）の規制を受ける上場株式会社である。規制緩和により市場原理と自己責任による効率化を求める限りは，企業経営の自由度を広め，民間会社として利益を追求すべきであろう。競争のルール作りは，競争当

---

[38]　矢島正之『エネルギー・セキュリティ』（東洋経済新報社，2002 年）198 頁。

事者ではなく，政府の役割である．

2.2.4　電力市場再編の方向──アンバンドリング

　新規参入者（特定規模電気事業者；PPS）と既存電力会社との間の公正な競争条件の整備が必要となるが，既存電力会社が参入に不可欠なネットワーク設備を保有している．送電部門は自然独占が残るため，何らかの形のアンバンドリングが必要となる．機能面のアンバンドリングとして，まず会計や情報の分離が求められる．

　より徹底した自由化のためには，電力会社の発送電分離が前提となる．しかし，憲法29条1項は，「財産権は，これを侵してはならない．」と規定し，同条2項では，「財産権の内容は，公共の福祉に適合するやうに，法律でこれを定める．」と規定する．これは，第1項で保障された財産権の内容が，法律によって一般的に制約されるものであるという趣旨の規定である．また第1項は憲法が資本主義体制を予定していることから，私有財産制の制度的保障まで定めたものと解されている．

　財産権に対する制約として，社会的公平と調和の見地からなされる積極目的規制（政策的考慮に基づく制約）が認められる．違憲判決が出された「森林法事件」最高裁判決[39]では，「財産権はそれ自体に内在する制約があるほか，立法府が社会全体の利益を図るために加える規制により制約を受ける」が，「財産権に対して加えられる規制が憲法29条2項にいう公共の福祉に適合しているものとして是認されるべきものであるかどうかは，規制の目的，必要性，内容，その規制によって制限される財産権の種類，性質及び制限の程度等を比較衡量して決するべき」としている．つまり，財産権の規制には，「社会公共の便宜の促進，経済的弱者の保護等の社会政策および経済政策上の積極的なもの」から，「社会生活における安全の保障や秩序の維持等の消極的なもの」に至るま

---

[39] 「森林法共有林分割制限事件」（最大判1987年（昭和62年）4月22日，民集41巻3号408頁）では経済的自由について従来とられてきた違憲審査の二分論（積極目的の規制，消極目的の規制）を財産権については明確に採用しなかった．芦部信喜『憲法　第4版』（岩波書店，2007年）220頁．

[40] 判例評釈として，棟居快行「共有林の分割制限と財産権の保障」別冊ジュリスト憲法判例百選I，194頁，藤井俊夫「森林法186条本文の合憲性」判例時報1250号，181頁，阿部照哉「共有森林分割制限違憲判決」法律時報59巻9号52頁，中井美雄「森林法分割制限規定の違憲訴訟判決の検討」法律時報59巻9号56頁，中尾英俊「共有林分割制限の違憲性」ジュリストNo.890，73頁．

で多岐にわたるが，立法目的を達成する規制手段として必要性と合理性があるかを厳格に審査すべきと判示している[40]。

自由化のさきがけとなったイングランド・ウェールズでは，旧国有電力会社からの分割・民営化であったため，垂直分離が可能であったが，電力会社の私有制を採る日本では，そのような再編・市場自由化は強制収用的な性格を有し，憲法上保障されている私有財産権を制限するものとなるおそれがある[41]。1938年（昭和13年），日本発送電株式会社法により，電力会社は電力設備とその付属施設を日本発送電に出資し，その対価を日本発送電の株券として受け取ることが義務付けられた。しかし，同法は戦時体制への突入という特殊な状況の下での立法であり，そのまま現在に適用することはできない。

すなわち，民間電力会社が自己の経営判断により任意に分離や開放を行うことは電気事業法第13条（設備の譲渡し等）の制限を別にすれば自由であるが，規制当局が電力会社に対して補償を行うことなく強制的にその送電部門を分離させたり，送電ネットワークを開放させたりする命令を発することは，財産権との関係からは憲法に抵触すると考えられる。実際，カリフォルニア州やドイツで行われている議論では憲法違反とされている[42]。

電力小売自由化では，国民生活に必須な役務を提供する公益性の高い電気事業において，需要家のニーズを満たすため，より効率的な経営の自由化を図るという立法目的と，それを達成するための手段として電力会社を組織上分離し，私的財産権を制限することの間に合理的関連性があるか，規制目的が公共の福祉（電気事業における公益性）に適合しているかが問われる。

電気事業が目指すべき公益性とは安定・安価・公平であり，小売自由化はそのための手段である。「経営の自主性」と「行政の介入の最小化」によって対等競争・有効競争を生み，需要家全般に効率化の成果を行き渡らせるのが目的である。発送電分離体制の方が，より公益性が守られる場合には，私権の制限が認められる場合もあり得るが，公益性維持のためには，垂直統合の電力会社

---

[41] 丸山・前掲注(24)20頁。
[42] プール制の導入に際して，送電部門を公共財として電力会社に無償で提供させることの是非について，カリフォルニア州やドイツにおける議論では，規制当局が電力会社に対して補償を行うことなく，強制的にその送電部門を分離させたり，送電ネットワークを開放させたりする命令を発することは財産権との関係から憲法に抵触することになるとされている。丸山・前掲注(24)iiiページ一覧表参照。
　実際のカリフォルニア州の自由化では，発電設備売却を指令したわけではないが，簿価より高く売れたため水力を除いてすべての設備を売却してしまった。

が主たる担い手である方が望ましいと考えられる限りは，私的財産権の制限が認められるほど公益性が大きいとは考えられない。

以上を踏まえた結論としては，効率性重視のための手段として電力会社を分社化させるべきというアプローチの仕方ではなく，送電部門における公平で透明な競争が公益性（安定供給の確保，環境との適合）を損なうことなく可能であるか，との視点から検討すべきであろう。

2000年3月21日に始まった部分自由化によって，電気事業には規制部門と自由化部門が併存している。規制部門か，自由化部門か，によって主務官庁も異なってくる（前者は経済産業省，後者は公正取引委員会）。送電部門での公正な競争を進めるには，「託送料金」の透明性が最も重要になる。電力会社は送電網を運営しつつ，新規参入者と競争するのであるから，電力会社の規制部門と自由化部門の会計区分は必須であろう。

1999年の改正電気事業法では，託送制度について基本的に事業者間の協議に委ねるスキームが採用されているが，託送料金や常時バックアップ料金の算定方法は極めて複雑である。

電力会社の垂直統合が続く限りは，すなわち，既存電力会社が送電網の所有権を保持したまま自由化を進める方法を採る限りは，どのような原価計算方法を採用するにしろ，何をもって送電網の透明性・公平性の担保といえるのか，批判はつきまとう。①きめ細かく費用を分離するルールが決められ，公表されている，②決められたルール通りに費用が分離され，公表されている場合には，透明性が確保されていることになる。しかし，成文化する場合には抽象化せざるをえない。合理性のある会計処理基準が複数ある場合，何をもって公平な配賦基準とするか，立場によって変わってしまうため，公平性の確保も難しい。ABC会計制度[43]に基づき料金を算定しても，配賦基準や費用の区切り方には何通りもの考え方がある。

電力自由化の移行期においては，ストランデッド・コスト[44]と呼ばれる回

---

[43] ABC会計制度は，米国で生まれたコスト計算手法である。会計学上の概念である活動基準原価（Activity Based Costing）に基づく公平かつ公正な託送コスト配賦基準であり，コスト―特に間接費用を目的別に細かく区切り分け，費用対効果をより分かりやすい形で見ることを可能にするコスト計算である。電気事業においては，①総原価（全費用項目）を8部門に整理し，②ABC基準によって7部門に整理する。そして，③送電関連費を抽出し，特定規模需要への配分をして，託送料金を決定する。電気新聞編『続　電力自由化　そこが知りたい　徹底Q&A「制度と約款」』（電気新聞，2000年）5頁。

[44] 主として民間企業が電気事業を行ってきた国・地域で電力規制の変更・自由化を行っ

収不能費用が発生する。原子力発電におけるストランデッド・コストのみでなく，新エネルギー導入目標を達成するためにも追加的な費用が発生する。今後，風力発電の大規模な導入を進めるためには既存系統増強（安定化や送電網整備）費用が必要となる。

これら追加的な費用を明確に区分し，託送料金に反映させるためにも，会計上のアンバンドリングを厳密にする必要がある。2002年12月27日の総合資源エネルギー調査会・電気事業分科会では，送電部門分離を見送り，会計上の分離策の導入を決めた。送電部門を組織としては残し，部門単独の損益計算書など財務諸表の作成を義務付けた。

しかしながら，現行の機能面のアンバンドリングは，託送料金算出のための送電部門単独の財務諸表の作成にすぎない。公平・透明な競争が保てない場合には，所有面のアンバンドリングも考慮する必要がある。財産権との抵触を避けるためには，持株会社制による企業分割も検討課題となる。日本では1997年に独占禁止法9条が改正され，持株会社制が解禁された。2001年12月，政府の総合規制改革会議の最終答申では，持株会社のグループ総資産規制の制限（総資産合計が15兆円を超える場合は持株会社設立を禁止）などを緩和した。電力会社の発電・送電事業を分離して電力事業への新規参入を促すことも盛り込んだ。今後，エネルギー産業間の垣根が壊れ，融合化が進むと，エネルギー市場再編に対応した持株会社制の検討も焦眉の問題となろう[45]。

2.3　電気事業における温暖化対策

2.3.1　排出原単位20%削減の問題点

図2-1に示すように，エネルギー転換部門のCO_2排出量は，日本全体の約33.8%（直接排出；2007年）を占める。したがって，電気事業におけるCO_2削減策が，温暖化対策の重要な位置を占め，産業部門にも民生部門にも影響を与えることになる。

た場合，それまでの投資による発電設備や電力購入計画が新しい市場価格と合わなくなり，それにかかわる投資や費用が回収不能となる。そのような場合，市場価格との乖離部分をストランデッド・コストと呼んでいる。電力政策研究会『電力の小売自由化』（電力新報社，2000年）。

[45] 丸山真弘「米国の公益事業持株会社法の内容と問題点」（電力中央研究所報告 Y96003）は，日本において，将来的に持株会社制を導入することにより所有面のアンバンドリングを進める場合には，需要家や投資家の保護と，効率的な企業経営を両立させるような形で，公益事業規制と持株会社規制との間の調整を行う必要があると，指摘している。

2.3 電気事業における温暖化対策

日本経団連の「環境自主行動計画」(1997年策定) は，政府の策定する京都議定書目標達成計画の産業部門対策の中核に位置付けられ，毎年，フォローアップされている。うち，エネルギー転換部門のCO_2排出量は，2008年度で基準年 (1990年度) より28.2%増 (京都メカニズムクレジット活用後で＋17.9%) となっている。

電気事業連合会の掲げる目標は，「2010年度における使用端CO_2排出原単位を1990年度実績から20%程度低減 (0.00034t－CO_2／kWh程度にまで低減) するよう努める」ことである[46]。

この目標採用の理由は，「地球温暖化対策として目標とすべき電気の使用に伴うCO_2排出量は，利用者の使用電力量と使用端CO_2排出原単位を掛け合わせて算出できるが，このうち利用者の使用電力量は，天候や利用者の電気の使用事情といった電気事業者の努力が及ばない諸状況により増減することから，電気事業者としては，自らの努力が反映可能な原単位の低減を目標として採用している。」としている。しかしながら，表2-1に示すように，電気事業連合会の目標は未達であり，電力部門の未達成分 (CO_2換算1億1,000万トン) と日本鉄鋼連盟の未達成分 (CO_2換算1,500万トン) が日本の排出量を押し上げる結果となっている。

電気の使用に関するCO_2排出係数について，環境省は2006年 (平成18年) 当初，供給側の電気事業者を既存の電力10社とそれ以外の事業者の2グループに分け，それぞれの平均的係数を定める案を想定していたが，公正取引委員会のクレームを受け，排出量算定・報告・公表制度案の意見募集結果を反映させた結果，最終的には供給事業者にかかわらず，すべての電気の排出係数を「1kWhあたり0.000555トン－CO_2」に設定 (デフォルト値) した。ただし，1kWhあたり0.000555トン－CO_2を下回る供給事業者ごとの係数が公表された場合には，その係数を利用することができるとした。

電力分野の温暖化防止としては，電力使用量の削減，すなわち，使用者側の省エネやエネルギー効率改善の方が望ましい。しかし電力会社は営利を追求する民間企業であり，使用電力量を減らす (＝売上減少) という目標を掲げることは難しい。自主行動計画の範疇で，CO_2排出総量の削減目標値を示すのは難しい面があることは否めない。しかしながら，表2-1に示すように，排出原単

---

[46] 日本経団連　環境自主行動計画　個別業種版29頁。
http://www.keidanren.or.jp/japanese/policy/2006/089/kobetsu.pdf

位は特定規模電気事業者（PPS）を含め，各電力会社によってかなり異なる。化石燃料を使う PPS はもとより，一般電気事業者のなかでも原子力をもたない沖縄電力の排出係数は飛び抜けて高い。代替値（デフォルト値）も，0.000561（トン－CO_2／kWh）と，2006 年度（平成 18 年度）に定めたデフォルト値（0.000555（トン－CO_2／kWh））に比べて増加している。

このような排出原単位 20％削減目標に対し，中央環境審議会・地球環境部会・自主行動計画フォローアップ専門委員会「2009 年度　自主行動計画　評価・検証　結果及び今後の課題等（案）」（2009 年 12 月 25 日）では，「京都議定書が CO_2 排出量を目標としていることも鑑み，原単位のみを目標指標としている業種は，新たに CO_2 排出量について併せて目標指標とすることを更に積極的に検討すべきである。」と批判している。

経済活動にはエネルギーを消費する。したがって，GDP 増加のためにはエネルギー消費量は減らしたくないというのが電力業界の立場であろう。同じ理由で産業界は，キャップ＆トレード方式の国内排出量取引にも反対している。

「2010 年エネルギー需給見通し」も「2030 年エネルギー需給見通し」も共に，エネルギー消費量の増加を前提としている。特に利便性の高い電力需要は，サービス経済化，製造業の構造変化，高齢化などにより，かなり増加することが予想されている（図 2-5 参照）。

一般電気事業者名	実排出係数 (t-CO_2/kWh)	調整後排出係数 (t-CO_2/kWh)	特定規模電気事業者名	実排出係数 (t-CO_2/kWh)	調整後排出係数 (t-CO_2/kWh)
北海道電力㈱	0.000588	0.000588	イーレックス㈱	0.000462	0.000462
東北電力㈱	0.000469	0.000340	エネサーブ㈱	0.000422	0.000422
東京電力㈱	0.000418	0.000332	王子製紙㈱	0.000444	0.000444
中部電力㈱	0.000455	0.000424	㈱エネット	0.000436	0.000436
北陸電力㈱	0.000550	0.000483	㈱F-Power	0.000352	0.000352
関西電力㈱	0.000355	0.000299	サミットエナジー㈱	0.000505	0.000505
中国電力㈱	0.000674	0.000501	GFTグリーンパワー㈱	0.000767	0.000767
四国電力㈱	0.000378	0.000326	昭和シェル石油	0.000809	0.000809
九州電力㈱	0.000374	0.000348	新日鐵エンジニアリング㈱	0.000759	0.000759
沖縄電力㈱	0.000946	0.000946	新日本石油㈱	0.000433	0.000433
			ダイヤモンドパワー㈱	0.000482	0.000482
			日本風力開発㈱	0.000000	0.000000
			パナソニック㈱	0.000679	0.000679
代替値	0.000561 (t-CO_2/kWh)		丸紅㈱	0.000501	0.000412

表2-1　電気事業者別の CO_2 排出係数（2008 年度実績）(2009 年（平成 21 年）12 月 28 日公表）

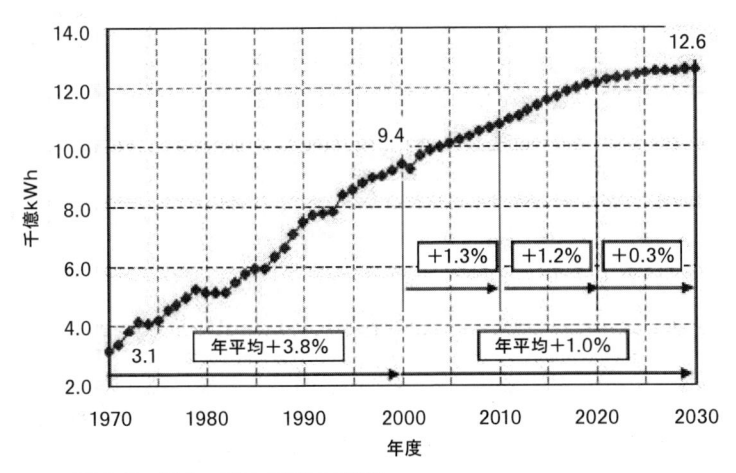

2.3 電気事業における温暖化対策

図 2-5 日本の電力需要の見通し
出典：資源エネルギー庁需給部会第 4 回（2004・2・25）資料

　排出原単位 20％削減の更なる問題点は，この目標値はほとんど CO_2 を出さない原子力開発計画等をベースとして，チャレンジングな値を設定している点にある。目標達成のための取組みとして，新エネルギーの普及に向けた取組みや，火力発電熱効率の更なる向上，火力電源運用方法の検討もあげられている。しかし，主たる取組みが，「安全確保と信頼回復を前提とした原子力発電の設備利用率向上，原子力立地の推進」にあることは間違いない。これは 2006 年度実績と 2007 年度実績（それぞれ環境省報道発表資料参照），表 2-1 に示す 2008 年度実績を比較してみると，原発停止によって，排出係数が削減どころか増加していることからみても明らかである。

　原子力への依存を高めることによって排出係数の削減を目指してきたにもかかわらず，自主点検記録問題に伴う原子力の長期停止[47]や，2007 年新潟県中越沖地震による柏崎刈羽原発 7 基の停止による電力不足時には，火力にシフトすることによって対応した[48]。原単位 20％削減のために原発稼働率 87〜88％

---

[47] 東電のいくつかの原発で発覚した不正行為をきっかけに，2002〜2003 年にかけて，同社の原発全 17 基が順次運転を停止した。また 2004 年には，関電の美浜原発 3 号機蒸気噴出事故を起こしたことから，同社の他の原発 8 基も点検のため運転を停止した。これら原発の計画外停止による CO_2 増加分は，2003 年度は 4.8％，2004 年度は 2.8％（2006 年 6 月 2 日付環境省配布資料，2006 年 10 月 17 日付環境省発表資料をもとに算出したもの）になる。

[48] 柏崎刈羽原発の停止を受けて，2007 年夏に東電は 17 年ぶりに需給調整契約を使い，

を想定したものになっているが，現実には71.9％（2005年度），69.9％（2006年度），60.7％（2007年度），59.2％（2008年度）の設備利用率にとどまっている[49]。その結果，電気事業部門におけるCO_2排出量は増加し，その増加分は京都メカニズムクレジットの活用に頼らざるをえないという状況に陥っている[50]。

表2-1に示すように，京都メカニズムクレジット利用後の係数が調整後排出係数である。実排出係数と調整後排出係数を比較すると，東京電力，東北電力，関西電力，中国電力はかなりのクレジットを購入していることが分かる。

すなわち，国レベルでも海外から2,000万トンのクレジットを購入し（6％の削減義務のうち1.6％相当分），電力会社レベルでも自主行動計画達成のためクレジット取得を求められることになる。結果として，国内でのCO_2削減は進まず，国レベルでは税金を使い海外からクレジットを購入，電力会社レベルでは需要家の負担（電気料金に転嫁）によって海外からクレジットを買ってくるという状況に陥っている。

メルトダウン（炉心溶融）のような巨大原発事故のリスクは別問題としても，地震国日本では地震の直撃によって原発が緊急停止するリスクは大きい。出力調整ができない原子力は，ベース・ロード電源として利用されている。そのベース・ロード電源が停止すると，火力に頼らざるをえず，CO_2がかえって増加してしまう結果となる。

2.3.2 天然ガスか，石炭か，石油か

電力の年間発電量は年を追うごとに増加している。脱原油として，ほとんどCO_2を出さない原子力や，炭素含有量のより少ない液化天然ガス（LNG）への移行がよく言われるが，実際は図2-6に示すように，電力自由化の進展に伴って，燃料価格の安い石炭の利用が進んでいる[51]。発電所からのCO_2排出量は

さらに電力間融通や自家発電との取り決めによって供給の増大を確保した。八田達夫「安定供給のための電力制度改革」八田達夫・田中誠編著『規制改革の経済分析　電力自由化のケース・スタディ』（日本経済新聞出版社，2007年）231頁。

[49] 米国での稼働率は89.9％，フランスでは76.1％（2008年度）である。
[50] 総合資源エネルギー調査会電気事業分科会「今後の望ましい電気事業制度の在り方について」（2008年3月）では，「京都メカニズムクレジットを事業者別CO_2排出係数に反映させる方策を講じることとされている」と京都メカニズムの利用を前提とした記載になっている（25頁）。
[51] 発電電力量構成の推移，資源エネルギー庁「平成19年度電力需給計画の概要」http://www.jema-net.or.jp/Japanese/denki/2007/de-0707/p02-07.pdf，

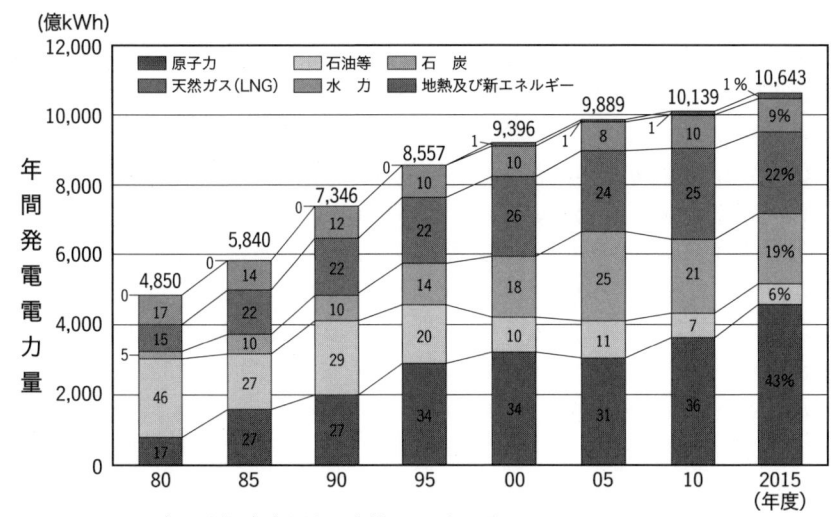

2.3 電気事業における温暖化対策

図2-6 電源別発電電力量の実績および見通し
出典：財団法人日本原子力文化振興財団「原子力」図面集—2007年版—

90年比1.5倍であるが，石炭は天然ガスに比べて1.8倍CO_2を排出する。2006年度の石炭火力の発電量は90年比3.4倍となり，それに伴う温室効果ガスの排出量は2.6倍であった。

外部性（社会的コスト）を考慮せず，市場メカニズムに任せたことによる自由化の当然の帰結であろう。化石燃料の中で炭素含有量の一番少ない天然ガスは，今後の低炭素社会のために重要な役割を演じることは間違いない。ところが，液化天然ガス（LNG）価格は他の化石燃料に比べて相対的に高い。

発電量全体でみて，化石燃料への依存は約5割，石炭火力への依存は約2割を占める。炭素含有量が最も多いが，残存埋蔵量が最も多く，かつ，相対的に燃料価格の安い石炭火力に依存せざるをえない現状は，温暖化を一層進めてしまっている。世界レベルでは，石炭火力の割合は更に高いという憂慮すべき実態にある。

にもかかわらず電気事業分科会「今後の望ましい電力事業制度の在り方について」（2008年3月）では，「石炭火力はCO_2排出原単位が高いものの，効率性

「平成21年度電力需給計画の概要」平成21年4月3日http://www.meti.go.jp/press/20090403005/20090403005-1.pdfでは，今後10年間で運転開始予定の原子力発電設備は10基（1,226万kW），火力発電所は48基（1,689万kW）に対し，新エネルギー等は17地点（12万kW）にすぎない。

51

や安定供給の観点からは積極的に評価されるべき電源である。」と，石炭火力推進を明記している。電気事業連合会も，「石炭については，確かにCO_2排出量は多いが，安定供給及び経済性，環境保全といった総合的な観点から電源構成に取り組んでいる。」との見解を示している。

CO_2排出原単位が高いにもかかわらず，石炭火力を推進し，他方で，石炭ガス化複合発電の高効率化とCO_2の回収貯蔵（CCS）[52]を組み合わせることにより，電源自体のCO_2排出原単位の低減を図ろうという政策は，効率性の追求どころか，単なる矛盾した政策の組み合わせではないか。

さらに，石炭火力推進のオフセットとして，大規模発電である原子力への一層の依存を高めざるをえない。2010年度で36％，2015年度で43％と，原子力への依存を更に高めようとしている（図2-6参照）。ところが肝心の原子力は，地震による緊急停止時には長期停止状態となり，その原発停止の埋め合わせとして石油火力に依存せざるをえない[53]。前記・電気事業分科会（2008年3月）においては，「原発停止のような設備容量の激減を招く事象に対しては，燃費調達性等からは石油火力が考えられ，エネルギー・セキュリティの観点やSO_x等への対応等環境制約の観点を含め総合的に検討することが必要である。」と記載されている。

中越沖地震による原発停止の穴埋めとして東電側は「割安でCO_2排出が少ない液化天然ガス（LNG）利用を最優先する。」と説明しているものの，実際の穴埋めの大部分は石油だった。これら追加調達量は日本の年間原油消費の2％強に相当する。

2008年夏場に備えた原発3基分300万kWの追加分の半分は廃止寸前だった休止火力5基の再稼働によった。その結果，目標は達成できず，大量の排出枠クレジットの取得を求められるというジレンマ状態に陥っている。

すなわち，原子力への過度の依存は，原発停止時の石油火力発電の必要性や，系統問題を原因とする再生可能エネルギー（風力発電）の停滞を招く結果となっているのである。

---

[52] アル・ゴア著・枝廣淳子訳『私たちの選択』（ランダムハウス，2009年）137頁によると，CO_2の回収貯蔵（CCS）プロセスを動かすためだけに，従来の発電所3～4基につき1基，新たな石炭火力発電所を建設しなければならない。また，石見徹『地球温暖化問題は解決できるか』（岩波書店，2009年）95頁によると，CO_2の分離・回収，さらに地中や海底に送り込むのに追加的なエネルギーが必要になるので，実際にエネルギー消費がどこまで削減されるかについては，疑問が残されている。

[53] 「原発停止　広がる波紋（上）」2007年10月18日付日本経済新聞。

2.3.3 電源の多様化の目指すもの

日本のエネルギー問題を考えるとき,「エネルギー自給率4％」(大部分は水力) が大きなネックとなっており, 原子力推進という国策はエネルギー自給という悲願に結びつく[54]。

エネルギー資源をほとんど持たない日本のエネルギー政策の基本目標は,「環境保全や効率化の要請に対応しつつ, エネルギーの安定供給をめざす」ことである。2002年6月に公布・施行されたエネルギー政策基本法にいう3つの基本方針は, 原子力推進路線を堅持することを示している[55]。

同法12条5項を受け, 2003年10月に閣議決定された「エネルギー基本計画」では,「原子力発電は安全性の確保を大前提に基幹電源として推進する。」と明記されている。このように原発の維持を前提としているので, 複数分散型ネットワークを想定することはできず, 2007年3月9日の改定エネルギー基本計画では,「発電から送配電まで一貫した体制で確実に電力の供給を行う責任ある供給主体である一般電気事業者を中心に, 電気の安定供給を図る」基本方針が明記されている。最新の改定エネルギー基本計画 (2010年6月) でも, 原子力の更なる増設を見込んでいる。

経済産業省・資源エネルギー庁が2006年5月31日に公表した「新・国家エネルギー戦略」でも, 原子力を「供給安定性に優れ, 発電過程においてCO_2を排出しないクリーンなエネルギー源」と位置付け,「2030年以降においても, 発電電力量に占める原子力の比率を30～40％程度以上とすることを目指す。」と, 更なる原子力の推進 (原子力立国) を明記している。すなわち, 新・国家エネルギー戦略において達成すべき3つの目標のうちの2つ,「国民に信頼されるエネルギー安定保障の確立」と「エネルギー問題と環境問題の一体的解決による持続可能な成長基盤の確立」を達成するための基幹電源として原子力を選択し, 原子力を着実に推進していくべきとの基本的な考え方を採っている。「中長期的に原子力比率を上げていく」「核燃料サイクルは推進する」「高速増殖炉サイクルの実用化を目指す」といった基本方針である。

---

[54] 日本はかつて, エネルギー自給率100％の国であった。エネルギー源は薪と木炭で, 山林を大切に守りながら自然循環の範囲内で暮らしてきた。石炭鉱山の全盛期だった1955年でもエネルギー自給率は80％であった。中村政雄『原子力と環境』(中公新書, 2006年) 48頁。

[55] 舟田正之「電力産業における市場支配力のコントロールの在り方」ジュリストNo.1335, 97頁。

エネルギー安全保障の観点からすれば,ほぼ100％海外からの輸入である化石燃料に依存しすぎることは望ましくない。原子力発電の原料であるウラン鉱石も100％海外依存しているが,ウランやプルトニウムはエネルギー密度が高く(少量で大量のエネルギーを発生する),原子炉に一度燃料を補填したら,長期間燃料補給なしで運転できるという備蓄性にすぐれているので準国産とされる。原子力を推進していくことは,エネルギー自給率を高めることになるというのが政府の方針である。ところが実際は,原子力への過度の依存は原発停止時の化石燃料の使用を増やすことにつながり,エネルギー安全保障上の不安要因となり,更には,温暖化防止にも逆行するという結果になっている。

2.4 電源の選択と電力市場完全自由化

2.4.1 炭素含有量のより少ない燃料源へ——石油石炭税

電力需要の増大を前提としたうえで,CO_2削減を国内対策のみで達成することは難しい。ゆえに,各電力会社は京都メカニズムクレジットの利用によって達成しようとしている[56]。しかし,このような取引はあくまで,「約束を履行するための国内的な行動に対して補完的なものでなければならない。」(京都議定書17条)。電力のCO_2排出原単位削減のためには,まずは,炭素含有量の少ない燃料源への転換,すなわち,石炭火力から天然ガスへの転換が重要になってくる。

燃料価格自体は市場メカニズムに委ねるしかないが,社会的コスト(外部不経済)を是正しようとすると公的権力の介入が必要になる。化石燃料の使用が引き起こしたコストは価格には含まれていない。温室効果ガス削減も電気事業者が果たすべき公益であり,そのために社会全体で必要なコストを負担することが必要になる[57]。

化石燃料は自ら生み出す社会的コストを負担していない。これが炭素税の課税根拠となっている。炭素税課税には,価格効果として,CO_2排出割合の高い燃料から低い燃料へ転換する効果がある。したがって,多様な燃料を利用しう

---

[56] 中央環境審議会・自主行動計画フォローアップ専門委員会「2009年度 自主行動計画計画・検証 結果及び今後の課題等」(2009年12月25日)によると,エネルギー転換部門のCO_2排出量は実排出量は90年比28.2％増だが,京都メカニズムクレジット活用後は17.9％増となる。

[57] ジャン＝マリー・シュヴェリエ著・増田達夫監訳・林昌宏翻訳『世界エネルギー市場』(作品社,2007年)216頁。

2.4 電源の選択と電力市場完全自由化

る分野にあっては税制によって燃料の転換が行われる可能性がある[58]。

既存のエネルギー税の税収総額を変えることなく（税収中立），炭素含有量に応じた課税方法に変えることは，石炭[59]から液化天然ガス（LNG）へシフトするインセンティブの一つになりうるし，政治的な軋轢も少ない。最近の原油高により，石油から天然ガスへの移行が進んでいるが，さらには，石炭火力発電所からLNG発電所への移行も必要となろう[60]。そのために，石炭に重課すべきとの意見もある。

環境税制改革が行われているEU諸国のうちドイツでは，既存のエネルギー税である石油税に税率を上乗せするとともに，課税対象となっていなかった電気税を新設するという環境税制改革を行った[61]。ただし，ドイツは日本と異なり国内炭があるため，当初は石炭には課税されていないという欠点をもっていた。しかし，ドイツ国内の石炭使用量の75％は電力，20％はエネルギー集約型産業，5％以下が家庭暖房用となっている。電力に用いられる石炭には電気税が課税されており，また，エネルギー集約型産業は軽減措置（電力税法10条によって税率が60％（当初は80％）引き下げられている）があるため[62]，それほ

---

[58] 2001年5月8日「地球温暖化防止対策のためのエネルギー・環境関連税制について（案）」によると，「ガソリンに1ℓあたり10円の税を課しても，有意な効果は認められないが，多様な燃料を利用しうる分野においては，税制によって燃料の転換が行われる可能性がある。ただし，転換効果を狙った税制を導入する場合には，代替が十分に実現するのには長期の期間を要する。」と記載されている。

[59] 世界的な実需の拡大に伴って石炭価格は急騰している。2008年度の発電用の石炭価格が1トン125ドル（2007年度の2.3倍）になると，電力業界は6,000億円の負担増になる（2008年4月9日付日本経済新聞）。

[60] 技術開発により，ガスタービンの効率は向上してきている。これらのガスタービンは燃焼効率が高く，CO_2削減も見込め，古くなった石油・石炭発電所の置き換えも期待されている。「天然ガス火力発電　CO_2排出抑制を加速」（2008年3月14日付日本経済新聞）。

[61] 1999年3月24日環境税制改革取組法によって始まったドイツの環境税制改革は，石油税の税率上乗せ分と電気税の新設による改革であり，その税収の9割を社会保険料の引き下げに充てるという税収中立の「二重の配当」を目的としたものであった。永見靖「ドイツにおける気候保護プログラム，排出量取引，環境税の動向」ジュリストNo.1296，63頁。

[62] 電力税と石油税は電力消費者が製造業又は農林業の場合，税率が8割減免されており（電力税法10条，石油税法25条），この租税減免措置をめぐって，業務用冷蔵庫業を営む2社が電力税法3条，5条1項，9条3項，10条1・2項を対象として憲法抗告を（1BvR 1748/99)，欧州全域で各種運送業を営む5社が石油税法2条，25条，25a条に反論して憲法抗告を（1 BvR 905/00）おこした。環境税制改革法は基本法3条1項，12条1項および14条1項に基づく基本権を侵害しているとして，連邦憲法裁判所で争ったが，棄却された。（2004年4月20日第1法廷判決 Urteil vom 20.April 2004）

第 2 章　公共事業における競争のあり方と電気事業における温暖化対策

	ガソリン(1ℓ)	軽油(1ℓ)	重油(1ℓ)	石炭(1kg)	天然ガス(1kg)	電気(1kWh)
日本	55.84 円 (揮発油税；53.8, 石油石炭税；2.04)	34.14 円 (軽油引取税；32.10, 石油石炭税；2.04)	2.04 円 (石油石炭税；2.04)	0.70 円 (石油石炭税；0.70)	1.08 円 (石油石炭税；1.08)	0.375 円 (電源開発促進税； 0.375)
イギリス	105.74 円 (炭化水素油税)	105.74 円 (炭化水素油税)	19.51 円 (炭化水素油税)	2.61 円 (気候変動税)	5.84 円 (気候変動税)	0.958 円 (気候変動税)
ドイツ	105.37 円 (エネルギー税)	75.73 円 (エネルギー税)	3.95 円 (エネルギー税)	1.41 円 (エネルギー税)	6.19 円 (エネルギー税)	1.980 円 (電気税)
フランス	97.71 円 (石油産品内国消費税)	68.97 円 (石油産品内国消費税)	2.68 円 (石油産品内国消費税)	1.42 円 (石炭税)	3.35 円 (天然ガス消費税)	
オランダ	110.93 円 (鉱油税)	67.14 円 (鉱油税)	67.14 円 (鉱油税)	2.08 円 (石炭税)	38.49～1.96 円 (エネルギー税)	12.107～0.081 円 (エネルギー税)
フィンランド	100.95 円 (液体燃料税)	58.60 円 (液体燃料税)	9.71 円 (液体燃料税)	8.13 円 (電気・特定燃料税)	5.20 円 (電気・特定燃料税)	0.423 円 (電気・特定燃料税)
デンマーク	89.74 円 (鉱油エネルギー税； 84.88, CO_2税；4.85)	66.81 円 (鉱油エネルギー税； 61.45, CO_2税；5.36)	47.23 円 (鉱油エネルギー税； 41.51, CO_2税；5.71)	36.75 円 (石炭税；31.95, CO_2税；4.80)	75.98 円 (天然ガス；69.26, CO_2税；6.72)	14.706 円 (電気税；12.722, CO_2税；1.984)
EU 最低税率	57.80 円	48.62 円	2.17 円	0.64 円	1.52 円	0.081 円

表 2-2　日本と EU 諸国のエネルギー課税の税率の比較（2008 年 7 月現在）
　　　（出典：諸外国における取組の現状 関係資料 2008 年(平成 20 年)9 月 16 日 環境省）

ど問題とはされていなかった。

　日本では運輸用燃料に対しては，輸入の段階でも（石油石炭税），自動車・航空機等の燃料となった段階（LP ガスに対する石油ガス税，ガソリンに対するガソリン税（揮発油税及び地方揮発油税），軽油に対する軽油引取税，航空機燃料に対する航空機燃料税）でも，課税されている。しかし発電用の場合は，輸入段階での課税のみである。しかも日本の化石燃料の税率は，EU 等諸外国に比べて，相対的に低い。石炭への税率は 1 トンあたり 700 円と特に低い（表 2-2 参照）。

　輸入段階での課税である石油税は，石油対策財源を確保するために 1978 年に創設されたものである。この石油税は，それまで非課税であった石炭も課税対象に取り込み，2003 年に石油石炭税へと改編された。新たに石炭も課税対象とされたことは，事実上の環境税（炭素税）の導入となるが，経産省と環境省の両省は「CO_2 排出抑制を主たる目的とした『環境税』とは全く性質や内容を異にする」ことを強調する文書を公表した。前者は環境税導入に反対する産業界への配慮が，後者は更に本格的な環境税の導入論がかき消されてしまう心配があったためである。

　ただし，発電に使われる一般炭（輸入のうち 6 割）は新たに課税対象となったが，鉄鋼生産に使われる原料炭（輸入のうち 4 割）は課税を免除した。これらの税収はいったん一般会計の歳入となった後，エネルギー対策特別会計に繰り入れられ，燃料安定供給対策とエネルギー需給構造高度化対策（地球温暖化問題等に対応したエネルギー・環境対策）に使われる事実上の特定財源となっている。

2007年4月1日以降の税率は，原油及び石油製品は1kℓにつき2,040円，ガス状炭化水素（LPG，LNG）は1トンにつき1,080円，石炭は1トンにつき700円となっており（石油石炭税法9条），2008年度予算では5,210億円が見込まれている。

実際の単位熱量あたりの炭素含有量は天然ガス1.0，石油1.4，石炭1.8の比率なので，石油石炭税法9条の税率のままでは炭素税になっていない（炭素1トンあたりに換算すると，石油約780円，天然ガス約400円，石炭約290円となり，炭素含有量に応じた課税ではない）。

理論上の環境税は，汚染物質の排出に対して課税するものである。石油石炭税は，化石燃料の使用の結果生じる汚染物質の排出に対して課税するものとなっていない。石油石炭税法8条の課税標準の定義（石油石炭税の課税標準は，その採取場から移出した原油，ガス状炭化水素若しくは石炭又は保税地域から引き取る原油等の数量とする。）からすると，「化石燃料資源採取税」と呼ぶべきものである[63]。

しかし，この石油石炭税を，炭素含有量に応じた課税方法に変更すると，かなりのCO_2排出抑制効果が期待できる[64]。炭素含有量のより少ない燃料源への転換のためには，CO_2含有量に応じた税率へ，すなわち，炭素税へと改編し，石炭課税の強化を行うべきであろう。川上ですべての化石燃料に対して課税する方法であり，徴税手続的には最も容易である。

2.4.2　原子力振興のための電源開発促進税

一方，販売電気1,000kWhあたり375円の税率で課税される電源開発促進税（石油危機時の1974年に石油に依存する電力供給体制からの脱却を目指して制定された目的税）は，石油石炭税の改編（発電用一般炭への課税；2008年度予算5,210億円）と呼応して税率が引き下げられ，2008年度予算は3,480億円に減少している。

電源開発促進税法第1条（2003年改正）[65]には，「原子力発電施設，水力発電

---

[63]　植田和弘「低炭素化をめざす環境税制改革　石油石炭税誕生に隠された狙い」http://premium.nikkeibp.co.jp/em/column/ueta/31/index.shtml

[64]　たとえば，横山彰「環境税（炭素税）導入の公共選択分析」経済分析153号（経済企画庁経済研究所編集）6頁以下によると，現行の化石燃料諸税を税収を変えずに純粋炭素税へと改革すると，石炭の場合，実効炭素税率は1トンあたり13,286円となり，42.939百万トンCのCO_2削減量が見込まれる。

[65]　改正前の第1条「原子力発電施設，火力発電施設，水力発電施設等の設置を促進する

施設,地熱発電施設等の設置の促進及び運転の円滑化を図る等のための財政上の措置並びにこれらの発電施設の利用の促進及び安全の確保並びにこれらの発電施設による電気の供給の円滑化を図る等のための措置に要する費用に充てるため,一般電気事業者の販売電気には,この法律により,電源開発促進税を課する。」と,その課税目的及び課税物件が明記されている。

そして税収は,「特別会計に関する法律」により,エネルギー対策特別会計に繰り入れられ,電源立地地域対策交付金,電源立地等推進対策交付金等として大部分が原子力関連振興に振り分けられる[66]。全ての電源構成のうち原子力は3割程度なのにもかかわらず,全販売電気を課税対象とし,その税収ほぼ全額を原子力振興に向けているのである。

電気料金に対しては,一般消費税が,Tax on Tax 状態[67]（個別消費税に対して一般消費税が課税される）で課税されている。結局は,原子力推進目的のために使われている電源開発促進税という個別消費税は,今もなお必要であろうか。電気を使用する全ての消費者が,原発推進の費用を負担していることに対するアカウンタビリティは可能であろうか。「温暖化防止のために原子力が必要か」という問題は,第3章で論ずるが,脱化石燃料を目的とするなら,電源開発促進税を税収中立で炭素税へと改編するという方法も考えられる。

CO_2 を排出しない燃料源である再生可能エネルギーに対しては非課税となるので,推進策になりうる。原子力を課税対象とするかどうかは政策的な判断であろう。

その税収使途として,原発立地地域への電源三法（電源開発促進税法,特別会計に関する法律,発電用施設周辺地域整備法）による税金の振り分け（電源三法交

　　等のための財政上の措置及び石油に代替するエネルギーの発電のための利用を促進するための財政上の措置に要する費用に充てるため……」と比較すると,課税目的が異なっている。
　　2003年10月以降,電源三法交付金制度についても,交付金の統合・一本化,対象事業の拡大等の見直しが行われた。
[66] 電源立地地域対策交付金の対象電源は,原子力,地熱,水力,火力（沖縄）,MOX燃料加工施設,低レベル放射性廃棄物の貯蔵施設等である。
[67] 取引高税のような前段階の税額や仕入を控除しない税の場合,課税の効果が累積し,前段階までの税額にも間接税が課されてタックス・オン・タックスが生じる。個別消費税と一般消費税という複数の間接税が併課されることによるタックス・オン・タックスについては放置されることも多かった。
　　平成22年度税制改正大綱（平成21年12月22日）においても,たばこ税や酒税といった個別消費税に一般消費税が二重の負担をもたらしている点,安易な財源確保として用いられてきた問題点が指摘されている。

2.4 電源の選択と電力市場完全自由化

付金）が少なくなると，一層新増設が難しくなるとの懸念もあろう。しかし周知のように，電源三法による交付金[68]があっても新規立地は難しくなってきており，これらエネルギー対策特別会計から財源は余剰となっている。「電源三法交付金によるハコモノ作り」（公共用施設整備事業としての道路，港湾，都市公園，教育文化施設の建設，地域活性化事業としての地場産業支援事業，福祉サービス提供事業等）という地域振興策は曲がり角に来ているといえよう。

すでに原発を受け入れている自治体では，発電所運転開始以降は，固定資産税を始め，事業税や住民税，原子力関連事業者特有の核燃料税，核燃料物質等取扱税などが長期間にわたり，税収となっている。しかし，これらの税収は年々減少する。一方，ハコモノ施設の維持費は継続して必要である。ゆえに，一度原発立地に税源を頼ってしまうと，その依存財政から抜け出せない。

地方の時代という割には地方独自の税源は乏しい。原発が立地される地域は，特に過疎化の著しい地域である。2000年施行の地方分権一括法により，法定外目的税という独自課税を設けることが可能となった。しかし，主要な税源は既に国税に取り込まれている。国税と重複する法定外目的税を設けることはできないため，大型の法定外税を設けることは難しい。更なる地方分権の推進に関しては，第三次勧告（2009年10月7日），第四次勧告（2009年11月9日）が出されたところであるが，産業のない過疎地が財政的に自立できるか難しいところである。

現行の地方分権制度と地方税法の範囲内では，地方自治体が独自の税源を設けることは難しい。かといって，電源開発促進税収のほぼ全額を原発推進に充てるシステムは限界にきているのではないか。余剰財源は，再生可能エネルギー推進や，あるいは，第3章で検討するバックエンド費用へ振り分ける方法も選択肢の一つではなかろうか。

2.4.3 電力市場完全自由化

原子力への理解が得がたい理由として，原子力立地決定プロセスの密室性に対する不信感，地震時の原発事故への危険性や高レベル放射性廃棄物処理への

---

[68] 出力135万kWの原発が新設された場合のモデルケースでは，運転開始までの10年間の交付金の合計が449億円，運転開始後35年たっても電源立地地域対策交付金が24億円給付される。これら交付金以外にも各種補助金，固定資産税の収入，建設工事に伴う雇用の拡大等の経済波及効果が見込まれている。資源エネルギー庁「電源立地制度の概要」（平成21年3月）参照。

不安感があげられよう。

　原子力がベース・ロード電源として使用されることによる CO_2 削減効果は大きいが，原子力立地に対しては特別会計から地元自治体への交付金の投入など，かなりの支援を行っている。外部性ゆえに政府の介入が必要なもう一つのエネルギー源である再生可能エネルギーに対する政府の関与と比較していかがであろうか。

　現在日本でとられている新エネルギー等促進策として，NEDO による補助金や，電力会社が任意に設けているグリーン電力基金，太陽光発電の余剰電力の固定価格買取制度（2009 年 11 月 1 日開始）がある。電気事業者による新エネルギー等の利用に関する特別措置法（以下，「RPS 法」という。）による電力会社の新エネルギー利用義務もあるが，低い目標値によって，逆に，抑制法となってしまっている[69]。

　一方，需要者側から再生可能エネルギーを促進しようとしても，小口需要者は再生可能エネルギーを直接電力会社から購入することはできない。温暖化対策推進法により温暖化ガスの排出量を国に報告する義務がある事業者[70]が使用する電力をグリーン電力に変更しようとする場合は，契約電力が 50 ｋW（高圧A）以上の自由化対象の大口需要家（電力量の 63％）であれば，供給元の変更は可能である。日本自然エネルギー(株)の行っているグリーン電力証書[71]を利用することも可能である。しかし，個人レベルでは，太陽光発電を自宅に設置するか，風力発電を共同で建設し，建設時に市民ファンドを購入する程度しかできない。家庭部門では電力が自由化されていないからである。

　RPS 法施行後，風力発電に対して入札制を採用する電力会社が多くなった

---

[69]　RPS 法は目標とする義務量（2010 年で 1.35％，2014 年で 1.63％）が低すぎるため，新エネルギー推進法とはなっていない。このほか，新エネルギー利用等の促進に関する特別措置法（1997 年制定）もある。

[70]　2005 年改正により，産業部門を中心に約 7,500 社，運輸部門の約 1,400 社（総排出量の約 5 割）に報告義務が課された。電力の発電時に発生した温暖化ガスを含める直接排出方式で計算すると，2006 年度の温室効果ガスの排出量が多い企業は第 1 位東京電力，第 4 位中部電力，第 5 位 J パワー，第 6 位東北電力と上位 20 社中，電力が 11 社を占めた。（2008 年 3 月 28 日環境省・経済産業省発表）

[71]　再生可能エネルギーによる電気のもつ「環境付加価値」を「電気」と切り離して「証書」という形で取引することを可能にしたのが「グリーン電力証書」である。2010 年 3 月 31 日現在で，196 団体が契約をむすび，21,810.4 万 kWh の契約量となっている。契約は年間 100 万 kWh 以上または使用する電力量の 1 割以上を目安にするので，個人では利用できない。

ため，建設自体が難しくなっている。風力発電建設費用として元本の保証されないファンドを購入するリスクに比べ，割高でもグリーン電力を購入する方が，より多くの個人需要家の理解を得やすい。現在，環境要因は金銭に評価できない非価格的要因のままである。環境重視が利益につながるようなシステムを電気料金に組み込む必要があろう。

　自由な競争によって，効率性の達成が可能となる。自由化の進展に伴って，すでにPPSに変更した大口顧客もあるし，自家発電設備をもつ大口顧客も多い（2005年段階で電力会社の19.6％の発電能力がある）。しかし，原油高騰を受け，このような企業や工場では，自家発電離れ現象が起こっている。部分自由化以降，既に産業用で2割，家庭用で1割電気料金が下がった。一応の目標は達成したことになる。原油の高騰傾向が続いている昨今の状況をみるに，今後の電力自由化は，安さの追求一辺倒ではなく，環境保全の立場も考慮して進めるべきであろう。

　すなわち，小売完全自由化によって達成すべき目標とは，化石燃料に頼るPPSを増やすことによる電気料金の値下げ競争ではなく，温室効果ガスの排出削減という環境保全をシステムに取り込んだエネルギー市場での需要家の選択肢の拡大ではないか。そのためには，化石燃料利用よりも，グリーン電力利用の方が儲かるシステムを作り上げる必要がある。

　2007年7月11日，経済産業大臣の諮問機関である総合資源エネルギー調査会の電気事業分科会・制度改革WG作業部会は，「家庭向けを含む電力小売りの全面自由化は現時点での実施は望ましくない。」との見解をまとめ，完全自由化は先送りされた。しかし早晩議論は再燃すると思われる[72]。

　日本の電気事業の特徴である発送配電一貫経営というビジネスモデルは，1886年（明治19年）に東京電灯㈱が発足して以来，120年を超える歩みのなかで育ててきたものである。生活に欠くことのできないライフラインであり，同時同量を要求される特殊な財である電力供給において，安定性を軽視した効率性の追求はありえない。しかしながら，環境要因を軽視した効率性の追求も，環境要因を軽視した安定性の追求も，望ましい姿ではない。

　「電力会社は原発や送電線をもち，電力の安定供給，我が国の秩序維持に欠かせない。」という理由によって，株式会社化した電力卸大手Jパワーの株を

---

[72] 前掲注(50)「今後の望ましい電気事業制度の在り方について」（2008年3月）では，「本答申確定から5年を目途とすることが適当である。」としている（7頁）。

20%まで買い増そうとした英系ファンドの計画に対し，政府は中止命令を出した（2008年5月13日）。外資の参入を拒むのであれば，そもそも，民営化すべきではなかったろう。同じ理由によって，電力会社は再生可能エネルギーを抑えようとしている。系統の安定，電気の質の高さによる安定供給も重要なる公益性である。しかし，世界一といわれる電力の質の高さの保持を至上命題とし，不安定な再生可能エネルギー電源が混じってしまうのを嫌うなら，自由化をスタートすべきではなかったろう。

原子力立国政策を続け，各電力会社がほぼ地域独占体制をとり，送電線を持ち運用する形を特色とする日本の電気事業では，EU型の「発送電分離」は取りえないと思われる。したがって，100%自由化したところで電力会社がラスト・リゾートであり続けることは可能であろう[73]。

以上より，日本型自由化においては，化石燃料の使用が引き起こす外部不経済を価格に取り込み，市場メカニズムのもとでは難しい再生可能エネルギー推進へのインセンティブを織り込んだ制度設計のもと，民間企業間の競争の促進を求めるべきではないか。その制度設計の一つが固定価格買取制度による再生可能エネルギー促進策であり，もう一つが一般家庭にもグリーン電力の選択肢を与える完全自由化ではなかろうか。

2005年1月に排出量取引制度（EU ETS）を開始したEUは，エネルギー政策の一環として長期的な「再生可能エネルギーロードマップ」[74]を出した。しかし，一口にEUといっても，8割近くを原子力に依存しつつ再生可能エネルギー20%による脱化石燃料を目指すフランスのような国もある。再生可能エネルギー推進＝原子力廃止となるわけではないし，再生可能エネルギーだけで地球温暖化問題の解決が可能というわけでもない。

たしかに，再生可能エネルギーは密度が低く，安定性がない。したがって基幹電源になり得ない。一方で，高レベル放射性廃棄物処分場の建設の目処がたたず，核燃料サイクルが進捗しない現実がある。原子力への更なる依存が，結果として，排出係数の削減になっていない現状では，再生可能エネルギーを増やすための思い切った施策が必要である。

---

[73] 自由化分野については，需要家への法律上の供給義務が解除される。しかし，最終保障約款によって，電力会社がラスト・リゾートであり続けることになっている。
[74] 2020年までに，再生可能エネルギーの比率を20%に引き上げ，輸送用燃料の最低10%をバイオ燃料にするという拘束力のある目標を設定している。加盟国は国別行動計画（National Action Plan）の作成義務がある。

2.4 電源の選択と電力市場完全自由化

　温暖化による気候変動の影響（炭素の夏）[75]も，半減期が1,000〜100万年に及ぶ高レベル放射性廃棄物のリスクも，共に，将来世代に対する「負の遺産」である。負の遺産は少ない方が望ましい。原子力への過度の依存と，京都メカニズムクレジットの購入による排出原単位削減という数字合わせにばかり頼るべきではなかろう。

---

[75] 2007年，IPCCと一緒にノーベル平和賞を受賞したアル・ゴア元米副大統領は受賞講演で「炭素の夏」という言葉を使った。核戦争が生態系を台無しにする「核の冬」と同列に置いたものである。

第3章　温室効果ガス削減への原子力の役割と依存の限界

3.1　原子力ルネサンスと原子力発電への国の関与

3.1.1　原子力ルネサンスと日本の原子力立国の問題点

2009年9月18日に成立した民主党政権は，マニフェストの公約通り，2020年における温室効果ガスを1990年比25％削減することを明言した。COP15コペンハーゲン合意に基づく削減目標としても，25％削減目標を条約事務局に提出した（2010年1月31日）。

25％削減への具体策として，鳩山イニシャティブ（ポスト京都の温室効果ガス抑制の国際的枠組みに米国・中国・インドなど主要排出国の参加を促す）を前提として，①国内排出量取引市場の創設（14条），②地球温暖化対策税の創設（15条），③再生可能エネルギーに対する固定価格買取制度の早期導入（16条），④革新的な技術開発の促進（原子力発電に関連する技術開発の促進も明記）（17条）等を織り込んだ地球温暖化対策基本法案を2010年3月12日閣議決定した（衆議院を通過したが，2010年6月16日閉会の通常国会会期切れで廃案となった）。

目標達成のためには，具体的政策を明示する必要がある。うち温室効果ガス削減への大きな柱でありながら，その推進につき賛否議論が分かれる原子力発電について民主党政権は，「安全を第一として，国民の理解と信頼を得ながら，原子力利用について着実に取り組む。」と位置付けている。地球温暖化対策基本法案17条にも，その旨が明記されている。これまでの自民党政権と同様，原子力を低炭素社会の基幹電源[1]と位置付けている。

日本のCO_2排出量は約13億400万トン（2007年）であり，その33.8％をエネルギー転換部門が占める（図2-1，図2-2参照）。エネルギー転換部門のうち，発電に伴うCO_2排出が約9割を占めている。電気事業の電源別発電量のうち，CO_2を排出しない燃料源である水力（10％）と再生可能エネルギー（1％）が

---

[1] 「新・国家エネルギー戦略」（2006年5月）で示された「原子力立国」として，①2030年以降も総発電量の30～40％を原子力発電で賄う，②核燃料サイクル政策を継続的に推進する，③高速増殖炉サイクルの早期実現を目指す方針が示されている。

占める割合は低く，約3割は原子力が占めている。原子力発電は出力調整運転がされることなく，ベース・ロード電源として利用されることを考慮すると，CO_2削減への寄与度はかなり高いことになる[2]。

90年代までの原子力冬の時代とうってかわり，温暖化対策としての役割が重視され，国際的にも「原子力ルネサンス」[3]ともいえる原子力への回帰・見直しが行われている。

世界一の原発大国アメリカ（104基）では，ブッシュ政権時代に制定されたエネルギー包括法（2005年）による原子力推進政策を受け，スリーマイル島事故（1979年）以来途絶えていた新規着工に向けて歩み出した。

第二位の原発大国フランス（59基）はサルコジ大統領自らが，原発計画があいつぐ中東・北アフリカ諸国の原発推進を支援している。20年以上新規着工を凍結していたイギリスも新規再開を打ち出し（2008年），国民投票で原発廃止を決めていたイタリア[4]や段階的廃止（フェイズ・アウト）を決めていたスウェーデン[5]では政策を撤回した（2009年）。

OECDはCO_2排出量の少ない原子力，風力，太陽光などの発電所の輸出を促すため，輸出信用の条件を改定し，2009年7月から新条件を導入している。IPCC第4次報告書第3作業部会報告書（2007年）でも，「原子力は2005年の電力供給の16％を占めるが，他の供給オプションと比較したコストを考えるなら，2030年には18％を占めることができる。」と原子力の利用可能性に言及している。しかし同時に，「安全性，核兵器拡散，核廃棄物の問題が制約条件として残る。」と問題点もあげている。

このような原子力見直しの趨勢に乗り，日本は原子力立国政策を今後も維持

---

[2] 2005年に定められた原子力政策大綱では，2030年以降の発電量の3〜4割以上を原発が担うとしたが，07年の中越沖地震で柏崎刈羽原発全7基が停止した08年度は稼働率が60.0％に落ち，原発の割合は25％程度に落ち込んだ。原発の稼働率1％分を火力発電で補うとCO_2排出量は約300万トン増える。

[3] 矢沢潔『原子力ルネサンス』（技術評論社，2008年），電力新聞海外原子力取材班『原子力ルネサンスの風』（電気新聞，2006年）。

[4] 1987年の原子力に反対する国民投票の結果，1988年以降，原子力発電量はゼロになっていた。しかし，2008年4月の総選挙で，原子力再開を公約にあげた野党が勝利したことで，原子力凍結政策の方向を転換した。

[5] スウェーデンでは，1980年の国民投票の結果が議会によって承認され，原子炉は2010年までにフェイズ・アウトすることに決まっていた。ウィリアム・D・ノードハウス著・藤目和哉監訳『原子力と環境の経済学　スウェーデンのジレンマ』（電力新報社，1998年）58頁。

すべきであろうか．春秋と夏場の電力需要の差が大きい日本の特殊事情をも考えるに，ベース・ロード電源である原子力の割合を，政府の方針のように今後も増やすことは合理的な選択であろうか．

2007年の中越沖地震によって柏崎刈羽原発が緊急停止した．不足分を火力発電に頼らざることをえなくなったことにより，更にCO_2排出量が増えた．一方，地震学の発展による新たな活断層の発見により，耐震指針が見直され，再評価が行われた（2008年3月31日，5月22日）．しかし，中越沖地震後の運転差止め訴訟判決（浜岡原発静岡地裁（2007年10月26日）や志賀原発控訴審（2009年3月18日））では，地震国における特定地への立地の集中による危険性は考慮されなかった．

いわゆる専門技術的裁量（行政庁の合理的な判断に委ねられる）が認められる原発の設置許可においては，廃棄物の最終処分方法，使用済核燃料の再処理輸送，廃炉等は審査の対象外であるという「段階的安全規制方法」（伊方原発訴訟最判）がとられている．周辺住民は司法審査段階での原告適格は認められるが，立地計画地点選定後の設置許可プロセスにおける住民参加手続は十分なものではない．万が一にも事故が起こった場合，一番犠牲になるのは，原発サイト周辺の人たちである．ところが，その安全性は他律的に決められてきた，というのが現状である．

原子力発電は，賛否が分かれる解決困難な問題点をいくつも孕んでいる．それでも大規模発電である原子力発電のCO_2削減効果が大きいことは間違いない．世界的に増え続けるエネルギー需要を満たすためには，原子力立地問題は避けて通るわけにはいかない．しかしながら，温暖化防止を目的に，これ以上の原子力推進を進めると，まずいとわかっていても後戻りができなくなってしまう．高レベル放射性廃棄物最終処分地選定は困難を極めており，さらに，核燃料サイクルがうまく進展しないなかで，「走りながら考える」原子力政策に対して，何らかの歯止め策が必要ではないか．

3.1.2　原子力発電への国の関与

電力市場の完全自由化を行った場合，原子力発電と市場との整合性——総括原価方式という形での電力経営への政策関与がなくなったときの原子力の位置付け——をどうするかという問題がある．原子力は，①高い投資コスト，②将来コスト（放射性廃棄物の処理コスト）の不確実性，③長期の投資・運転管理，④収入と支出の時間的ズレ，⑤国の関与，という固有な特徴点をもつ．

第3章　温室効果ガス削減への原子力の役割と依存の限界

　まず，大きな初期投資を必要とする原子力発電は，電力会社のバランスシート（貸借対照表）上の資産と負債を膨張させ，資産効率を悪化させる。投資家保護の観点から，バランスシートを圧縮して自己資本比率の向上が求められる自由化の中では，電力会社はなかなか新たな原発建設に踏み出す決断ができないことになる[6]。

　燃料費は安いが建設コストがかかる原子力の強みは運転開始後20年以上たってから表れる。ところが電力小売が完全自由化され，新規参入者が安い料金で需要家を奪っていくと，需要増を見越して開発した電源が不要となり，開発コストが回収できなくなる。いわゆる回収不能コスト（ストランデッド・コスト）[7]の問題である。

　回収不能コストが発生する場合には，既存の原子力発電所は，政府の支援により存続しうることになる。しかし，減価償却が終わり，運転パフォーマンスがよく，廃炉等に関して資金手当がなされている場合には，既存原子力発電所にも十分競争力がある。

　原子力発電所の建設によりCO_2削減効果が認められる場合，その利益は当該企業だけではなく，経済全体に及ぶ。地球規模の環境問題解決の手段として原子力発電が位置付けられる場合には，その外部効果を理由に原子力に政策的な支援を行うことが認められる。しかし，そのような外部効果は再生可能エネルギーにもいえることである。外部性を認める場合でも，政府の市場への介入の利益がそのためのコストを上回ることが介入の条件となる[8]。そのうえで初めて，安定供給面，温暖化防止という環境面のメリットが評価されることになる。

　さらに，原子力発電には，放射性廃棄物処理やプルトニウム管理の難しさな

---

[6] 現状のままでは，原子力発電と自由化とは整合しない。わが国として原子力発電の持続的開発が必要ならば，別途外部性を補填する枠組みが必要となる。西村陽『電力自由化完全ガイド』（エネルギーフォーラム，2004年）145頁，同『電力改革の構図と戦略』（電力新報社，2000年）260頁。

[7] 自由化への移行期において問題となるstranded costは，カリフォルニア州では「公共プログラム料金」としてDSMやユニバーサル・サービスなど公共の利益となるサービスにかかる費用を別会計化し，電力の使用者全員から徴収する方法をとった（残余回収方式）。税ではないが，一種の電気使用料のような考え方である。PJM電力市場（ペンシルベニア，ニュージャージー，メリーランド州の電力自由化市場）では毎月一定額を回収する定額回収方式を採用した。電力政策研究会『電力の小売自由化』（電力新報社，2000年）96頁。

[8] 矢島正之『エネルギー・セキュリティ』（東洋経済新報社，2002年）182頁。

ど別の形で環境に悪影響を及ぼすバックエンド問題がある。

　以上の理由により、CO_2をほとんど排出しないとはいえ、目に見えない危険をはらむ原子力発電についてパブリック・アクセプタンスを得ることは非常に困難な状況になっている。パブリック・アクセプタンスに不可欠な①原子力行政を透明にし、信頼回復に努めること、②核燃料サイクルについて国民の合意形成を図ること、③発電所立地の問題に国民の同意を得ること、は困難きわまりない。なぜなら、原子炉事故に関して、99.999…%大丈夫だとしても、100%安全はありえないこと、高レベル放射性廃棄物の処分場立地は極めて難しいこと、立地面で原子力発電所建設に伴う道路整備・雇用確保等のメリットが薄くなったと考えられるからである[9]。

　高レベル放射性廃棄物の処分に関しては、汚染者負担原則（PPP）を尊重しつつも、政府の責任を明確にする必要がある。放射性廃棄物処分費用の支出は売電による収入を得たのち、長時間を経てから発生する。自由化時代においては、廃棄物の処分を行う企業がもはや存在しない場合も考えられる。

　このように、原子力発電事業の持つ超長期性は、民間企業である電力会社の経営と整合しない。長期の事業の確実性について、国が最終的な責任を明確にすることが不可欠となる[10]。

　イギリスでは原子力発電を民営化するにあたり、「非化石燃料購入義務」(non-fossil-fuel obligation) 制度により、地域配電会社に再生可能エネルギーと原子力の一定量を引き取らせ、その差額は全ての電力利用者が負担する「化石燃料賦課金」(fossil fuel levy) から補填する政策を1998年まで続けた。

　90年代以降の規制緩和の流れの一つである電力民営化によって、イギリスのほとんどの原子力発電所を運営するイギリス最大の発電会社であるブリティッシュ・エナジー社は、使用済み燃料の再処理コスト高騰などにより経営危機に直面し、2002年9月には政府から6億5,000万ポンドの緊急融資を受けた。イギリスでは電力需要の2割を原子力に依存しているが、このままでは2020年にはすべて寿命を迎えてしまうことになる。イギリス政府は2003年秋

---

[9] 佐和隆光『地球温暖化を防ぐ』（岩波書店、1997年）98頁、電力中央研究所編著『次世代エネルギー構想』（電力新報社、1998年）205頁。

[10] 井上雅晴『電力自由化　2007年の扉』（エネルギーフォーラム、2004年）112頁によると、「バックエンド費用が発生する原子力の管理は、総括原価方式で行う必要がある。『市場原理が価格を決める』自由化のゴールと、長期にわたって安定した運転が行えた場合に初めて競争力が出る原子力とは相いれない性格を有している。」からである。

には「原子力債務管理機構」設立を発表した。原子力債務とは，使用済み核燃料の処理や老朽原発の解体のことであり，営利事業になじみにくい作業を国で直接進めた。

原子力発電所の建設計画（4基）はすべて凍結され，建設計画も途絶えていたが，イギリス政府は，2008年1月，「新規原子力発電所の建設は提案しない。」という従来の方途を転換した。「民間事業者が競争市場で原子力を建設できるよう環境整備を行う。」とする新たな原子力政策を発表した。

原子力のシェアが80％と高いフランスでは，自由化後も温暖化対策のための主要な電源として，原子力を位置付けしている。EDF（フランス電力公社）は1946年4月，電力・ガス事業国有化法に基づき設立されたものである。1996年12月のEU電力自由化指令後は，電力自由化法（2000年2月）が制定され，電力市場の制度改革が行われた。その後，公共サービス法（2003年1月）により部分民営化が行われている。

フランスは気候変動対策を最優先の政策課題として位置付けており，2050年までに90年比75％削減を目標としている。原子力推進のみならず[11]，EUのエネルギー政策を踏まえ，「2020年のEU目標である再生可能エネルギー20％以上を達成するため，野心的な開発計画を実施する。」と，再生可能エネルギー開発に注力する方針を示した。

EU指令では，2007年7月に，家庭用を含めて完全自由化を要求している。電力市場を完全自由化する場合，原子力が生き残る方法は，①原子力発電所の国有化または放射性廃棄物処理に関する国の責任の明確化，②原子力に対する経済的手法の導入しかないと考えられている[12]。

電気事業連合会の試算によると，再処理や高レベル放射性廃棄物処分などのバックエンド費用は，2006年から2045年までの40年間で，全国で約19兆円にのぼる。自由化範囲が拡大し，競争が激しくなれば，バックエンド事業の不確実性は一段と増すことが予想される。原子力を自由化の枠組みの中で考えるのは難しく，電気事業分科会（2002年9月18日）では「原子力は市場原理に委

---

[11] 2007年7月から10月にかけて開催された「環境グルネル（Grenelle Environnement）」で，サルコジ大統領は「原子力なしの地球温暖化問題への挑戦は幻想」と，原子力は不可欠と強調した。『海外諸国の電気事業　第1編』（社海外電力調査会，2008年）113頁。

[12] 検討中のバックエンドへの経済的措置のほかに，炭素税等によってCO_2削減能力という外部性を内部化し，価格競争力にゲタをはかせる方法，さらには新規原子力の建設リスクを公共部門がある程度負う方法等が考えられる。西村『電力自由化完全ガイド』・前掲注(6)153頁。

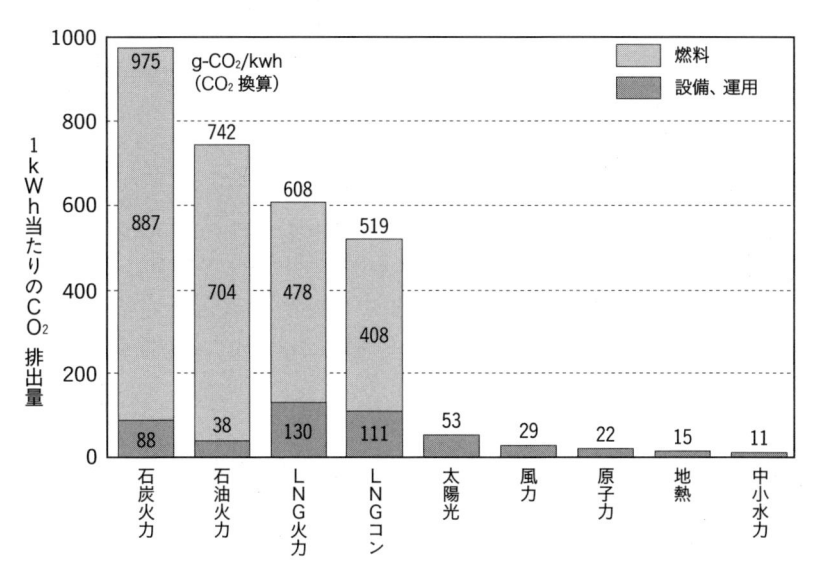

3.1 原子力ルネサンスと原子力発電への国の関与

図 3-1 各種電源別の CO_2 排出量
（出典：「Japan Power News: 日本のエネルギー事情と原子力」）

グラフ：1kWh当たりのCO_2排出量（g-CO_2/kwh、CO_2換算）、燃料と設備・運用の内訳
- 石炭火力：975（燃料887、設備・運用88）
- 石油火力：742（燃料704、設備・運用38）
- LNG火力：608（燃料478、設備・運用130）
- LNGコン：519（燃料408、設備・運用111）
- 太陽光：53
- 風力：29
- 原子力：22
- 地熱：15
- 中小水力：11

ねるべきではない。」と，国の責任の明確化を示すべきとの意見が出された。

初期投資のかさむ原発の新規立地や，立地地域に支払う「振興費」，解体廃棄物処理費，使用済み核燃料の再処理コストなどは電力会社にとっては重荷となる。実際，電気事業連合会は自由化拡大に価格競争で不利な原子力発電支援を国に要請した。必要費用を「エネルギー安全保障を担うための負担」を名目に託送料に転嫁する案や，CO_2の排出量に応じ化石燃料を使う発電に課税して相対的に原発を割安にする炭素税などについて検討した。

コストすべてを利用者に転嫁する原発の国有化は，「小さな政府」「規制緩和の流れ」に逆行する。政府の役割は，廃炉や放射性廃棄物問題を含め原子力発電を維持するうえでの法的枠組みを設定すること，その政策決定過程を透明にすることにより，パブリック・アクセプタンスを得ることであろう。

原子力維持のための経済的手法の導入は，「原発は安い」といってきたこれまでの政策に反する。これまでも，原子力発電所の立地に対して多くの税金が交付金として投入されてきたという経緯がある。定量化できない外部不経済を補うための経済的手法（原発を割安にするための炭素税）に関し，合意を得ることは難しい。

LCA（ライフ・サイクル・アセスメント）レベルでCO_2をほとんど排出しない原子力はベース・ロード電源として（図3-1，図3-2参照），CO_2削減への寄与は大きい。原子力は唯一の（準）国産エネルギーであり，燃料購入の国際交渉での切り札（資源のバーゲニングパワー）になるというのが推進派の主張するところである。

将来的に電力市場が完全自由化されると，電力会社は新規立地を行わなくなる可能性が高い。自由化政策で価格競争が進むと，廃炉や再処理，高レベル放射性廃棄物の処理など全ての原発コストを利用者に転嫁できなくなる。したがって，完全に市場にまかせてしまうと，原子力は安定供給を確保する準国産エネルギーとはなりえないことになる。

3.1.3 原子力発電に公益性はあるか——ベース・ロード電源としての役割

「温暖化防止のために原子力を推進する」というオプションに関しては，国内的にも，国際的にも，賛否が分かれる。2007年12月開催のCOP13バリ会議で日本政府が「将来的には，CDM（クリーン開発メカニズム）の枠組みに原子力発電を認めるべき」[13]と主張したことに対し，各国から批判が相次いだ。

原子力抜きに温暖化問題を議論することはできない。にもかかわらず，原子力へのパブリック・アクセプタンスが難しい要因には，放射能という目に見えないリスクへの不安，「トイレのないマンション」といわれるバックエンド問題，そして最近クローズアップされてきた地震へのリスク対応があげられよう。

二度におよぶ石油危機を背景に，政情不安な中近東への石油依存から脱却するために原発推進を進めていた時期は，エネルギー安全保障や電力の安定供給という国益が原発推進策の基本目標であった。スリーマイル島事故やチェルノブイリ事故以降は原発冬の時代が続いていたが，現在，原発推進は安定供給面よりむしろ温暖化対策という環境要因に重心が移っている。「原子力白書」（原子力委員会；2007年度（平成19年度）版）「はじめに」においても，「エネルギー安全保障や地球温暖化対策に果たす原子力エネルギー技術の役割を一層充実・強化する」ことを目指して，原子力発電所の建設・運転を進めていくことが明記されている。

原発推進は国策民営という形態をとっている。「先ずは国が大きな方向性を

---

[13] 2001年のCOP7マラケシュ合意で，第1約束期間（2008～2012年）内は原発を認めないことで各国が一致している。

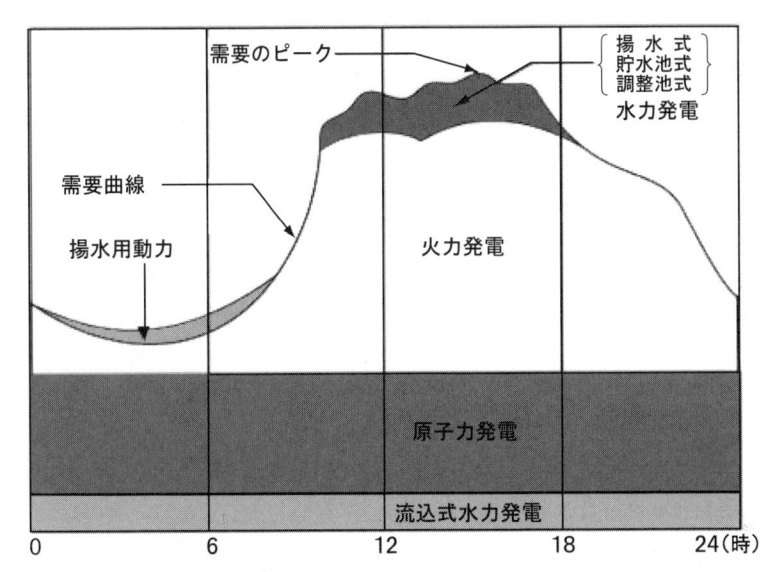

3.1 原子力ルネサンスと原子力発電への国の関与

図 3-2 需要の変化に対応した電源の組み合わせ（ベストミックス）
（出典：「原子力・エネルギー」図面集 2009　1-23）

示して，最初の第一歩を踏み出す。」という「原子力立国計画」（2006年（平成19年）8月）で定めた基本方針に則り，事業環境の整備を進めてきた。それは，公益事業における規制緩和が進展する中で，「長期のリードタイムと多額のイニシャルコスト（初期建設費）が必要な原発建設を民間企業が行うことに対する国の関与はどうあるべきか」という難しい図式である。

市場のリスク，規制のリスク，気候変動に関連するリスクは，新規の原発建設や再生可能エネルギー発電へのハンディキャップとなる。したがって，エネルギー市場は自由放任というわけにいかず，何らかの公的権力の介入が必要になる。

このような多くのリスクをかかえる原発に，再生可能エネルギーを上回る公益性があるとしたら，それはベース・ロード電源として使われることによる安定供給面であろう（図3-2参照）。季節による気候変動の大きい日本では，高温多湿な夏場と，冷暖房の不要な春秋時では，電力需要が大幅に異なる。この最大電力量と最小電力量との差は年々広がっており，負荷率（＝年平均需要電力÷最大需要電力；数値が高いほど効率的な電力供給が可能）は約60％であり，欧米主要国と比較すると低い水準となっている。

需要者側（デマンド・サイド）のピーク時の使用量を抑制するインセンティブ（DSM）も必要であろう。しかし，「エネルギー基本計画」等に示されている原子力の割合40％まで引き上げると，系統問題がネックとなり普及が足踏みしている風力発電の普及は一層進まなくなってしまう。

2003年4月1日，全面施行された「電気事業者による新エネルギー等の利用に関する特別措置法」（以下，「RPS法」という。）によって，一般電気事業者は新エネルギー等の一定割合以上（2010年で1.35％）の利用が義務付けられている。しかし，風力発電という再生可能エネルギーは発電量の調整ができないので，解列条件（風力発電の運転を一時的に中止できる）付きの入札枠募集を行う電力会社が増えてきており，風力推進のネックとなっている。

図3-2は需要の変化に対応した電源の組み合わせ（ベストミックス）を示している。原子力は資本費は高いが，運転コストが安いため，ベース供給力として高利用率運転を行うというところにその特性がある。しかし，夏場は高温多湿，季節による寒暖の差が大きい日本では，最大使用量と最小使用量との差は，季節によっても一日によっても大きい。したがって，出力調整運転ができない原子力発電は夜間の最小使用量以下の発電量である必要がある。需要が少なく，ベース・ロードに近くなる夜間時間帯は，図3-2で示すように揚水式水力発電[14]という非効率な発電が必要になってしまう。

新規立地が困難な状況に変わりがない現状で電力各社は，40年といわれていた耐用年数をアメリカ並みに60年に延長すること（原子力立国政策に明示されていないが，事実上の目標としている）[15]や，定期検査期間の短縮によって，稼働率を上げようとしている。それでも，地震による緊急停止のリスクは避けられないし，耐震補強工事には多額の費用がかかる。経年劣化（老朽化）による新たな問題も生じうる。そして，やがては廃炉を迎える原子炉自体の解体処理，高レベル放射性廃棄物の処分地立地の難しさと，難題が山積の状況である。

---

[14] 揚水式発電は，夜間などの電力需要の少ない時間帯に原子力発電所などからの余剰電力の供給を受け，下部貯水池（下池）から上部貯水池（上池）へ水を汲み上げておき，電力需要が大きくなる時間帯に，上池から下池へ水を導き落とすことで発電する水力発電方式である。

[15] 原子力発電施設の法人税法上の耐用年数は16年である。新規立地が30年以上なかった米国では，原子力規制委員会（NRC）が，従来の40年の運転期間から現在は60年の運転期間を認めている。

3.2 温室効果ガス25％削減への原子力推進の問題点

3.2.1 地震国での原発集中立地のリスク

エネルギー政策基本法（2002年6月）では，エネルギー資源に乏しいわが国の現状を踏まえ，供給源の多様化，自給率の向上，エネルギー分野における安全保障（2条）を，地球温暖化の防止，地球環境の保全，循環型社会の形成（3条）や，規制緩和等の施策の推進（4条）に優先させている。

原子力政策大綱で示された4つの基本的目標の2番目として，「原子力エネルギー利用技術は，既にわが国のエネルギー安定供給と地球温暖化対策に貢献してきているが，なお，改良・改善の余地は少なくない。そこで，今後とも他のエネルギー技術と競争し，協調してこの貢献の度合いを高めていくことができるように，その特長を一層伸ばし，課題を克服する努力を継続的に推進し，その過程を通じて学術の進歩，産業の振興にも貢献する。」という目標を明記している。すなわち，準国産エネルギー[16]とみなされる原子力をエネルギー安定供給の柱とすること，さらにはCO_2をほとんど排出しない原子力を地球温暖化対策の基幹電源とし，その貢献の度合を高めるため，原発依存度を増やす目標を明示している。

原発の建設には長期のリードタイムと莫大な建設費用がかかるが，運転費の安い原発の比重を増せば料金の安定が期待できる。そして，原発稼働率80％を確保していれば（1998年水準では84％であったが，近年は60％程度に下落）温室効果ガスはかなり軽減する（原発から出るCO_2は新鋭火力の20分の1以下）。

このように，温室効果ガス削減目標や世界的な原発ルネサンスという追い風が吹いているとはいえ，新たな原発立地の難しさもあり（90年代後半から新規着工は止まっている），既存の原発サイトに集中立地されることになる。その危険性を示したのが，2007年7月16日，中越沖地震によって東電柏崎刈羽原発の原子炉がすべて自動停止した事例である[17]。7基の原発が集中するのは世界

---

[16] 原子力発電所で，ウラン燃料を燃やして発電した後の燃えかすの中には，燃え残ったウランと新しく生まれたプルトニウムが含まれている。プルトニウムはウランと混ぜると，MOX（モックス）という燃料になる（燃えかすからウランとプルトニウムを回収することを再処理という）。再処理によって，繰り返し燃料として使うことができ（原子燃料サイクル），このサイクルが確立すると，ウランやプルトニウムは，国産のエネルギー資源同様に使うことができるので，ウランやプルトニウムを準国産エネルギーという。

[17] 2007年度の日本の温室効果ガス排出量は前年度より2.4％増えた。仮に原発稼働率

第3章　温室効果ガス削減への原子力の役割と依存の限界

発電所名	電力会社名	従来値	新指針の設定値	発電所名	電力会社名	従来値	新指針の設定値
泊	北海道電力	370	550	志 賀	北陸電力	490	600
東 通	東北電力	375	450	敦 賀	日本原子力発電	532	650
女 川	東京電力	375	580	美 浜	関西電力	405	600
福島第一	東京電力	370	600	高 浜	関西電力	370	550
福島第二	東京電力	370	600	大 飯	関西電力	405	600
東海第二	日本原子力発電	380	600	島 根	中国電力	456	600
柏崎刈羽1～4号機	東京電力	450	2280	伊 方	四国電力	473	570
				玄 海	九州電力	370	500
柏崎刈羽5～7号機	東京電力	450	1156	川 内	九州電力	372	540
浜 岡	中部電力	600	800	もんじゅ	日本原子力研究開発機構	466	600

(最大値、単位はガル)

表3-1　新しい基準値振動により想定される原発の最大加速度
新耐震指針に基づく原発の耐震性の再評価（2008年3月31日原子力安全保安院への報告）（東京電力・柏崎刈羽原発のみ2008年5月22日）

最大の集積地であり，7基中4基が稼働中であった（7基の合計出力は800万kW強となり，原発全体の17％程度となる）。直近の地震計が記録した揺れの加速度は水平方向で最大2,058ガルを超えていた（東電は参議院選挙後の7月30日に公表）。

中越沖地震を受けて，これまで見逃されていた海域部分の活断層の存在も考慮され，耐震基準は大幅に見直された（表3-1参照）。旧耐震設計審査指針は5万年前より後の時代に動いた断層を設計時の検討の対象としていたが，2006年改訂された新指針ではさらに遡り，13万～12万年前より後に動いた可能性のある断層を考慮すべきとしている。

設計時に想定した最大地震を上回る地震を経験した原発には他に，女川原発（2005年8月宮城沖地震）と志賀原発（2007年3月能登半島地震）がある。中越沖地震は，2つのケースとはケタ違いのレベルとはいえ，このような地震が日本中どこで，いつ起こってもおかしくない。

そもそも，なぜ活断層を軽視し，このような危険なサイトに，しかも，集中して原発を建設したのか，という根本的な疑問がある。「当時の技術水準[18]か

80％を確保していれば，温室効果ガスは逆に前年度より2～3％減ったとの試算もある。「原発再稼働　柏崎刈羽の教訓」2009年5月9日付日本経済新聞。

[18]　地震のエネルギーを生み出すのは地殻の歪みであり，地殻に歪みが起こっていれば，日本中どこで大地震が起こっても不思議はないが，これらは地震学の発展によって最近認識されるようになったものである。40年前に日本で原発をはじめて建設しようとしたときには，十分認識されていなかった。速水二郎『原子力発電は金食い虫』（ライフライン市民フォーラム，2009年）34頁。

らみて」活断層を見逃していたのはやむをえなかったのか，現在ほど情報公開が進んでいなかったため住民への開示が不十分であってもやむを得なかったのか，原子力発電所の設置申請許可の段階で国の安全審査が十分であったのか（申請が安全審査で却下された事例は一度もない）という疑問もある。

典型的な迷惑施設（NIMBY）である原発の新規立地は難しく，したがって，更なる集中が進み，それは地震時の緊急停止のリスク，ひいては温暖化防止に逆行するというリスクにつながる懸念は払拭できない。

3.2.2 核燃料サイクルと最終処分地問題

発電を終えて原子炉から取り出した燃料の中間貯蔵，再処理（核燃料サイクル），高レベル放射性廃棄物の処理・処分というバックエンド問題は，いわゆる「トイレなきマンション」といわれる問題であり，最終処分地立地の難しさもあってこれまで先延ばしされてきた[19]。核燃料サイクルにはプルトニウム[20]をウランに混ぜたMOX燃料を既存の原発で燃やすプルサーマル発電と，高速増殖炉サイクルとがある。

プルサーマルはフランス，ドイツ，アメリカ，スイス等9カ国で行われている。電力会社側は2010年度までに合計16〜18基の導入を目指していたが，2010年6月現在，プルサーマル発電が実施されたのは，九州電力の玄海発電所と四国電力の伊方発電所の2カ所である。

高速増殖炉ではプルトニウムを燃焼させながらプルトニウムを増殖する（燃料転換率1.4）。高速増殖炉サイクルの燃料にしながらこの連鎖を繰り返すことによって，ウラン238をプルトニウム239に転換する。日本では，2050年までに実用化することを目指している。

アメリカは軍事転用の可能性のある核燃料サイクルには否定的で，カーター政権の時代に高速増殖炉開発から撤退，ドイツ，イギリス，フランスも高速増殖炉の運転停止・廃炉を決定している。

真に効率的な核燃料サイクルのためには高速増殖炉サイクルが必要となるが，

---

[19] 榎本聰明『原子力発電がよくわかる本』（オーム社，2009年），塚原晶大『核燃料サイクル20年の真実』（電気新聞ブックス，2006年），山名元『間違いだらけの原子力・再処理問題』（WAC，2008年），桜井淳『プルサーマルの科学』（朝日新聞社，2001年）．
[20] プルトニウムは天然にはほとんど存在せず，一般的な原子炉で燃料のウランを燃やすと生成する。ウランに比べて核分裂しやすいなどの利点がある一方，強力な核兵器の材料になる懸念もあり，厳重に管理される．

高速増殖炉「もんじゅ」は 1995 年 12 月 8 日にナトリウム漏れ事故で停止した。その後もトラブルが相次ぎ，運転再開の目標を 4 度延期した。原子力安全・保安院は，事業者である日本原子力研究開発機構の管理体制のずさんさを指摘，もんじゅの耐震安全性を審議する国の専門部会の議論が継続中で，再開時期の見通しすら示せないでいた。

2010 年 2 月 10 日開催の「もんじゅ安全性確認委員会」においてやっと，経産省・原子力安全保安院は 14 年ぶりの再開を認めたところである。世界で高速炉は事実上，もんじゅだけということになる。

このように，高速増殖炉には技術的なリスクがつきまとい，一方，プルサーマル発電によって節約できるウラン資源は 1 割程度である。アメリカ，カナダ，スウェーデンのように，使用済み核燃料をそのまま廃棄し，直接処理するワンススルー方式の方が経済的には効率的である。最終処分地建設にめどがたたない現状では，今後も核燃料サイクルを続けるべきか疑問との声も多かった[21]。

しかし，原子力委員会は，従来通り，原子力政策大綱（2005 年 10 月 11 日）において，「使用済燃料を再処理し，回収されるプルトニウム，ウラン等を有効利用することを基本方針とする」ことを決定，同大綱は，同年 10 月 14 日，原子力政策に関する基本方針として閣議決定されている。

その使用済み核燃料を再処理するのが青森県六ヶ所村の再処理施設である。2 兆 1,930 億円の建設費（日本原燃㈱会社案内資料参照：事業申請時は 7,600 億円）をかけた使用済み核燃料再処理工場は，アクティブ試験実施中であり，未だ本格稼働していない（2010 年 6 月現在）。したがって，プルサーマル発電のための再処理（MOX 燃料）を，各電力会社は海外に委託している。

高レベル放射性廃棄物は再処理後にガラス固化体（キャニスター）として六ヶ所村に貯蔵されている[22]。青森県は最終処分地にならないことを受け入れの条件とし，「知事の了承なくして青森県を最終処分地にしない」旨の確約を得ている。したがって，「特定放射性廃棄物の最終処分に関する法律」（2000 年）によって「地層処分」をすることが決定された高レベル放射性廃棄物は，公募プ

21　再処理路線を継続する国の方が少数派となった。商業再処理工場を保有するのはイギリス（セラフィールド再処理工場）とフランス（ラ・アーグ再処理工場）のみである。吉岡斉「原子力発電に対する政策」八田達夫・田中誠編著『電力自由化の経済学』（東洋経済新報社，2004 年）248 頁。

22　2009 年 11 月現在，1,310 本を受け入れている。イギリスでの処理分（900 本）も返還予定で，返還総数は約 2,200 本になる。（日本原燃㈱会社案内資料参照）

ロセスによって処分地を立地し，2035年頃に最終処分を始めることになっている。地層処分とは，高レベル放射性廃棄物を含む廃液をガラス固化することによって安定した形態とし，30年程度冷却保存した後に，地下300メートルより深い安定した地層に処分することである。

　第一段階の文献調査から最終処分地施設の建設完成まで30年が見込まれている。時間的余裕がないまま，2003年12月より公募を開始しているが，難しい状態が続いている[23]。

　日本の放射性廃棄物処理に関しては，汚染者負担原則（PPP）を採用し，同法によって，最終処分の実施機関を，経済産業大臣が認可して設立された法人である「原子力発電環境整備機構」（NUMO）とし，資金は電気料金から拠出することにしている[24]。社会の安定性を超える長期にわたり（埋設作業が終わるのは約100年後，それから約300年間はモニター監視，その後は永久保存），安定した状態で廃棄物を保管する必要のある最終処分地を受け入れることは，地域の雇用や高額の交付金という「アメ」を用いても難しいことは間違いない。

　高レベル放射性廃棄物の最終処分地建設はどの国でも難しい。フィンランドではオルキルオトで，スウェーデンではフォルスマルクで，地層処分を行うことを決定している。フランスでは可逆性のある地層処分を行うことのみ決定している。ドイツでは岩塩ドームへの地層処分が予定されていたが，現政権では凍結されている。

　米国ではネバダ州ユッカマウンテンに決定していたが，オバマ大統領は撤回を表明した（2009年5月）。ユッカマウンテンに代わる候補地を見つけるのは難しい。各原発サイトで中間貯蔵を続けるしかないことになる。

　日本に限らずどの国も，高レベル放射性廃棄物処分が未解決なままで原子力発電を実用化し，今また，温暖化防止を目的に原発を更に推進しようとしている。「原発立国」は国策である。国策民営路線に従った原発建設は電力会社の

---

[23] 最終処分地選定のための「文献調査」に応募した高知県東洋町長は住民の反対で，2007年4月の町長選挙で落選した。田嶋裕起『誰も知らなかった小さな町の「原子力戦争」』（WAC，2008年）。東電の福島第二原発のある楢葉町長が「一般論として国から要請があれば検討する」と発言するだけで揺れた。文献調査を受けるだけで2億円を超える交付金が入るが，住民は東電のトラブル隠しの不信感が残るとして反対の声が多い。「揺れる原子力の街」2009年5月18日付日本経済新聞。

[24] 軍事廃棄物を持つフランスや米国は国の機関に最終責任を負わせている。鈴木達治郎・田邊朋行「放射性廃棄物規制における社会的要因と科学的根拠」城山英明・山本隆司編『融ける境　越える法⑤　環境と生命』（東京大学出版会，2005年）74頁。

責任であり，原発受入れは地元自治体の選択である。しかし現実は，経済産業省の原発推進政策に基づき，その規制下にある各電力会社は推進（立地）せざるをえず，そして計画立地地点として選定された過疎地の自治体は，電源三法による多額の交付金という「アメ」と引き換えに，受け入れざるをえなかった。

これまでの原発立地は，過疎地の振興策という側面があることは否定できない[25]。しかしながら，高額の交付金支給によっても，地層処分を行う最終処分地問題解決の糸口はなかなか見つからない。プルサーマル発電（2010年6月段階で2基のみ）や高速増殖炉再稼働（2010年4月に試運転開始，商用炉稼働を目指すのは2050年）も思うように進まない。原発推進は将来世代への負の遺産を残すことになる。更なる原発の推進に関しては，手続面の厳格化，情報公開の拡大，住民自治の徹底によって何らかの歯止めが必要ではなかろうか。

3.3　原発への過度の依存と司法審査の限界

3.3.1　立地プロセス段階における法の欠缺と伊方原発訴訟
(1)　立地プロセスの検討

エネルギー政策についてはまず，国が方針を示す必要がある。国の政策のもと，実際の発電所を建設するのは民間電力会社である（国策民営）。現行10電力会社は会社法や金融商品取引法の規制を受ける上場株式会社である。同時に公益事業でもあるので，市場原理にのみ委ねられる分野ではない[26]。国の示すエネルギー基本計画に基づき，原子力発電所を新設する場合，まず電気事業者の計画地点選定から始まる。詳細は図3-3に示す通りである。

立地プロセスにつき，包括的に規制する法律はない。計画地点の選定段階で活断層の有無，用地買収の可能性，地元住民の動向等をあらかじめ内部的に調査したうえで計画地点の選定・申し入れ，立地可能性調査の地元同意，調査へと進む。具体的な用地取得交渉，漁業補償交渉を行ったうえで，住民に意見を聞く第一次公開ヒアリング（通達による行政指導に基づいて行われるもので，正

---

[25]　県内で13基の原発が稼働する福井県への原発関連の交付金は累計3,000億円になる。福井県の一般会計予算の6割に匹敵する。原発マネーが地域経済を支えている。「原発と『生きる』福井」2010年4月5日付日本経済新聞。

[26]　欧州では，2003年6月26日に成立した改正EU電力指令によって，2007年7月1日から家庭用を含めた全面的な自由化，法的分離（別会社化）が求められた。一方日本では，2007年7月11日，総合資源エネルギー調査会の電気事業分科会・制度改革WG作業部会は，「家庭向けを含む電力小売りの全面自由化は現時点では望ましくない」との見解をまとめ，完全自由化は先送りされた。

3.3 原発への過度の依存と司法審査の限界

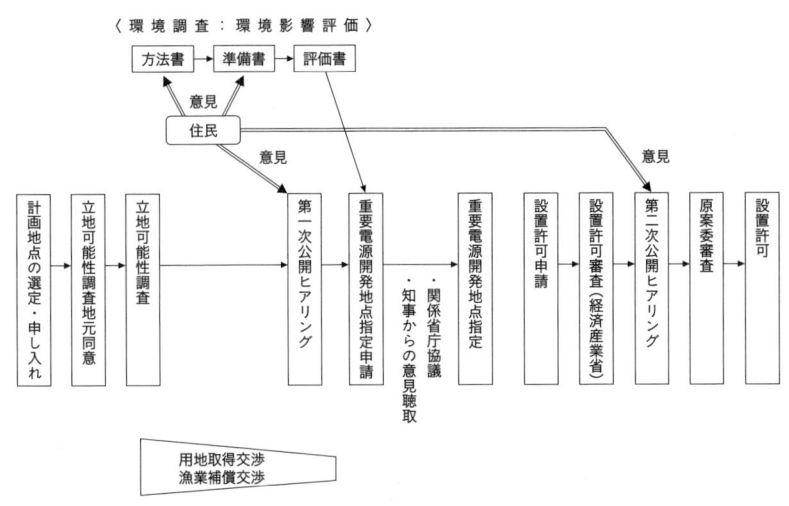

図 3-3 原子力発電所立地プロセス

式な法的根拠はない）を行う。2004 年 9 月の経産大臣の「電源開発に係る地点の指定」が制度化される以前は，電源開発基本計画（電源開発促進法；2004 年 10 月廃止）への組み入れであったが，同年以降は，環境影響評価（環境影響評価法）を受けた後，重要電源開発地点指定申請を行い，知事からの意見聴取，関係省庁協議を経て，指定を受ける。したがって実質上，原子炉設置許可申請前に知事（及び関係市町村長）との合意が必要となる。自治体の首長の合意が「住民意思」を代表すると考えると，首長の合意で十分ということになる。しかし，原発立地に関しては，住民によって利害が対立することは間違いない。にもかかわらず，利害調整交渉を規制するプロセスはない。

設置許可申請後は，原子力基本法 5 条に基づき，原子力委員会が原子力の研究，開発及び利用に関する事項について企画・審議・決定し，原子力安全委員会が安全の確保に関する事項について企画・審議・決定することになっている[27]。

原子力発電所の設置許可を定める法律は「核原料物質，核燃料物質及び原子

---

27 原子力委員会は，原子力基本法に基づき，原子力の研究・開発及び利用に関する国の施策を計画的に遂行し，原子力行政の民主的運営を図る目的をもって 1956 年（昭和 31 年）1 月総理府（現在は内閣府）に設置された。1978 年（昭和 53 年）10 月，原子力基本法等が一部改正され，原子力の安全確保体制を強化するため新たに，原子力委員会の機能のうち，安全規制を独立して担当する原子力安全委員会が設置された。

炉の規制に関する法律」(以下,「原子炉等規制法」という。)であるが, 同法23条3項には「文部科学大臣, 経済産業大臣及び国土交通大臣は, あらかじめ原子力委員会及び原子力安全委員会の意見を聴かなければならない。」と設置許可過程における専門家の意見の尊重が求められている。しかし, 原子力委員会も原子力安全委員会も国家行政組織法8条にいうところの8条委員会であって, 3条委員会のような独立権限を有する行政機関ではない。合議制をとり, ある程度独立性をもっているが, 自ら行政決定・処分を行う権限はなく, 参考意見を提供する諮問機関にとどまるものである。また図3-3に示すように, 審議前に原子力安全委員会主催による第二次公開ヒアリングによって住民の意見を聴く機会はあるが, 拘束力はない[28]。

　住民同意を得る方法として, 公聴会の開催, 議事録公開, 住民の聴聞, 住民投票がある。現在行われている公聴会は形骸化しやすく, 原子炉の安全性をめぐる専門家の科学論争の場としても, 賛成派と反対派との討論の場としても, 機能しているかどうか疑義を否めない。条例を制定して行われる住民投票は,「住民自治」の実現には望ましいが, 法的拘束力がない。迷惑施設の新規立地となると地元では反対論が強まる(新潟県巻町の住民投票の事例)であろうし, 既存サイトでの増設となると, 住民投票の実施自体が難しいのではないか。

　むしろ, 電気事業者から原子力安全委員会に提出された資料や, 行政機関情報公開法(1999年5月)に基づいた審議過程に関する開示資料を基に, 地元自治体(都道府県レベルより, 市町村レベルが望ましい)の主催による公開討論の場での議論を実質化する(最終的な意見の一致はありえないが)方が, 望ましい方向性ではなかろうか。

(2) 伊方原発訴訟における判断

　このように立地プロセスにおいては, 電気事業者がイニシャティブをとり, 審査の過程では, 原子力安全委員会の果たす役割が大きい。反対に, 地元一般住民は間接的な参加しかできず, 反対派住民は設置許可がなされた後には, 異議申立てを経て, 取消訴訟提訴という司法的救済を求めるしか手段がなかった。

---

[28]　阿部泰隆教授は, 住民参加の方法につき,「原子炉の安全性について, 周辺住民に一定の重大被害の生ずる確率が一応解明されているとし, 他方, 原発を誘致するメリットも一応測定できるとして, 両者を比較して, 原発を誘致するかどうかを決するという場であれば, 公聴会を開催するのも一つの方法である」と述べている。『国土開発の環境保全』(日本評論社, 1989年) 320頁。

3.3　原発への過度の依存と司法審査の限界

　原子力発電所の設置許可についての初の最高裁判決となったのが伊方原発訴訟（最判1992年（平成4年）10月29日，民集46巻7号1174頁，判例時報1441号37頁）[29]である。実体判決の主要な三つの論点につき，その後の技術の進展や原発をとりまく状況の変化，行政手続法・情報公開法の制定を踏まえて以下，検討する。

　まず，「原子力基本法と原子炉等規制法が，原子力委員会の意見を聴き，これを尊重しなければならないと定めていることに鑑みると，設置予定地周辺住民を許可手続きに参加させる手続及び設置の申請書等の公開に関する定めを置いていないからといって，手続の法定を定めた憲法31条に違反しないし，告知，聴聞の機会が与えられなかったことが憲法31条の法意に反するものともいえない。」と判示している。しかし，判決の一年後の1993年に制定された行政手続法10条によると，「公聴会の開催その他の適当な方法により当該申請者以外の者の意見を聴く機会を設けるよう努めなければならない。」とされている。行政手続法は一般法であり，10条は不利益処分に対する努力義務にすぎないが，原発立地のように地域住民に与える影響が大きいプロジェクトに対しては，もっと地域住民による民衆的統制という視点を重視すべきではなかろうか[30]。

　次に，原発の安全性判断に行政の裁量（行政庁の合理的な判断）を認めた。「安全性に関する審査は，多角的，総合的見地から検討するものであり，しかも，右審査の対象には，将来の予測に係る事項も含まれているのであって，原子力工学はもとより，多方面にわたる極めて高度な最新の科学的，専門技術的知見に基づく総合的判断が必要とされるものであることが明らかであって，原子炉等設置許可要件の判断は，専門家からなる原子力委員会（現行；原子力安全委員会）の意見を尊重して行われる内閣総理大臣（現行；経済産業大臣）の合理的判断に委ねられる。」とした。

---

[29]　判例評釈として，ジュリスト1017号特集（伊方・福島第2原発訴訟最高裁判決をめぐって（座談会），佐藤英善「伊方・福島第二原発訴訟最高裁判決の論点」，三辺夏雄「原子力と法の今後の関わり方」，髙橋利文「伊方・福島第2原発訴訟最高裁判決」，山村恒年「伊方原発設置基準の手続に違法がないとされた例」民商法雑誌108巻6号884頁，高橋滋『先端技術の行政法理』（岩波書店，1998年）165頁，高木光『技術基準と行政手続』（弘文堂，1995年）2頁。

[30]　この点について，高橋滋教授も，①行政処分における手続保障の必要性は不利益処分に限定されないこと，②将来における行政手続法理の展開を見通す必要性等に照らして，憲法31条のほか憲法13条に根拠を求める考え方があると述べている。前掲注(29)71頁。

このように専門技術的裁量が認められる場合は、行政庁の判断が、告示や各指針（内部的な審査基準）に適合し[31]、現在の科学技術水準に照らして一定の基準に適合し、合理性を有しているかどうかという観点からのみ司法審査を行うべきということになる。「裁判所は科学者間で争われる専門的な問題についての終局的な判定者ではありえない」ゆえに、「実体判断代置方式」を採るべきではないということになる。

科学技術に関する裁判官の能力には限界があり、ゆえに専門家の判断を重視すべきとの判旨は理解できる[32]。原子力安全委員会という5人の審議会[33]の意見は、専門家であるゆえに重視され、実質審査が望まれる。すなわち、原子力行政の専門性が重視されるということは、委員会の構成メンバー選定手続の透明性や中立性の重視につながる。

一方で、立地プロセスにおいて地域住民は形式的な参加手続きしか認められず、抗告訴訟を提起しても差止めが認められる可能性はほとんどない。そうなると、原子力安全委員会の審議内容の情報公開を通した住民参加手続の実質化によって、訴訟以前の段階での情報の共有、意見の交換が必要ではなかろうか。

三番目に、設置許可の段階の安全審査の対象は、原発の固有の安全性、しかも原子炉の基本設計の問題に限定されるとした（段階的安全規制）。つまり、固体廃棄物の最終処分の方法、使用済燃料の再処理及び輸送の方法、温排水の熱による影響、原子炉の使用を廃止した後の措置にかかわる事項は、安全審査の

---

[31] この点について、最新の技術的な知見に基づく安全基準を法律に定めることは可能か、困難な場合はある程度具体的にややきめ細かく書くべきか、技術基準のなかに安全性を判断する際に準拠された諸考慮を明示すべきか、審査基準は政省令によって定められるのが立法論的には適切か、等につき議論されている。

[32] 「司法権と原子力委員会の任務はまったく異なる。司法権は原子力委員会の答申を尊重してなされた内閣総理大臣の決定をレビューするにとどまり、職権調査権を有するものでなければ原子力行政に責任をもつものでもないから、その審査権は専門技術的課題の前に多少抑制されてもやむをえないが、原子力委員会は原子炉の安全性に関する責任者であるとともに専門家でもあるから、原子炉の危険性が潜在的にもせよ極めて大きいことに鑑みると、自ら世界最高の学問水準において実質審査すべきものと考える。」阿部・前掲注(28)325頁。

[33] 原子力発電所の安全審査を担う原子力安全・保安院は、推進機構である経産省の傘下にある。そして保安院の審査の結果を首相の諮問機関（組織上は内閣府に置かれる）である原子力安全委員会が二重にチェックする体制－すなわち、推進機関と規制機関が分離していないという問題点がある。住田健二（元原子力安全委員会委員長代理）「原子力行政　今こそ推進と規制の分離を」2009年9月24日付朝日新聞。

対象とはならないと判示した[34]。

以上をまとめると，司法はあくまで専門家の判断を尊重する立場であり，住民参加の手続方法は合憲であり，現在の核燃料サイクル政策，高レベル放射性廃棄物の処分場問題，廃炉の問題等すべて立法政策の問題であるという判断であった。

このように，立地選定の段階でも住民の意見は他律的にしか届かず，設置許可後は，司法の消極判断主義（専門技術への合理的判断の尊重と段階的安全規制方法）により，事後的救済も難しい。国策として原子力推進を進めるわが国では，原発の建設を増やし（54基），既成事実を積み重ね（六ヶ所村の核燃料再処理工場やMOX燃料工場建設，もんじゅの再稼働による核燃料サイクルの堅持），巨額の費用や時間を費やすことによって選択肢が限定され，後戻りの難しい状況にしてしまった。原発大国フランスですらスーパーフェニックスの廃炉を決め（1998年），撤退してしまった高速増殖炉を未だに推進している（実証炉は2025年まで，商用炉は2050年までの稼働を目指す）。ましてや数年のうちに決定する必要に迫られている最終処分場選定のめどはたっていないままである。

3.3.2　志賀原発訴訟・浜岡原発訴訟と新耐震基準
(1)　志賀原発一審判決と耐震設計基準

伊方原発訴訟は行政訴訟なので，設置許可が法令の基準に適合しているかどうかが争点となった。一方，民事訴訟では，原発によって権利を侵害されたかどうかが争点になるので，受忍限度を超える被害発生の蓋然性があることが必要となる[35]。

志賀原発金沢地裁判決（2006年(平成18年)3月24日，判例時報1930号25頁，判例タイムズ1277号317頁）は，耐震設計の不備を理由として原発の運転差止めが認められた初の民事判決（被告は北陸電力㈱）である。民事訴訟においては，行政手続の瑕疵や行政過程における判断の誤り等について，これが住民の生命身体への侵害に直接結びつくことを証明しない限り，住民が勝訴判決を得ることは難しい[36]。

---

[34] ただし，主張立証については，公平の見地から，行政庁において，自己の判断が不合理でないこと（処分の相当性）を主張立証すべきものとされた。
[35] 阿部泰隆『行政法解釈学Ⅱ』（有斐閣，2009年）80頁。
[36] 高橋滋・前掲注(29)88頁。もんじゅ原発訴訟（福井地裁・昭和62年12月25日）については，高木光「抗告訴訟と民事差止訴訟の関係」ジュリストNo.905，62頁。

志賀原発2号機差止請求訴訟（金沢地裁）では，表3-1に示す従来の耐震設計指針の安全性が争われた。2000年（平成12年）の鳥取県西部地震，2005年（平成17年）の宮城県沖地震における最大加速度振幅等の情報が加味されたもの，つまり，「現在の科学水準」[37]に照らして従来の耐震設計審査指針が適合するかどうか，の判断が求められた事例である。

「志賀原発のある石川県は他の都道府県と比較して地震の数が少ないことは公知の事実であるが，本件原子炉敷地周辺で，歴史時代に記録されている大地震が少ないからといって，将来の大地震の発生の可能性を過小評価することはできない。そうすると，被告が設計用限界地震として想定した直下型地震の規模であるマグニチュード6.5は，小規模にすぎるのではないかとの強い疑問を払拭できない。」と，地震国日本では想定以上の直下型地震の可能性があることを，まず前提としている。

そして，「原子力発電所のような先端の科学技術を利用した設備や装置は，常に事故の危険を孕んでおり，その可能性を零にすることは不可能であるが，その設備や装置を設置して利用することについて社会的合意が形成され，かつ設置者が，想定される事故及びこれによって予想される被害を回避するために，その被害の内容や規模に照らして相当と評価しうる対策を講じたのであれば，それでもなお残存する危険については，社会的に許容されていて違法性がないとみる余地があると解される。しかしながら，被告の耐震設計は，地震によって想定される原発周辺住民が受ける被害の内容や規模に照らして相当と評価しうる対策を講じたものとは認め難い。」と，その侵害の具体的危険が受忍限度を超えて違法であることを要すると解される「国道43号線・阪神高速道路騒音排気ガス規制等事件」（最高裁1995年（平成7年）7月7日判決，民集49巻7号2599頁）に基づいて検討している。

その結果，「私企業の経済活動に対し，それも電気という公共財の生産に対し，差止めを認めることは，わが国のエネルギー需給見通しに影響を与えかねないが，電力需要が伸び悩む中，少なくとも短期的には，電力供給にとって特段の支障になるとは認めがたい一方で，放射性物質が放出された場合，周辺住民の人格権侵害の具体的危険は受忍限度を超えている。」と判示した。電気事

---

[37] わが国では一般には処分庁の認識は関係なく，行われた処分そのものが法規に照らして適法であるかどうかが審理される。そして，原発の安全性は事実認定の問題と考えれば，原発設置許可に安全性を欠くことが判明したのが現時点であっても，処分当時から客観的には瑕疵（原始的瑕疵）があったと解される。阿部・前掲注(35)250頁。

業者に課される供給責任よりも，電気事業者の営業の自由よりも，地震による事故のもたらす具体的危険の方が受忍限度を超える被害発生の蓋然性が大きいと判断し，民間企業の発電所の運転差止めを認めた。

なんといっても，原子力発電所は人類の「負の遺産」[38]の側面をもつ。そのようなリスクを孕む原発の安全性については「右災害が万が一にも起こらないようにするため，原子炉設置許可の段階で，原子炉を設置しようとする者の右技術的能力並びに申請に係る原子炉施設の位置，構造及び設備の安全性につき，科学的，専門技術的見地から，十分な審査を行わせることにあるものと解される。」と，設置許可の段階での高度な安全性が求められるとの判断を示した。

(2) 浜岡原発一審判決と新耐震基準——現在の科学水準

中部電力・浜岡原発は南海・東南海地震，東海地震の想定震源域の真ん中に位置している。志賀原発立地地域より浜岡原発立地地域の方が，大規模地震の発生する蓋然性は高い。

浜岡原発静岡地裁判決（2007年（平成19年）10月26日）は，柏崎刈羽原発7基に複合的被害が出た中越沖地震後に示された判決（ただし，地震が起こったのは結審後[39]）であるが，被告側の主張を認めた判決となった。

当該判決（判決文は257頁に及ぶ）では，原子炉施設に求められる安全性として，「平常時はもちろん，地震，機器の故障その他の異常時における万が一の事故を想定した場合にも，一般公衆の安全が確保されることが要求される。」としている。その安全性のうち地震と耐震設計については，「想定東海地震に

---

[38] 名古屋高裁金沢支部1999年9月9日志賀原発運転差止訴訟判決において，「わが国においても多数の事故あるいは問題事象が発生して国民の原子力発電所に対する信頼は揺らいでいること，その他核燃料の再処理問題を残すことは控訴人指摘のとおりであって，原子力発電所がその意味において人類の『負の遺産』の部分を持つことは否定できない。」と判決文に「負の遺産」という言葉を使った。

[39] 伊方原発最高裁判決で示された「現在の科学基準に照らして」の「現在」の解釈として，①許可時説，②口頭弁論終結時説，③判決時説，が考えられる。福島第二原発訴訟1審，2審は①の許可時説によっている。山村・前掲注(29)893頁は，通常の行政処分と異なり，安全性が審査の対象となっており，取消訴訟が差止機能を有することから②口頭弁論終結時と考えるべきとの説を述べている。田中二郎『新版 行政法』（弘文堂，1974年）は，取消訴訟の本質は行政庁の第一次的判断を媒介として生じた違法状態を排除することにあるとの見地から，基本的に③判決時説を支持した。公告尚史（「行政法」法学教室301号，89頁）は，ドイツ法にいう「継続的効果を伴う行政行為」の概念を引きながら，科学的認識の変化の場合には，③判決時説を採るべきとの見解を主張している。

関する中央防災会議のモデルは十分な科学的根拠に基づいており，改訂された耐震設計審査指針は旧指針に基づく安全評価を否定するものではない。」と判示している。

耐震設計は，高度な最新の科学的，専門技術的知見であり，内閣総理大臣（現在は経済産業大臣）の合理的な判断（伊方原発訴訟最判）に委ねられるとされている。しかし，最近の原発訴訟（もんじゅ訴訟[40]，柏崎刈羽原発訴訟，志賀原発訴訟，浜岡原発訴訟）では，かなり具体的な——物理学から地質学まで多岐にわたった——検討が加えられている。これらを総合的に検討した結果として，「（国による）安全審査の判断の過程に看過しがたい過誤，欠落は認められない。」と判示したものである。しかし，中越沖地震によって，柏崎刈羽原発4基は緊急停止する事態になった。司法判断と現実には落差があることになる[41]。

高木光教授はいわゆる科学裁判につき，「安全性の判断も『法的判断』である以上，処分庁なり裁判所が『安全である』と判断したからといって，ただちに国家権力が科学的真理を権威的に定め『ガリレオ裁判の愚』を犯すことにはならない。処分庁も裁判所も限られた時間内に限られた資料に基づいて責任ある決定をなす必要があるのであり，科学者のように分析のみにとどめたり，あるいは判断を留保ないし放棄する自由を有していないことも考慮すべきである。」と科学技術に対する司法判断の限界に言及している[42]。

しかし，地震により放射能漏れ事故が起こってしまっては取り返しがつかない。そもそも，なぜこのような活断層による地震のリスクの高い場所を原発サ

---

[40] 高速増殖炉もんじゅは初送電の4カ月後（1995年12月8日）にナトリウム漏れ事故を起こした。もんじゅ訴訟では，ナトリウム漏れ事故も検討の対象とされ，「床ライナの腐食対策が本件安全審査の対象となる原子炉施設の基本設計の安全性にかかる事項に含まれ，上記腐食対策にかかる安全審査に過誤，欠落がある。重大な瑕疵がある本件安全審査に依拠したと認められる本件許可処分は無効と判断すべき」として，名古屋高裁金沢支部2003年1月27日判決では，「重大かつ明白説」ではなく，「重大説」により無効とした。しかし，最高裁判決（2005年（平成17年）5月30日，民集59巻4号671頁，判例時報1909号8頁）は，もんじゅの許可を適法として，この無効の基準に立ち入らなかった。

[41] 柏崎刈羽原発取消訴訟・新潟地裁1994年3月24日判決（2009年4月23日上告棄却）において，「国の安全審査の標準（将来発生しうる地震による最大加速度が220ガルのところ，耐震設計で300ガルとした。十分余裕がある。）を妥当と判断」したが，中越沖地震では，1号機の基礎版上で観測された揺れの強さを示す加速度は680ガルであった。新潟日報社特別取材班『原発と地震－柏崎刈羽「震度7」の警告』（講談社，2009年）141頁。

[42] 高木・前掲注(29)22頁。

イトに選定したのであろうか。数十年前の原発サイトの選定時には，海域地域の活断層は当時の技術では未測定，または軽視されてきた。地殻の歪みが起こっていれば，どこでも地震が発生しうることは，地震学の発展によってもたらされた最近の知見である。しかし，今更原発サイトを変更することは難しい。「最大地震の想定」に沿った更なる耐震補強が必要ということになる。

浜岡原発・静岡地裁判決では，「本件原子炉施設は，想定東海地震の地震動だけでなく，想定東海地震と東南海地震・南海地震と連動した場合の地震動に対しても耐震安全性が確保されていると認められる」ので，結論として，「本件原子炉施設の運転によって原告らの生命，身体が侵害される具体的危機があるとは認められない。」と判示した。

新潟県中越沖地震後の志賀原発控訴審判決（2009年（平成21年）3月18日）（判決文は290頁に及ぶ）でも，原告側逆転敗訴の判決が下された。控訴審は，1審判決後に見直された表 3-1 に示す新耐震基準（＝現在の科学技術水準）に基づく耐震安全性を判断する初の判決であった。志賀原発では従来値の 490 ガルから新指針では 600 ガルに引き上げられたが，新指針に基づいて補強した2号機の再点検につき国は妥当と判断しており，控訴審はこの判断を追認する形となった。

日本の商業炉は 1970 年代から相次いで建設・運転され，反対派住民は最終的には司法の場で争うしかなく，各地で取消訴訟，差止訴訟が起こった。10年以上のスパンで争われる原発訴訟では，原告団も高齢化している。最高裁判決まで長期にわたって争っても，既に運転が開始されている大型プロジェクトに対する差止めが認められる可能性は極めて低い。むしろ，行政処分段階への厳格な手続的統制，住民の参加手続の法定化の方が望ましいのではないか。原発絶対反対を信念とする反対派も多く，議論が全くかみ合わないケースも多い。それでも，このような紛争は，行政側の説明不足，電力会社側の情報開示の少なさによって増幅される場合が多い。以下，手続的統制について考察する。

3.4 行政府への統制——司法的統制と手続的統制

3.4.1 段階的安全規制方式の限界と義務付け訴訟の可能性

原発設置許可の取消訴訟では，原子炉施設の基本設計ないし基本設計方針のみが考慮される。すなわち，その基本設計の安全性にかかる事項のみを対象とする「段階的安全規制方式」（伊方原発訴訟最判）によって判断される。

中越沖地震による原発緊急停止等を契機に，新耐震基準に基づき耐震性の再

評価が行われた[43]。しかし，処分当時には知り得なかった知見が考慮されていないからといって，行政庁の判断過程が不合理であったと取消訴訟で必ずしも断ずることもできないのではないかと考えられる。

志賀原発訴訟・名古屋高裁金沢支部判決では，新耐震設計に基づいて補強したので安全として，原判決を取り消した。新耐震基準のように，現時点の知見で安全でないことを後発的瑕疵と捉えると，本来は改善命令を発するか，許可の職権取消しを行うべきであり，そのための義務付け訴訟を許容するのが筋ということになる[44]。

このような背景からも，義務付け訴訟が望まれていたが，2004年の行政事件訴訟法改正によって法定化された（第3条6項1号，2号）。原発への改善命令は第三者に対して不利益処分を求める場合で，法令に基づかないので1号に該当する。

義務付け訴訟は，権利救済の実効性の観点からは望ましいが，行政の第一次判断権を侵害するのではないかとの疑問が1962年の行政事件訴訟法立法段階で出され，義務付け訴訟の法定化は見送られていた。この点につき阿部泰隆教授は，「行政は，行政処分をするかどうかについて適時に判断して国民の権利義務を確定する責務を有するのであるから，第一次的に判断する権限を行使しないで，取消訴訟を許さないこととする権限を有しないのであって，第一次的判断義務を負う。義務付け訴訟で裁判所は，行政の反論を聴いて，そのうえで判断するのであるから，行政は既に第一次的に判断している」ことになるとの見解を示している[45]。

新耐震基準と耐震補強と義務付け訴訟の関係は，具体的にはどうなろうか。新耐震基準に基づいた補強工事が十分でない場合に，改善命令を出すよう義務付け訴訟を提起することになろうか。電力会社は活断層を再評価し，それに基づいた想定最大加速度を設定，耐震安全設計を保安院に報告し，耐震補強を行うことになる。これら耐震補強が不十分として，義務付け訴訟を提起する場合は，原告側も同等の専門技術性を持つ必要があるということになる。

---

[43] 新耐震基準による補強工事は新たな問題を生み出した。廃炉の問題である。浜岡原発1，2号機は運転開始から30年以上が経過しており，原子炉を巨額の費用を使って耐震補強するよりも出力の大きな新型炉を建設した方が効率的と判断し，廃炉を決定した。
[44] 阿部・前掲注(35)250頁。
[45] 阿部・前掲注(35)292頁。

3.4 行政府への統制

3.4.2 原子力安全委員会への手続的統制と情報公開

　原子炉の設置許可についても，その後の規制（許可，認可，検査）についても，原子力安全委員会がチェック機関となっている。伊方原発訴訟最判は，「原子力委員会（現行では原子力安全委員会）の専門技術的な判断を基にしてされた行政庁の判断に不合理な点があるか否かという点から判断される。」と判示した。したがって，委員会の独立性・中立性の確保が重要になる。

　原子力安全委員会は内閣府に設けられるが（原子力委員会及び原子力安全委員会設置法13条以下），5人の委員のうち2人は非常勤である国家行政組織法8条による審議会（重要事項に関する調査審議，不服審査その他学識経験を有する者等の合議により処理することが適当な事務をつかさどらせるための合議制の機関）にすぎない。実際に原子力事故が起こった場合は，原子力安全・保安院（経済産業省）が審査を行い，その判断の妥当性を原子力安全委員会が二重にチェックする体制となっている[46]。

　司法の場で，原子力安全委員会の専門性が尊重されるということは，委員会に対する統制機能が重視されねばならないことになる。それは人選の透明性（＝推進派ばかりの人選にならないことや選任過程の透明性），組織体の独立性（＝原発の安全性を担う保安院を推進機関である経産省から分離），中立性（＝チェック機能としての権限の実効性）の重視につながる。委員会の専門性が重視されることからして，8条委員会ではなく，3条委員会的権能を付与することも考えられるのではないか。国や地方公共団体に設置される多くの委員会や審議会は，実質的にチェック機能を果たしていないことが多い。

　伊方原発訴訟最判では「当該原子炉施設の安全審査に関する資料をすべて被告行政庁の側が保持していることなどの点を考慮すると，被告行政庁の側において，まず，その依拠した具体的審査基準並びに調査審議及び判断の過程等，被告行政庁の判断に不合理な点のないことを相当の根拠，資料に基づき主張，立証する必要がある。」と判示した。すなわち，原発訴訟では，立証責任を原告に負わせつつ，処分の相当性を処分庁に立証させるという中間的解決が行わ

---

[46] 保安院には地震などの専門家は少なく，学識者の意見を聴くことで専門的な知見を補っている。ダブルチェックの一翼を担う原子力安全委員会は学識者で構成する審査機関であり，国による審査は事実上，学識者に委ねられている。新潟日報社特別取材班・前掲注(41)51頁。
　自民党政権は，「原子力を慎重に進めるためには，推進官庁の内側にブレーキがいる」という理屈で保安院の改革に手をつけてこなかった。

れている。

　原子炉設置許可手続等の過程において作成された電力会社提出の調査資料等，原子力委員会等の議事録および科学技術庁原子力局が原子力委員会等に提出した報告資料等の文書は非公開であった。伊方原発訴訟・高松高裁判決（1975年（昭和50年）7月17日，行集26巻7=8号893頁，判例時報786号3頁）において，これを法律関係文書として提出させることによって，取消訴訟の実質的な審議の道が開けたものである[47]。現在では，行政機関情報公開法の制定（1999年5月）により情報公開が進んでいる。これらの文書は同法2条2項に規定する「行政文書」[48]にあたるので，文書提出の対象となる。

　訴訟の段階では処分の相当性を行政庁に立証させることになるが，住民の理解を得るために肝要なのは，設置許可処分が行われる以前の判断過程の透明性である。行政文書の開示によって，情報を共有し，これらの共有情報をベースに，行政側と，事業者側と，住民側とが，同じ土俵で議論する途が開かれるべきであろう。

　温室効果ガス25％削減目標は，日本が国際社会において環境立国としての立場を築くためにも，将来世代への責任を果たすためにも望ましい目標であるが，こと電気事業分野において25％削減への壁はかなり高い。原発の停止によってCO_2排出量はかなり増えている。

　今後の稼働率によってはさらに増えてしまう可能性がある。現在，もんじゅ再開を含めて建設中の原発が4基，計画中のものが数基ある。少なくとも中期目標年（2020年）までは原発が基幹電源であることは否定できない。したがって今，原発立地の安全性に関する議論において必要なのは，これら新増設原発に関する行政文書や事業者側資料の公開による「専門技術性」の共有であろう。

3.4.3　プルサーマルの限界と廃炉・最終処分地問題——見直しは不可能か

　経済産業省は2009年(平成21年)6月18日，原子力発電推進強化策をまとめた。「『低炭素社会づくり行動計画』（2008年7月閣議決定）や温室効果ガス削減の中期目標を達成するために，原子力発電比率を，2020年時点で40％程度とする必要がある。」というものである。そのための強化策として，①既存炉

---

[47] 阿部・前掲注(35) 236頁。
[48] 行政機関の職員が職務上作成し，又は取得した文書，図面及び電磁的記録で，当該行政機関の職員が組織的に用いるものとして，保有しているもの。

の高度利用，②新増設・リプレースの円滑化，③核燃料サイクルの推進，④国民との相互理解促進，⑤地域共生，⑥国際的課題への対応，を列記している．

　その後政権が代わって，民主党の掲げる温室効果ガス削減への中期目標は，自民党政権の中期目標（2020年時点で2005年比15％削減）より格段に厳しいものとなった．具体策として国内排出量取引や地球温暖化対策税の創設が検討されているが，原子力の取扱い（地球温暖化対策基本法案17条）も大きな検討課題である．

　経産省の示す原子力発電推進強化策は，原子力政策大綱（2005年10月閣議決定）に沿ったものであり，あくまで核燃料サイクル（六ヶ所再処理工場やMOX燃料工場の操業，プルサーマル発電の推進，高速増殖炉開発の推進，高レベル放射性廃棄物地層処分事業の推進）を基本として，既存炉の高度利用（設備利用率を80％程度まで回復させる，13カ月以内ごとの定期検査を24カ月以内に延長する[49]）と新増設・リプレース[50]（2018年までに運転開始予定の9基の新増設，2030年前後のリプレースを視野に入れ，新増設を着実に進める）を進めるものである．

　しかし，ベース・ロード電源である原子力を，実際に40％程度まで増やすことが可能であろうか．同発表には，〈原子力発電比率の高まりに対応した運転〉として，「将来的に更に原子力発電比率が高まり，日々の電力需要の変動に合わせて出力を調整する運転の必要性が高まってくる段階では，そうした運転（＝一時的に定格出力以下での運転）が安全かつ確実に実施されるための要件等について検討を行うこととする．」との記載がある．

　これは，需要の落ち込んだ時間帯には，出力調整運転を行ってでも原子力の比率を高めるとの方針である．出力調整運転は，技術的，法的には可能とされるが，チェルノブイリ事故（動作試験中の爆発事故）の影響もあり，出力調整運転に対する反発は強いものがある．原子力比率が80％と高いフランスや，アメリカは出力調整運転を行っている．しかし，1988年（昭和63年）2月12日，四国電力伊方原発2号機で行われた出力調整試験に対して大きな反対運動が起

---

[49] その期間を「18〜24ヶ月」に延長することが可能になる経産省令改正が2009年1月に行われた．
[50] 原発は60年近く運転できるが，運転停止後は，日本では原発を建て替える用地として，解体して更地にするのが基本方針である．日本初の解体を行っている東海原発の廃炉費用は885億円（解体費347億円，廃棄物処分処理費538億円）．中部電力浜岡原発1，2号機廃炉費用には，ひとまず900億円を引き当てている．

第3章 温室効果ガス削減への原子力の役割と依存の限界

こり,以後,出力調整実験は行われていない[51]。

そして,原子力を推進する世界中のどの国にとっても最も難しいのが,高レベル放射性廃棄物処分地の立地問題である。

原発大国フランスですら,高レベル放射性廃棄物の最終処分地が決定していない。2006年に可逆性のある地層処分(処分事業を段階的に実施し,将来世代に選択肢を残すことを目的とした処分)が最善とされ(放射性廃棄物等管理計画法),2015年に処分地の設置許可申請,2025年に操業予定となっている段階である。

アメリカはユッカマウンテンに決定しているが,オバマ大統領が予算をつけなかったので足踏み状態である。

処分施設が決定しているのは,スウェーデン(2009年6月にフォルスマルクを最終処分地に決定)とフィンランド(2001年の議会決定により,オルキルオトを処分地に決定)くらいである[52]。

わが国の計画では,「平成20年代中頃を目途に精密調査地点の選定」を目指している。六ヶ所再処理工場の操業も,安全を最優先にガラス固化試験の課題解決に向けて全力で取組む。電力業界はプルサーマル計画を3〜5年程度延期するよう見直しを行ったが,経産省は,「実現に向けて地域住民と国民の相互理解促進運動を行い,最大限支援する」方針である。

要は,国が決めた原子力政策大綱に沿って,供給安定性と経済性に優れた準国産エネルギーである「原子力発電の活用なくしては,エネルギーの安定供給はもちろん,地球温暖化問題への対応はおよそ不可能である。」という大前提に基づき,既存路線の推進を一層強化する方針である。

エネルギーを取り巻く状況の変化にもかかわらず,原子力基本法(1955年)により,準国産エネルギーとして原子力への依存が不可欠とされた半世紀前の方針が堅持されたままである。確かに温暖化防止のため,基幹電源としての原子力発電の安定供給性は否定できないが,経済性に優れた電源とは言えない[53]。

---

51 保木本一郎『原子力と法』(日本評論社,1988年)306頁は,「連続フル運転を前提として設計され,安全審査もこの基準によって行われた『実証炉』を使って,出力調整を行って電力需要に対応しようという実験が,四国電力伊方発電所2号機を使って,1988年2月12日に行われた。」と批判している。

52 海外情報については,原子力発電環境整備機構(NUMO)参照。http://www.numo.or.jp/

53 電気事業連合会2003年12月発表では,40年運転(稼働率)80%の場合の原子力の発電単価は5.3円,16年の法定耐用年数の場合で7.3円(水力11.9円,石油火力10.7円,石炭火力5.7円)となっているが,前提条件からしておぼつかない。ウランの高騰,耐

バックエンド問題が何一つ解決できない中で，更に40％まで比率を上げることが現実問題として，可能であろうか。一度決定された政府の方針の見直しは不可能であろうか。

3.5　官と民の役割と住民の関与

3.5.1　地震大国における原子力立国の限界——社会通念上許容されるリスクとは？

原子力発電比率を40％まで引き上げることなく，温室効果ガス25％削減を達成するために一番望ましいのは，可能な限りの再生可能エネルギーの普及である。これまで日本では再生可能エネルギーは密度が低く，安定性がないとして推進策はとられてこなかった。しかし，再生可能エネルギー推進に対しては，世界規模でパブリック・アクセプタンスを得ることができる。その推進のためには，原子力と同様に外部性をもつ再生可能エネルギー推進のための公的支援が必要であろう[54]。

原子力のフェイズ・アウト（段階的廃止）が可能になるのは，水素の貯蔵のような技術革新が実用化された後となろう[55]。それでも地震大国日本における原子力の割合は現行の3割程度を上限とすべきではないか。マニフェストに掲げられているようなスマートグリッドの整備[56]や，再生可能エネルギーの固定価格買取制度といった支援策によって，一次エネルギーに占める再生可能エネルギーの割合を2020年までに10％に引き上げることは可能であろう。

再生可能エネルギーも政府の関与が必要であるが，原子力も政府の関与が必要な分野である。軍事廃棄物をもつアメリカでは，DOE（エネルギー省）が最

震補強費や建設費用の高騰，電源三法に基づく交付金，放射性廃棄物処理費用を考慮すると決して安い電源ではない。

[54] 石油など化石燃料に対する公的支援は世界で年間4,000億ドルに及ぶ。この一部でも再生可能エネルギー導入促進に投じれば，途上国の貧困解消にもつながる。太陽光発電のような再生可能エネルギーは，電力網すら整っていない途上国の貧困解消にもつながる。「再生可能エネルギー　普及と成長両立できる」2010年3月3日付日本経済新聞。

[55] トム・コペル著・酒井泰介訳『燃料電池で世界を変える』（翔泳社，2001年），Joseph J. Romm著・本間琢也・西村晃尚共訳『水素は石油に代わられるか』（オーム社，2005年），広瀬隆『燃料電池が世界を変える』（NHK出版，2001年），最新の水素技術編集委員会編『最新の水素技術IV』（日本工業出版，2006年）。

[56] オバマ大統領も景気対策法で45億ドルの予算を計上している。スマートメーターを家庭や工場に設置し，電線や通信回線を介して電力使用量を把握。これに合わせて発電量や蓄電量を調整することで再生可能エネルギーの比率を高めることができる。

終処分の責任を負う。同様に，フランスでも原子力庁が一括して責任を負う。つまり，政府の関与や支援がなければ，建設に対する長期の投資や廃棄物の貯蔵[57]，将来体制の不透明性をもつ原子力は不確実性をもつことになる。

地震大国日本では，想定される東海地震をはじめとして，いつでも，どこでも，中越沖地震規模の地震が起こる可能性がある。耐震設計を見直し，補強工事をしても，いざ大規模地震が起こると，操業中の原発は，緊急停止せざるをえない。新規立地の困難さからして，柏崎刈羽原発のように集中立地は避けられない。緊急停止をするとすぐには再稼働できない。かなり長期にわたる点検が必要になる。結果として，火力発電で電力需要を補うことになり，CO_2は更に増えてしまう。あるいは経産省の原発強化策のように2020年40％を本気で目指すなら，出力調整運転が必要ということになる。この原発強化策によると，「定格出力以下の運転方法は技術上・安全上特に新しいことではなく，事業者は，具体的な計画に沿って，実行に移していく。」とされている。確かに，8割を原子力に頼る原発大国フランスでは出力調整運転を行っている。しかし，核アレルギーのある日本において，社会通念上許容されるリスクであろうか。

伊方原発訴訟最判で示された「社会通念上許容されるリスク」とは，「周辺の環境を放射能によって汚染するなど，深刻な災害を引き起こすおそれがあることにかんがみ，右災害が万が一にもおこらないようにするため」の安全性につき科学的，専門技術的見地から十分な審査を行わせるものであった。

しかし，現在の原発がかかえるリスクは，スリーマイル島放射能漏れ事故や，チェルノブイリのような原子炉の核反応の制御ができなくなり暴走してしまうメルトダウン（炉心溶融事故）のような巨大事故に対するリスクというよりは，むしろ，地震によって緊急停止した場合，火力発電によって補わざるをえないリスクではないか。すなわち，更なる温暖化の要因となってしまう原発を，温暖化対策名目で，国策として更に推進強化することによってもたらされるリスクではなかろうか。

3.5.2　地方の選択──住民自治と情報公開

産業界はこれまで，環境自主行動計画（1997年制定）に従って自主的な取組

---

[57] 放射性廃棄物に関する法規制は，科学的な不確実性を前提としつつ，最終的な処分地決定という政治的・社会的側面を考慮しながら形成されてきた。鈴木・田邉・前掲注(24)61頁。

3.5 官と民の役割と住民の関与

を行ってきた。日本経団連による環境自主行動計画は，その名前とは異なり，政府の京都議定書目標達成計画に明確に位置づけられ，毎年，フォローアップされてきた[58]。その目標達成計画は未達であるが，未達部分の8割を電力業界が占めている。

民主党政権の温暖化対策では企業団体との関わり方も変わってくるだろうが，いずれにしても，25％削減目標を国内で達成できない場合，鳩山イニシャティブ[59]に沿って，国外からCO_2を購入することになる。電力業界も窮余の策として，海外から京都メカニズムクレジットを購入[60]することになる。

締約国会議（COP）の場で議論される地球規模での温暖化対策は，文明のあり方や南北問題の要因を含む。技術支援や資金援助を含め，途上国支援は不可欠であり，CDMプロジェクトも必要である。しかし，あくまで国内削減策を中心とすべきであり，電力業界の果たす役割の大きさからして，原子力の果たすべき役割とその限界を踏まえる必要があろう。

まず，原発サイト周辺の住民自治と情報公開が重要になる。地域住民の原発への不信感が払拭できない理由として，専門技術性という名目での設置許可に至る過程や安全審査の不透明さ，さらには，電力会社の事故隠し等の隠ぺい体質にあろう。原子力安全委員会では，2004年から議事録を公表しているが，審査の核心ともいえる詳細な検討を行う分科会については傍聴や撮影は許していない。

1995年のもんじゅナトリウム漏れ事故の編集されたビデオの公開，東電の80年代からの数々のトラブル隠し，中越沖地震の柏崎刈羽原発の揺れが想定の2.5倍の2058ガルであったことを参院選後にやっと公表，志賀原発の臨界事故（1999年6月18日）を8年間隠していたこと，このような隠ぺい体質が続くようでは，パブリック・アクセプタンスは一層難しくなる。

---

[58] 最新のフォローアップは，2009年(平成21年)12月25日に，中央環境審議会・地球環境部会　自主行動計画フォローアップ専門委員会が公表した。

[59] 2009年9月22日の国連気候変動サミットで鳩山首相が提唱した「鳩山イニシャティブ」とは，次の4つの原則である。①先進国が追加的な官民の資金で貢献，②支援を受けた途上国の削減量が明確になる仕組みづくり，③国際機関で，途上国が利用できる資金供給策を紹介，④省エネ技術の移転には知的所有権を保護する。

[60] 京都メカニズムの一つと位置付けられるCDM（クリーン開発メカニズム）の事業単位の契約では，トン当たり1,500円程度かかる。電力は1億9,000万トン購入予定（電事連発表）である。原発の稼働状況によっては，電力業界は想定以上の排出枠の購入を迫られる可能性がある。

「計画地点の選定・申し入れ」という最初の段階からして，突然の決定という感は否めない[61]。少なくとも，選定の申し入れ後は，地元の同意を得ることを最優先とすべきであろう。住民投票[62]も一つの手法であるが，地域エゴとの批判や法的拘束力のなさを考えると，むしろ，公開ヒアリングの実質化を検討すべきではなかろうか。

原発設置の是非のような高度に技術的な問題は住民投票の対象とすべきでない，すなわち，住民投票は地方自治の限界を逸脱するものとの批判がある[63]。しかし，原発立地をめぐる判断においては，地域の将来像についての住民個々人の判断が重要な要因として作用する。安全性のほか，核燃料サイクル路線の選択や，省エネを含めたエネルギー政策への評価等が個々の原発立地への態度決定に影響を与えることは否定できない。

これまでに原発の設置申請許可の段階で安全審査が却下された事例は一度もない。行政の判断が重視されることになる。ゆえに，原子力委員会や原子力安全委員会の委員選任手続きや，同委員会の審議過程の透明性・中立性が重要になる。同時に，実質的な住民参加手続きを通して「社会が認める」ことにより，「社会通念上許されるリスク」の明確化・具体化が必要であろう。

そのためには，可能な限りの情報公開によって住民自治を促すことが肝要ではなかろうか。迷惑施設（NIMBY）の立地に関し，関係地区の住民の意向を重視するのは，決して地域エゴではなかろう[64]。一般公益と地域住民の個別的利益との比較衡量のためにも，可能な限りの情報を開示し，地域住民の意思が重視されるべきであろう。

過疎地の自立は難しい。一度原発を受け入れてしまうと，自治体の財政も，

---

[61] たとえば，東電が未開の砂丘地に柏崎刈羽原発を建設する計画を発表したのは1969年9月であったが，これは，東京以西に電源がほしいという東電側の悲願と，地域振興の解決策が見つからず，原発建設が起爆剤と映った地元自治体の願望と，田中角栄ら政治家の思惑が重なった結果であった。新潟日報社特別取材班・前掲注(41)62頁以下。

[62] 1996年8月4日新潟県巻町で東北電力が建設予定であった原発建設の是非を問う住民投票があり，反対派が6割を超え，圧勝した。

[63] 高橋滋・前掲注(29)62頁は，これらの否定論に対し，「住民投票でエネルギー政策を問うのは当然ではないか。」と述べている。

[64] 阿部泰隆教授は，「原発については，住民が適切に判断できる状況を作れるかどうかが問題で，これらについては，最終的には長や議会の責任で決定し，ただその独断に陥らないように，住民には情報を適切に提供して，その意向を各種の方法で調査して行政に反映させるのが，日本ではまだ妥当であろう。」との考えを示している。『行政の法システム（下）［新版］』（有斐閣，1997年）554頁。

3.5 官と民の役割と住民の関与

電源三法に基づく交付金や固定資産税等の税収を当てにするようになり，地元自治体財政は原発依存体質から脱却できなくなる．固定資産税の税収は原子炉施設の法定耐用年数16年を過ぎると大幅に目減りする．財政危機となり，むしろ，新規着工を望むようになってしまう．

だからこそ，住民自治が最重視されるべきであって，原発受け入れによる地域振興を選択するか，原発拒否による自立を選択するかに関しては，住民の意思を重視すべきであろう．日本のエネルギーの安定供給や温暖化対策という公益性が，必ずしも原発立地地域住民の個別利益を上回るとは限らない．

原発の新規立地計画がもちあがると，当然のように反対運動が起こる．これまでの住民参加手続きは十分ではなく，結局，司法の場で争われてきたが，行政訴訟にしても，民事訴訟にしても，行政庁の合理的な判断が尊重される原発訴訟では，司法的解決には限界がある．

原子力発電のような賛否が分かれる問題について，地域住民全員の同意を得ることは不可能であるが，それでも，万一の事故の場合に被害を受ける蓋然性の高い地域住民の意思を尊重するため，可能な限りの情報公開や住民参加，行政処分に対する手続きの厳格化が必要であろう．

第4章　どのような炭素税が望ましいか

4.1　どのような経済的手法が望ましいか

4.1.1　エネルギー需給の現状からの炭素税導入の必要性

　現在のわが国のエネルギー消費は，民生用・運輸用の増加が著しい[1]。図2-1（直接排出量），図2-2（間接排出量）に示すように，CO_2排出量の部門別内訳をみると，民生部門（家庭用と業務用合わせて）は直接排出で11.5％（間接排出で31.9％），運輸部門は直接排出で18.5％（間接排出で19.1％）を占めている。産業部門のうち大企業については，日本経団連による自主的取組や，地球温暖化対策基本法案で導入が検討されている国内排出量取引も有効であるが（産業界からのCO_2排出量はわずかに減少している），近年大きく増加している民生・運輸部門でのCO_2の排出量をどのように抑制していくか，具体的には，民生部門における電力消費によるCO_2の増加と，運輸部門における自動車利用によるCO_2の増加，すなわち，電気とガソリンの使用量をいかに抑制するかが鍵になる。

　環境政策手段のうち，直接的な規制的手段と異なり，市場メカニズムを活用して環境負荷を削減する間接的手段が，経済的手法である。経済的手法の一つとして位置付けられる環境税とは，地球規模ないし地域規模の環境悪化をもたらす種々の汚染物質の排出を抑制するために賦課される税の総称[2]であり，環境税のうち，CO_2排出量の抑制を目標に，化石燃料から排出する炭素含有量に応じて賦課するのが炭素税である。

　日本には炭素税という名前の税金は存在しないが，自動車本体や自動車燃料，発電用のエネルギーには，既に種々の税金が課せられている。新たな炭素税の

---

[1] 基準年（1990年）に対する2006年度の増加率でみれば，家庭用30.0％増，業務用39.5％増，運輸部門16.7％増と，エネルギー転換部門の13.9％の増加をも上回っている。環境省『平成20年度　環境・循環型社会白書』35頁。
[2] OECD (1996), *Implementation Strategies for Environmental Taxes,* pp.10. では，DEFINITION OF ENVIRONMENTAL TAX INSTRUMENTS として①排出税，②製品税・課徴金，③税の差別化，④利用者課徴金，⑤税の軽減，をあげている。

導入を考えるにあたっては，既存のエネルギー関連諸税についても考察する必要がある。

自動車関連では，2001年度（平成13年度）税制改正により，燃費効率に応じて税額に傾斜をつける自動車税のグリーン化が導入された。燃費のいい環境負荷の小さい車は CO_2 排出量が少ないので自動車税を減税する一方で，環境負荷の大きい車に対して増税するという税収中立の内容である[3]。2009年度（平成21年度）税制改正では，更に進めて，大幅なエコカー減税と補助金制度が導入された[4]。このような自動車重量税，自動車取得税のグリーン税化は，自動車の買換時に，低燃費車を選好するインセンティブとなる。

そして，原価がミネラル・ウォーターより安いガソリンの需要を抑えられるか，燃費の効率化が図れるか，が運輸部門の排出抑制のポイントとなる。エコカーが普及しても，総排出量が増加してしまっては意味をなさない。公共交通機関へのモーダルシフトやカーシェアリングの普及・促進とともに，炭素税賦課によるガソリンや軽油の消費抑制策がポイントとなる。

これまでにも原油の高騰に伴って，ガソリン価格がかなり上昇した時期があったが[5]，ガソリンは価格弾力性が低いため，炭素税賦課によって，どこまで需要抑制効果があるのかに関しても検討する必要がある。炭素税のみで京都議定書の削減目標を達成するとなると，かなり高率の炭素税を課すことになり，政治的に難しいという側面も考慮する必要がある。

環境税は汚染者負担原則（PPPの原則）と関連がある。OECDが1972年に提唱したPolluter Pays Principleは，環境破壊という「外部不経済」の費用を市場の中に内部化する原則である。環境を保全するための費用を汚染者が支払うべきことを定めたものであり，その費用が財・サービスの価格に反映され，実質的負担がその財・サービスの購入者に帰着すべきとする「汚染者支払い原

---

[3] 伊藤幸喜「日本における自動車税のグリーン化の政策過程と政策変容」公共政策研究第9号（有斐閣，2009年）133頁。

[4] 平成21年4月1日から平成24年3月31日まで電気自動車，天然ガス車，ハイブリッド車等に対して，自動車重量税の減免，自動車取得税の非課税又は税率の軽減が行われる。

[5] 1999年5月から2006年8月の間にレギュラーガソリン価格（全国平均）は50％以上上昇したが，ガソリンの全国販売量はこの7年間に約6％も増加した。一方，2007年から2008年にかけてのガソリン価格急騰では，自動車の走行距離もガソリンの販売量も減少した。比較的長期にわたり徐々に50％以上も価格が上昇しても需要量は減少しなかったが，短期のうちに急騰すると需要は減少する。石見徹『地球温暖化問題は解決できるか』（岩波書店，2009年）125頁。

則」である[6]。すなわち，PPPの原則とは，外部費用を内部化しながら，環境政策の採用による国際貿易・国際投資へ歪みを防止する指導原理である。

環境税は，企業と家計のいずれの行う経済活動に対しても課することができる[7]。さらに国のエネルギー政策とも密接な関係を有している。エネルギー政策の観点から，エネルギーを節約した人が有利になる税制や，太陽光や風力の活用を後押しする仕組みへの改編も必要であろう。CO_2削減のためには，排出削減と社会・経済システムの変革とを結び付ける必要がある。政府の介入によって，どこまでCO_2排出量を減らせるかがポイントになる。

地球温暖化問題のような外部不経済や，電力事業のような規模の経済による独占や寡占といった「市場の失敗」に対し，政府が何も介入しない世界では最適な資源分配は実現できない。しかし，政府の介入といっても，既得権益化・補助金分配システムの非効率等，いわゆる「政府の失敗」を避けるものでなければならない。すなわち，市場の欠陥を是正する目的で，政府がどの程度市場に介入できるかが論点となる。

炭素税には，①課税によるエネルギー価格の上昇により需要を抑制する効果と，②課税による相対価格の変更によりCO_2排出割合の高い燃料から低い燃料源へ転換する効果がある。

ガソリンに対する炭素税の課税は①になるが，ガソリンには既に種々のエネルギー課税がされていることから，新たに低率の炭素税（炭素1トンあたり3,000円程度の課税はガソリン1ℓあたり2円程度の値上がり）を課しても有効なピグー税的効果[8]は期待できない。

ピグー（1877 – 1959）は1920年代に市場経済がもつ固有の欠陥を外部不経

---

[6] OECDの定義によれば，「PPPとは汚染者が第一次の費用負担者であり，政府当局が必要と判断した環境汚染防止と制御装置に対して費用を負担すべき」であるという価格メカニズムを活用した政策手段の奨励という側面から理解されている。OECD著・天野明弘監訳『環境関連税制』（有斐閣，2002年）13頁，坪郷實『環境政策の政治学――ドイツと日本――』（早稲田大学出版部，2009年）15頁。

[7] 環境税は企業の生産活動に関する課税という捉え方が一般的なのかもしれないが，家計の消費活動による環境汚染も深刻であることを考えればこれに関して課税を行うことも重要である。エネルギー政策に関して，二酸化炭素税とエネルギー税を統合させるという考え方も提案されている。中里実「環境政策の手法としての環境税」ジュリストNo.1000, 126頁。

[8] ピグーの税・補助金政策とは，外部性の内部化で当事者間の直接交渉による方法を政府が代行するものである。Pigou, A, C. (1932), *The Economics of welfare, 1st ed., 4th edition.* （永田清監修ピグウ『厚生経済学Ⅱ』193頁以下参照）

済として社会が認識し、その是正のため税による「公共介入」を正当化する理論を組み立てた。ある企業が生産活動をし、何らかの環境に悪影響をもたらす物質（環境汚染物質）をその生産に伴って発生している場合、技術的に削減可能なレベルに排出抑制すべきである。ピグーの考えは、この技術的に削減可能なレベルにかかるコストを、環境に与える悪影響と等しくなるように設定し、これに見合う課税をすべきというものである。

一方、エネルギー供給分野のうち電力分野における燃料源を、炭素含有量のより少ないものへと転換させるために炭素税を利用する場合は、②の効果が期待されている。多様な燃料を利用しうる電力分野においては、税と排出量取引、税収を温暖化対策への補助金等として効果的に組み合わせると、低率課税でも大きな効果が期待されている[9]。

化石燃料源への依存から脱却するための新しい経済社会システムは、外部費用を内部化する必要があるため、既存のシステムと比べてコスト差がある。炭素税には、そのコスト差を埋め、エネルギー利用システムを転換する仕組みの一つとしての意義が認められる。

4.1.2 環境税に関するこれまでの議論

環境税について最初に提唱したのはピグーである。ピグーは、1920年代にその著書『厚生経済学』のなかで、社会的限界純生産物と私的限界純生産物との乖離を取り除くことを国家にしてほしいと欲するなら、奨励金と課税になると説明している。つまり、環境問題とは外部不経済に原因があり、内部化するための手段として課税の必要性を論じている。

環境のような共有資源は自由参入（フリー・アクセス）を認める限り、どうしても皆がどんどん利用しようというインセンティブを阻止することができない。いわゆる「コモンズ（共有地）の悲劇」[10]と呼ばれるものである。共有資

---

[9] 環境省「環境税の具体案（骨子）」（平成16年11月5日）では、炭素1トンあたり2,400円、税収4,900億円（平均的家計の負担：3,000円）、同じく「環境税の具体案（骨子）」（平成17年10月25日）では、炭素1トンあたり2,400円、税収3,700億円（平均的家計の負担：2,100円）を提案している。軽減措置や免税措置の多い提案であるが、それでも前者で5,200万トン、後者で4,300万トンの削減効果が見込まれるとしている。

[10] 本論文は生物学者ハーディンが1968年に「サイエンス」誌に発表したものである。(Garrett Hardin (1968) *"The Tragedy of the Commons"*, Science, 162: 1243-1248.) ハーディンは、人々が限られた資源を共有し、そして、人々が合理的ならば、共有資源の持続可能性は失われてしまうことを主張し、これを「共有地の悲劇 (The Tragedy of the Commons)」と呼んだ。

4.1 どのような経済的手法が望ましいか

源は,その使用にあたって,誰がそれを維持管理し,再生保全する費用を負担するかが曖昧である。財の所有権が確定していないので取引の対象とはならず,対価が支払われることもない。そこには常に,費用を負担せずに,資源を使用して収益だけを受け取ろうとするインセンティブが働く。その処方箋として,環境利用者に環境資源のコストを負担させる工夫が,課税という手段である。

ピグーは,市場経済がもつ固有の欠陥を外部不経済として社会が認識し,その是正のため税による「公共介入」を正当化する理論を組み立てたが,その最大の難点はその実行の難しさにあるとされている。ピグー税で被害評価の前提となっている環境価値は,経済の視点から評価された環境の価値となっている。貨幣額で評価された被害は,同じく貨幣額で評価された純便益と直接比較可能なものでなければならない。この点でピグー税は,環境の負荷を経済に考慮させる手段として柔軟性を欠いている[11]。

ピグー的課税としての環境税の目的は,外部不経済を内部化することであったが,課税のみで内部化を図ることは不可能である。というのは,ピグー税が望ましい結果をもたらすための条件として,効率性の問題がある。課税の前提条件として不確実性が存在する場合,望ましい環境税のレベルを決定するのは難しく,誤って環境税の税率を設定する可能性(政府は社会的な限界環境費用と私的主体の限界排出削減費用に関する情報を十分に持たない)[12]がある。政府による最適な税率の設定は不可能である。したがって,理論通りのピグー税は規範としてのみの存在であり,1990年代前半北欧で相次いで導入された炭素税もピグー税ではない。

ピグーの考えた第一のポイントである社会的コストに見合った税を課すことによる効率性を無視し,第二のポイントである企業間のコスト差を税というシグナルにより効率的に反映するという意味での効率性を追求しようとした実行可能な次善の環境税が,W・ボーモルとW・オーツによって考案された「ボーモル=オーツ税」と呼ばれるものである[13]。

---

[11] 植田和弘・岡敏弘・新澤秀則編著『環境政策の経済学−理論と現実』(日本評論社,1997年) 17頁, 115頁, *supra* note(2)pp.20.

[12] 藤谷武史「環境税と暫定税率−租税法・財政法・行政作用法の交錯領域として」ジュリスト No.1397, 29頁。

[13] ピグー税は,限界外部費用に等しい単価で課税すれば,汚染削減の純便益が最大になるような汚染(削減)水準を自ずから達成するが,限界外部費用の測定そのものが難しい。このピグー税のもつ効率性をあきらめ,汚染削減の便益を問わず,目標とすべき汚染(削減)水準を,純粋に物的な観点から決めるものがボーモル=オーツ税であり,そ

ボーモル＝オーツ税では，環境政策の目標は，最適汚染（防止）水準の達成という効率性ではなく，自然科学的知見や公正さなど，効率性とは異なる基準に基づく集合的な意思決定によって，政策手段の選択とは別途に決められるとする。したがって，CO_2排出削減目標を炭素税を導入して達成する場合の税は，ボーモル＝オーツ税である。政府はあらかじめ選択した環境改善目標がどんなものであれ，税率を調整してその目標を達成することになる。

　ボーモル＝オーツ税はピグー税と比べると，はるかに実行可能性が高いといわれているが，現実の環境税の中で明確にボーモル＝オーツ税といえる事例はない。なぜなら，ボーモル＝オーツ税でも政治的問題になりやすい税率の試行錯誤は容易ではない。随時更新される自然科学的知見を踏まえた試行錯誤のプロセスとならざるをえないからである。

　ピグー税やボーモル＝オーツ税は，人々の行動を変化させ，資源配分の効率性を回復することを意図した税であり，租税を政策手段として用いる租税政策手段としての環境税である。しかし，環境税を最適な資源配分を達成する政策課税として正当化することは実際には困難である。というのは，環境税は，環境基準への精密な制御には不向きであり，環境負荷削減を費用効果的に行いつつ，技術革新へのインセンティブを継続的に与えることに特長が見出されるからである。

　一方，租税論の観点から環境税を見ると，租税は本来，政府が必要とする経費の財源を調達するものであり，明確な課税の根拠が必要となる（憲法84条）。この観点から環境税を見ると，それは環境分野における特別課徴金の発展形態と捉えることができる[14]。特別課徴金とは，例えば，下水道整備による土地の値上がりが期せずして特別の利益をもたらした場合に，その特別な利益の受益者に対し課し，整備財源等として利益を社会に還元させるものである。

　つまり，環境問題を解決し，公共社会を維持・発展させていくためには環境保全に対して投資をしていかねばならず，その財源を確保する必要性が生じている一方で，環境を利用しつつ利益を上げている事業体が広範に存在する。こ

の目標は環境基準でもよいし，総排出量の目標値であってもよい。植田他・前掲注(11)24頁，植田和弘『環境経済学』（岩波書店，1996年）121頁，十市勉・小川芳樹・佐川直人共著『エネルギーと国の役割－地球温暖化時代の税制を考える』（コロナ社，2001年）100頁，W.J.Baumal & W.E.Oates (1988), *The Theory of Environmental Policy, 2nd ed.* (Cambridge University Press) pp.57-78.

[14] 植田他・前掲注(11)124頁，諸富徹「租税論から見た環境税」日本租税理論学会編『戦後50年と税制』（谷沢書房，1996年）127頁。

4.1 どのような経済的手法が望ましいか

のような特別の利益の享受者に対して特別課徴金の現代的形態としての環境税を課し、環境保全投資費用を負担させることは社会的公平観にかなうと考えられる。

したがって、環境税には、ピグー税に見られるような環境政策のための租税政策手段としての環境税という理念型と、環境政策費用を原因者からその寄与（受益）に応じて負担させる財源調達の目的税という理念型の二つがある。例えば、数少ない日本の環境税の実例である公健法賦課金制度[15]は、「公害健康被害の補償等に関する法律」（1973年）に基づいた被害者救済のための「財源調達制度」であり、排出削減のインセンティブ効果を意図したものではない。環境税はそうした二重の性格をもつ税と考えられる[16]。

すなわち、今日においては、自然科学的知見を踏まえた環境政策上の判断に基づき、環境基準を設定したうえで、この基準（目標）を費用効果的に実現するための手段として環境税を位置付けている[17]。同時に、環境政策費用を原因者にその寄与に応じて負担させる財源調達目的としての環境税の意義も持ち合わせている。

CO_2排出抑制効果と、原因者に寄与分に応じて負担させる財源調達目的とを併せ持つ炭素税を、本来の温暖化防止目的水準で課税すると、その税収は消費税並みに大きくなる。これらの税収を目的税として使うのでは税制全体に歪みが生じることになるので、一般財源化するとともに、他の税収を減税するという税収中立の「税制のグリーン化」が論じられている。

目的税であれ、普通税であれ、憲法の応能負担原則（納税義務者の経済的能

---

[15] この制度は、健康被害に係る損害を補うため、医療費、補償費などの支給を行うとともに、公害保健福祉事業を行うことにより、公害健康被害者を保護するものである。補償給付の対象は、大気汚染の影響による疾病（慢性気管支炎、気管支喘息、喘息性気管支炎、肺気腫、およびそれらの続発症）が多発した第1種指定地域の被認定患者と、水俣病、イタイイタイ病および慢性砒素中毒を指定疾病とする第2種指定地域の被認定患者である。1987年の法改正により第1種指定地域の解除が行われ、大気汚染に係る新規患者の認定は行われないこととなったが、それ以前の被認定患者については引き続き所定の補償給付が行われている。

[16] 植田・前掲注(13)131頁、同「環境・税と政策①〜⑩」1997年8月18日〜8月29日付日本経済新聞。また、中央環境審議会「我が国における温暖化対策税について」（2002年6月）では、温暖化対策税の3つの課税タイプのうち、「CO_2の排出に対し、その排出量に応じて排出者に直接課税する排出量課税」のタイプに類似の制度として公健法賦課金制度があげられている。

[17] 藤谷・前掲注(12)29頁。

力に相応した課税）の中で徴収されるものはすべて租税である。炭素税の賦課にあたっては，課徴金としてではなく，租税（個別消費税）として課税することになる。政策課税に対する法的限界や，財源目的税に対する緩やかな違憲審査基準との比較，炭素税の担税力についても考慮する必要がある。

　環境汚染物質を課税ベースとする環境税は，それが環境対策として成功するほど税収が減少することになり，「税制のグリーン化」という環境税の導入にあたって主張される論点は，国の経済社会にとって必要な公共サービスの財源を調達するという租税の本質からみると異質なものになる。もともとピグーの考えた環境税によれば，環境保全の目的が達成されるにつれて税収は低下していく。理論上，当初の課税目的が100％達成されると，税収はゼロになってしまう。

　CO_2削減目標達成手段の一つとして炭素税を利用する政策税は，まず，租税原則を考慮し，既存の税制との調和を図るような方向で制度設計し，特定の政策分野に税制を活用することの利用可能性を明確にする必要がある。

　そもそも，財政目的以外の政策目的実現のための租税制度の利用自体は憲法上禁止されていないと解される。金子宏名誉教授によると，「憲法第30条および第84条で用いている『租税』という言葉はもともとは財源調達としての租税を意味していたと思われるが，今日，混合経済の下で，租税は国民経済の動向に対して種々の影響を与えうること，そしてわれわれの生活は国民経済の動向と密接な関係をもっているから，国民の生活を守るために国民経済の健全な発達を計ることは，現代国家の任務の一つと考えられる。」からである[18]。

　このような政策目的実現手法としての租税制度の利用に批判的な考え方もある。「大島訴訟」第一審判決（京都地裁昭和49年5月30日判決，行裁例集25巻5号548頁）は租税特別措置についての検討のなかで，「税制以外の措置で有効な手段がないか否かを予め検討し，例えば補助金や財政投融資の交付等によって目的を達成しうる場合には，これらの手段によるべきである。」と判示している。サリー教授をはじめとして学説にも批判的な意見がある[19]。

　しかし，これらの批判は，租税法の体系が乱されるので税制以外の補助金や直接規制の方が望ましいという前提に立っているが，重要なのは，ある具体的

18　金子宏「経済政策手段としての租税法」法律時報第46巻7号45頁。
19　スタンレー・サリー著・田島裕訳「政府の政策目的の実現のための手段としての租税誘因措置──政府の直接支出との比較──」租税法研究第1号40頁。

4.1 どのような経済的手法が望ましいか

な政策目的実現の手法としていかなる措置が優れているかという観点である。化石燃料を使用するすべての人が加害者である地球温暖化問題に対しては，直接規制のみでの解決は困難である。ゆえに，課税という経済的手法の利用が考えられている。しかし，社会的に受容される課税レベルでは，CO_2排出抑制に十分なインセンティブ効果を期待することはできない。「市場の欠陥」と「政府の欠陥」をともに乗り越える政策が求められている。

つまり，政策手段のポリシー・ミックスが必要となる。市場中心主義をとりつつ租税制度利用の有用性を認め，かつ，租税制度の利用に対する法的統制を考えていく必要がある。

租税の原則は公平・中立・簡素であるが，後述するように，経済のグローバル化に伴い，所得の再分配機能は低下しつつある。資本や労働の移動性が高まると，法人税や累進所得税を緩和し，付加価値税へ移行していかざるをえない。北欧諸国で導入された「二元的所得税」（Dual Income Tax）[20]は簡素化につながるが，包括的所得税の概念とは異なる。二元的所得税とは，個人の所得を勤労所得（給与，賃金等）と金融所得（利子・配当・株式譲渡益）の2つに分け，勤労所得には累進税率を課す一方で，資本所得は分離して単一の税率を課す税制である。スウェーデンでは1991年の環境税の導入とともに抜本的な税制改革が行われ，二元的所得税が導入された。その後，ノルウェー，フィンランド，デンマークでも実施された。

たしかに，資本が容易に国境を超える時代の税制は，国内経済政策上の観点のみを考慮して決定することは困難になる。租税政策のハーモニゼーション，すなわち，グローバル化を視野に入れた税制のあり方を検討する必要がある[21]。温暖化問題もボーダーレスである。国内環境問題のみを射程に入れたピグー税

---

[20] 包括的所得税理論に基づく厳格な総合課税制度を導入し，税負担が高い北欧では富裕層の租税回避や海外への資金逃避が生じたため，金融所得を低い一律税率にし，勤労所得のみ累進税率で課税する方法に変更した。藤田香『環境税制改革の研究』（ミネルヴァ書房，2001年）94頁，柴田弘文「大競争時代の財政①〜⑥」2001年11月1日〜11月8日付日本経済新聞，森信茂樹「『日本型二元的所得税』の提案と課題」税理2002年6月号2頁，同「二元的所得税とわが国への政策的インプリケーション」フィナンシャル・レビュー2002年10月38頁，証券税制研究会編『二元的所得税の論点と課題』（財日本証券経済研究所，2004年）1頁。

[21] 金子宏「法人税制度のハーモニゼーション」ジュリストNo.1000，97頁以下，木村弘之亮「国際課税のトレンド」ジュリストNo.1075，5頁以下では，国際課税の公平性の視点から法人課税統一の必要性や意義を述べている。

には限界があり，グローバル化に伴う税制の変化の中での環境税の役割を考察する必要がある。

環境税は税制の本流ではない[22]。しかし，経済のグローバル化がもたらす南北間の所得格差の拡大や，国境をまたぐタックスギャップ（国際的な租税回避）の問題，気候変動が地球的規模で認識されている状況を考慮すると，環境によってもたらされた格差を将来世代のためにも縮小するように，国際的に協調する方向で取り入れる必要性がある[23]。

4.1.3 経済的手法のポリシー・ミックス——炭素税と排出量取引

上述した炭素税とともに経済的手法として取り上げられるものに排出量取引[24]がある。国際的な排出量取引は京都議定書17条に定められ，COP6ボン会議でその運用が決定されたものである。国際排出量取引は附属書I締約国間で他国の排出枠を購入することであり，国内での削減対策を補完するものとされている。

排出許可証取引制度（排出量取引）を環境政策の有効な手段として，最初に提唱したのはトロント大学のディルズ教授である[25]。ディルズ（Dales J.H）はコース（Coase, Ronald H）以降のシカゴ学派の「公共介入否定論」の流れをくみ（ピグー以来の政府の公共介入正当化の理論を攻撃），80年代以降の規制緩和策へとつながった。アメリカの二酸化硫黄（SO_2）に関する排出許可証取引プログラムは規制緩和の一環として実施されたものである（1.2.2参照）。

---

[22] 一国の経済社会にとって必要な公共サービスの財源を調達するという税金の本質からみると，環境税はその本来の任務を放棄することになる。石弘光『税制ウォッチング』（中公新書，2001年）169頁。

[23] 中央環境審議会「我が国における温暖化対策税について（中間報告案）」（2002年6月）において，「環境税等の経済的手法及びそれらの導入のあり方等について国民各層の幅広い議論を行い，税制改革全体の中で検討を進めること」が記されている。
　また，平成22年度税制改正大綱（2009年12月22日）においても，地球規模の問題解決のため，国際連帯税の必要性が明記されている。

[24] ジュリストNo.1357特集・地球温暖化と排出枠取引における各論文（大塚直「地球温暖化と排出枠取引——特集に当たって」，高村ゆかり「2013年以降の地球温暖化の国際的枠組みと市場メカニズム」，大塚直「国内排出枠取引に関する法的・法政策的課題」，諸富徹「排出枠取引制度の設計に関する経済学的視点」），排出権取引ビジネス研究会『排出権取引ビジネスの実践』（東洋経済新報社，2007年），大串卓矢『排出権のしくみ』（2006年，中央経済社），三菱総合研究所『排出量取引入門』（日本経済新聞出版社，2008年）参照。

[25] 植田・前掲注(13)12頁，諸富徹『環境税の理論と実際』（有斐閣，2000年）25頁。

4.1 どのような経済的手法が望ましいか

ディルズ教授は，環境破壊の原因を，資源の共有制とその最適管理の失敗に求めた。そして，環境問題の解決法として，環境に所有権（現実には利用権）を設定し，環境の利用権に譲渡可能性を賦与することによって，環境利用の効率的な配分実現を求めた。企業間で環境利用権が売買される市場が形成される結果，利用権の均衡価格も成立し，環境利用権の効率的な配分が実現できる。これが排出許可証取引制度の基本的な構想である。排出許可証取引での政府の役割は，法的ルールや制度の整備であって，あとは市場に直接介入せず，当事者間の市場取引に任せればよいとする。

この排出許可証取引制度はアメリカの酸性雨プログラムとして二酸化硫黄（SO_2）の排出者である火力発電所を規制対象として1995年から導入された[26]。1990年改正大気浄化法により，酸性雨の主要因とされるSO_2について1980年排出レベル（1,800万トン）から1,000万トン，二酸化窒素（NO_2）について200万トン削減しなければならないことが規定された。この規制にあたり，SO_2の排出量取引を制度化したものである。排出規制実施にあたり，排出量の割当・販売を行い，さらに排出量の売買を認めることにより，環境規制にも市場原理を導入することとなった。

以上の酸性雨プログラムによるSO_2排出削減はローカルな環境問題であったが，CO_2等温室効果ガス排出削減は地球規模の気候変動対策である。その排出抑制策としての排出量取引の仕組みも異なってくる。CO_2排出削減量の確実性については，排出量取引は排出総量が確定するので，税率という単一のシグナルによる不確実性を伴う炭素税より確実であるといわれている。確かに環境税（炭素税）は，排出量の総量管理を行いづらいという欠点を有する。

理論的には，競売（オークション）を伴う排出許可証制度が生産・輸入段階で実施されれば，環境税と同等の効果を有する。しかし，杉山大志・田邊朋行両氏によると，「排出権市場の効能として，国全体としての排出量を数値目標に合わせることができるという議論があるが，実際上排出量取引が大排出源に

---

[26] 大塚直・久保田泉「排出権取引制度の新たな展開(1)(2)」ジュリスト No.1171, 77頁，ジュリスト No.1183, 158頁，浜本光紹「アメリカ合衆国における二酸化硫黄排出許可証取引」環境研究 No.124, 23頁，大塚直・高橋若菜「地球温暖化防止のための各政策手法の主要な特質について」『環境法政策学会 2001年度学術大会論文報告要旨集』132頁，環境省・排出量取引に係る制度設計検討会「我が国における国内排出量取引制度について　報告書」2000年6月，『海外諸国の電気事業　第1編』(㈶海外電力調査会, 2008年) 70頁, 諸富・前掲注(25) 268頁。

限られるとすれば，明らかに成立しない議論である。」しかし，「国全体として排出量を数値目標に『近づけやすい』という側面はある。」と述べている[27]。このように排出量取引の初期配分，すなわち，公平で中立的なキャップのかけ方は決定的に難しい。

まず，CO_2排出削減を確実なものとするための排出量取引は，キャップ＆トレード方式でなければならない[28]。これは，企業や業界ごとに温室効果ガスの排出枠（キャップ）を設定し，枠を超えて排出した企業は，下回った企業から余剰排出枠を購入して目標を達成する仕組みである。この際の排出枠の上限を政府が決めるが，その初期配分をどの程度公平にできるかが最大の難点であろう。

キャップ＆トレード方式には，過去の特定期間における排出量の実績を基に排出枠を無償で交付するグランドファザリング方式と，政策当局が許可証を競売によって有償で売却するオークション方式とがある。

グランドファザリング方式は，排出枠の交付を受ける主体の過去の特定年あるいは特定期間における温室効果ガスの排出等の量の実績を基に，排出枠を交付することである。交付側にとっては，最初に排出枠獲得のためのコスト負担がないが，交付量を決定する際の行政コストがかかるし，どのような割当基準が適当かという課題がある。

オークション方式は，政府等が排出枠を公開入札等により販売することである。初期獲得機会の公平性や透明性を確保できるが，最初に排出枠獲得のためのコスト負担が必要であることに加え，どの程度の排出枠を獲得できるかが予想しにくい。

炭素税と同等の効果を発揮するためには，初期配分は無償ではなく，競売でしなければならない。無償配分されると，既存企業には既得権が認められてしまう反面，新規参入者は新たに排出枠を購入しなければならず，既存排出者と新規参入者との間で，費用負担の不公平が発生するからである。

アメリカの酸性雨プログラムやEU排出量取引市場（EU ETS）も，導入時は，グランドファザリング方式であった。しかしこの方式は，上述したように，政

---

[27] 杉山大志・田邊朋行「排出源間の水平的公平性を実現する温暖化対策制度の検討」電力中央研究所研究調査資料 No.Y00912, 15頁。
[28] 京都議定書で認められている排出量取引の方式には，ベースラインクレジット（事業がなかった場合に比べた排出削減量をクレジットとして取引できる方式）もあるが，EU排出量取引市場（EU ETS）をはじめ，キャップ＆トレード方式を用いることの方が多い。

4.1 どのような経済的手法が望ましいか

基　準	政　策　手　段	
	炭　素　税	排　出　量　取　引
汚染者負担原則	遵守	遵守
あらかじめ定められた目標レベルの達成度合い	低い (試行錯誤を通じて達成)	高い (当初から固定されている)
コスト効果性	高い	高い
経済環境の変化への適応性	低い (自動的調整はビルトインされていない)	高い
投資へのダイナミックなインセンティブ	高い	低い
市場適合性	競争に対して中立的	競争に対して中立的 (新規参入者に対しては参入障壁存在の可能性あり)

表4-1 炭素税と排出量取引の特徴点
(出典：矢島正之 (2002)「エネルギー・セキュリティ」197頁)

府が排出枠を公平に交付するのが難しく，また一般に前年実績を基に排出枠が決まるため，早くから省エネを進めた企業はそれまでの努力が報われない欠点があった。EU ETSはオークション方式に部分的に切り替え，排出枠の交付にまつわる不公平感をなくしたが，オークション方式では温暖化ガスを大量に排出する電力や素材関連企業の調達費用の負担が大きくなり，国際的な競争力を損なうおそれがある。初期配分をオークション方式とすることも難しい。

このように，排出量取引では排出枠が産業や企業の大口排出者に対して課せられるのに対し，炭素税では家計の消費行動にまで影響を及ぼしやすい。排出量の増加が大きい民生部門や運輸部門にまで影響を及ぼしやすい点では，炭素税の方に長所があるといえるが，炭素税だけで十分な削減効果を確保するにはかなりの税率が必要になるというのが最大の短所である。

すなわち，炭素税と排出量取引との比較において，炭素税は排出削減限界コストに等しく課税することが定量的に難しく，CO_2削減目標達成を量的に保証しえない。排出量取引では，初期配分は難しいが，総量管理を行いやすい。し

29　両者を組み合わせた候補として「上流比例還元型排出権取引制度」がある。この制度では，化石燃料の輸入者は，輸入量に相当するCO_2の排出枠を政府から買うことが義務

かし市場で取引される排出枠の価格をコントロールできない[29]。

　Schreiner は，ポリシー・ミックスが望ましい場合として，ある望ましい結果を達成するのに各手段が予想された仕方で補完的な役割を果たす場合，および一つの政策手段だけでは同一の目的を高い効果をもって達成することができない場合にだけ，複数の措置を組み合わせるのが望ましいとしている[30]。同時に，補完的ではない重複した政策を加えると，主要な経済的手段の効率性が損なわれるとも指摘している。

　温暖化対策として肝要なのは，持続可能な社会となるようにエネルギーシステムを変えていくことである。企業が，炭素税負担をどの程度製品価格に転嫁できるか，という問題はある。しかし，個別消費税である炭素税は，企業ではなく，最終消費者が負担するものである。企業にとっての税負担が問題となるのは，国際競争力を考慮した場合と，ミクロ段階でエネルギー集約産業（鉄鋼，セメント，化学，紙工業）に対する影響が大きい場合に限られる。

　以上の炭素税と国内排出量取引の特徴をまとめると表 4-1 になる。炭素税のみで CO_2 削減目標を達成することは難しいが，技術革新へのインセンティブ効果は大きい。上流での排出量取引（キャップ＆トレード）は目標達成は容易であるが，公平な初期配分を達成する効果的な方法は見出しにくい欠点がある[31]。社会的受容性やソフトな誘導方法である点を考慮すると，現行租税制度を利用する炭素税と排出量取引を組み合わせたポリシー・ミックスが望ましいと考えられる。

4.2　租税としての炭素税の機能

4.2.1　政策税としての炭素税——税制上の役割と税の中立性の意義

　租税の本来の機能は，公共サービスを提供するために必要な資金を調達する

　　付けられる。この排出枠は，日本が許容される排出量に等しいので，事実上，化石燃料の輸入量を通じて，排出量の上限が決められることになる。政府は，排出権の販売収入のうち，一定率を化石燃料の輸入者等に還元する。チェックポイントが化石燃料の輸入・国内生産の最上流に設けられ，還元額が排出権の確保量に比例するので，上流比例還元型排出権取引制度と呼ぶ。西條辰義編著『地球温暖化対策　排出権取引の制度設計』（日本経済新聞社，2006 年）17 頁。

[30]　OECD (1999), *Implementing Domestic Tradable Permits for Environmental Protection: Proceedings,* pp25.

[31]　日本経団連は環境自主計画を中心とし，キャップ＆トレード方式の排出量取引の採用に反対している。企業の論理からすると，全体としての排出量を抑えることには消極的となる。ゆえに，政府の役割が重要になる。石見・前掲注(5)230 頁。

4.2 租税としての炭素税の機能

ことにある。租税とは「国家が，特別の給付に対する反対給付としてではなく，公共サービスを提供するための資金を調達する目的で，法律の定めに基づいて私人に課する金銭給付」[32]である。

したがって，資金の調達を目的とする租税の本来の意義から鑑みると，インセンティブ効果としての政策税より，財源調達の目的税という理念型の環境税の方が，租税の公平性原則や社会的な公正観に合致する税となる。しかしながら，課税により様々な政策目的の追求が求められる現代においては，政策目的は重要な意味を持つ。

つまり，現代社会における租税は，その本来の機能である財源調達に加えて，政策手段としての機能を有することは，今日では広く認識されている。ここにいう政策とは，「国家が，特定の状況や結果を実現させるために，市場・社会に意図的に働き掛ける作用一般」を意味する[33]。

政策税としての租税（環境税）と課徴金（環境賦課金）は，経済的効果は同じであるが，租税法の分野においては区分しておかねばならない[34]。

北野弘久教授によると，目的税だろうと，普通税だろうと，憲法の応能負担原則の枠の中で徴収すべきものが租税であるのに対し，課徴金は，目的税・普通税という租税でカバーできない特別の受益に対して課す法形式ということになる[35]。

藤谷武史准教授は，「環境賦課金との対比における環境税の特徴は，むしろ汚染者負担原則を貫徹できないことであるから，誘導作用を考慮して汚染者負担の仕組みを用いつつも，社会共通資本としての環境の維持管理費用を所得分配上妥当なやり方で誰に分配するかという，租税を介した公共負担の枠組みで問題をとらえる方が，『租税』としての環境税にはむしろ馴染む考え方である。」

---

[32] 金子宏『租税法 第14版』（弘文堂，2009年）8頁。

[33] 藤谷武史「市場介入手段としての租税法の制度的特質」金子宏編『租税法の基本問題』（有斐閣，2007年）3頁。

[34] OECD (1997) *Environmental Taxes and Green Tax Reform*, pp.18. によると，環境税と課徴金等の違いについては，税は政府の義務的かつ一方的な支払いであるのに対し，課徴金は義務的で見返りのある支払いで支払い額に応じたサービスが提供されるとしている。

赤穂敏広・杉本達治「フランス，ドイツにおける環境税制について」地方税2000年7月号26頁以下によると，課徴金と一般の税の関係については，課徴金は①ある政策目的にそって賦課される点，②その収入の使途が制限される点，③その徴収および支出が特定行政庁によって行われる点で，税とは区分される。

[35] 日本租税理論学会編『戦後50年と税制』（谷沢書房，1996年）176頁。

[36] 藤谷・前掲注(12)35頁。

と両者の違いを捉えている[36]。

　一方、中里実教授は、「全ての租税は結果的に『収入を得る目的』を有しているのだから、財政租税と規制租税を収入目的の有無によって区分することはできず、両者を区分するメルクマールとなるのは侵害動機である。そして財政目的が全くなく政策目的しか存在しない場合には、財政法3条でいうところの『国が国権に基づいて収納する課徴金』になる。」[37]と述べている。しかしながら、「課徴金は実定法上租税として構成されておらず、租税行政庁により徴収されないといった点を除けば、規制税とどれほど本質的な差があるか疑問である。」との見解も示している。確かに両者は憲法上はともかく、実定法上は本質的な差異はなく、経済学においても同じ効果をもつと考えられている。

　CO_2排出削減という政策目的に照らすと、罰則的な性格をもつ課徴金はなじまない。環境賦課金との比較において、環境税にも、汚染者負担原則（PPP）の要素は認められている。手続的にも租税として徴収する場合と、課徴金として負担を求める場合には大きな違いがある。CO_2排出削減のための経済的手法として考慮する場合には、なるべく手続的に簡素である方が望ましいので、両者の違いを重視し、環境税を租税を介した公共負担の枠組みとして捉えるべきであろう。

　次に、地方税としての環境税について考察する。2000年4月1日施行の地方分権一括法によって、地方公共団体が法定外目的税を設けることが容易になった。自主財源確保のため、産業廃棄物税や森林環境税・水環境税などの地方環境税が導入された[38]。これらのうち、森林環境税は住民税均等割の増税にすぎず、政策税であるところの環境税とは異なる。一方の産業廃棄物税は、本来のインセンティブ効果（最終処分される廃棄物の量を減らす）をあげると税収ゼロとなるものであり、いわゆるピグー税の範疇に入るものである[39]。

　これら地方環境税と異なり、炭素税はCO_2を排出するすべてのエネルギー源に担税力を認め、環境に負荷を与える行為をする全ての人が租税を負担する

---

[37] 中里実「経済的手法の法的統制に関するメモ（上）」ジュリストNo.1042, 122頁。
[38] 飯野靖四「環境税導入の条件」税研2000年7月号14頁以下では、環境税が有効なケースとして、①廃棄物（ゴミ）処理のケース、②道路渋滞のケース、③地球温暖化対策のケースをあげている。
[39] 産廃税は、まず三重県で2002年4月に導入され、2010年現在、27道府県で導入済みである。一方、森林環境税・水環境税は、高知県の2003年度の森林環境税導入が最初であり（2008年4月時点で23自治体が導入済み）、一人・一法人あたり年500円～数千円を超過課税方式で、県民税均等割に上乗せして徴収する。

4.2 租税としての炭素税の機能

ものである。したがって，炭素税という政策税の検討にあたっては，政府の財政全体という幅広い視野からみる必要がある。

外部不経済を内部化する環境税は，社会的な損失の是正をねらいとする「資源配分の調整」機能をもつが，不確実性をもつ環境税の賦課による「政府の失敗」を避ける必要がある。従来，租税原則として公平・中立・簡素があげられてきた。これらの租税原則からみると，税収の確保ではなく，CO_2の排出抑制を第一の課税目的とするインセンティブ・タイプの炭素税は，日本においてはまったくの新税となる[40]。炭素税の環境負荷を低減させようとするインセンティブ効果が有効であるほど，税収は低下していく。したがって，理論的に仮に初期の課税効果が100％発揮されると，税収はゼロになる。ただし，諸富徹准教授は，「エネルギー源を化石燃料に依存している限り，税収が究極的にゼロになることは起こりえない。地球温暖化防止のためにはCO_2排出を温暖化を回避できる水準まで削減し，それ以降はその水準で安定化させればいいのである。税率一定の場合，税収は排出削減が進むにつれて当初より低下するが，ある水準までくれば安定化する。」[41]と述べている。

課税は経済に対して中立的であるべきで，税が企業や家計の行動に変化を及ぼすようなことは望ましくないとされてきた。この中立原則からみると，炭素税は人々の行動を変化させ，資源配分の効率性を回復することを意図した税であり，CO_2排出に伴う外部不経済を内部化していない経済活動に対して中立とはなりえない。しかし，宮島洋教授が述べるように，「市場では評価されない外部不経済費用を市場価格に内部化し，私的費用と社会的費用の一致を図るのが炭素税であり，社会的の費用こそが本来の費用概念である。」と考えると，炭素税こそがむしろ中立的課税の構想であるともいえる[42]。

特定の経済活動や経済主体に税が集中したり，税制によって経済活動が著しく影響を受けてはならないという「中立原則」からは，資源配分を変えない税が求められる。しかし，税の「中立性」について経済学の世界で確立した考えはない[43]。中立原則が重要な意味を持つのは，市場経済システム自体が歪みを

---

40 石弘光『環境税とは何か』（岩波新書，1999年）104頁。
41 諸富・前掲注(25)45頁。
42 宮島洋「環境税（炭素税）の租税論的検討」石弘光編環境税研究会著『環境税』（東洋経済新報社，1993年）38頁。
43 第8回経済財政諮問会議議事録（2002年3月29日），伊藤元重「税の中立性とは何か」2002年6月3日付日本経済新聞。

内蔵していない場合である。政府税収が経済全体の規模の大きな割合を占める現代経済においては，税を徴収することによって，資源配分に影響が出ることは避けられない。

直接税中心主義から間接税重視へと移行するタックス・ミックスの考え方のベースとなる最適課税論は，税体系が資源配分に影響を及ぼすのは不可避であるとの事実を認めた上で，次善的な意味で，資源配分上望ましい税体系について考察するものである[44]。最適課税論では，資源配分の効率性を重視する立場から「中立性」を重視する。累進所得税が分配の公平を受け持ち，間接税が税の経済効果を緩和する効率面を受け持つという組み合わせが望ましいとされる。

政府が大きな額の税金を徴収する必要がある現代において求められる税の中立性とは，「資源配分の歪み」をできるだけ経済活性化に資するように，活力を促すインセンティブが税体系の中に構造的に埋め込まれることであろう。

4.2.2 グリーン税制改革の意義と限界

90年代，OECD諸国における税制改革の特徴は，「税率の引下げと課税ベースの拡大」であった。北欧諸国の税制改革議論においても，同様の潮流に乗ったうえで，伝統的に環境保護の目標に高い優先順位を置いてきたことや，税負担の相対的低下により雇用促進手段を求めてきた点に特徴をもつ。直接税の負担率も付加価値税の負担率も高い北欧諸国で二元的所得税とともに炭素税が導入されたのは，資産や企業の国外流出を防ぐ必要から直接税を軽減し，間接税へシフトする必要が出てきたが，付加価値税もすでに高水準に達しているため，新たな財源として炭素税がクローズアップされたものである。二元的所得税の考えは，勤労所得に対して重課することになる。したがって，グリーン税の税収が勤労性所得の減税財源に充てられるならば，グリーン税制改革は雇用者側や被雇用者側の税負担を軽減する役割をもつと考えられた[45]。

---

[44] G. ブレナン・J.M. ブキャナン，深沢実・菊池威・平澤典男訳『公共選択の租税理論——課税権の制限』（文眞堂，1980年），小西砂千夫『日本の税制改革——最適課税論によるアプローチ』（有斐閣，1997年），宮島洋『租税論の展開と日本の税制』（日本評論社，1986年），貝塚啓明・石弘光・野口悠紀雄・宮島洋・本間正明『税制改革の潮流』（有斐閣，1990年）。

[45] 北欧諸国の政策担当者は勤労所得から公害税への転換を含む「グリーン」税改革の考えに対して好意的な態度を示してきた。ピーター・バーチ・ソレンセン「21世紀における北欧諸国の租税政策」ピーター・バーチ・ソレンセン編著・馬場義久監訳『北欧諸国の租税政策』（財日本証券経済研究所，2001年）226頁。

4.2 租税としての炭素税の機能

　炭素税の導入は「グリーン税制改革」につながるとの意見が多い。「グッズ課税からバッズ課税へ」[46]という理論である。平成22年度税制改正大綱（平成21年12月22日閣議決定）においても、「グッド減税・バッド課税」の考え方が示されている。すべての財・サービスに対し消費税が課されているうえに、個別間接税を課すという二重の負担について、「特定の財・サービスが環境や健康などに影響をもたらす時に、それが好影響である時には税負担を軽減し、悪影響である時には税負担を課すという『グッド減税・バッド課税』の考え方を、地球規模の課題に対応した税制の検討で進めるべき」との考え方を示している。

　税収の確保は炭素税の本質的な課税目的ではない。「税収中立」によるグリーン税制改革とは、炭素税収を利用した「二重の配当」[47]による税制の歪みの是正、限界超過負担の是正を意味する。すなわち、炭素税を新たに導入するだけではなく、現行税制全体を環境保全の観点から洗い直して、環境にマイナスの影響を及ぼすような税法上の規定や租税特別措置を除去したり、環境汚染原因となる経済活動を抑制しうるように現行税制を改編することをいう[48]。

　本来、国際的に導入するのが望ましい炭素税を一国で導入するには、国際競争力への影響や限界超過負担の問題など現行の税制の歪みを除去する方向で改革を進める必要がある。相対的に税率の高いスウェーデンやノルウェーの炭素税は、既存の一般エネルギー税の軽減とセットで導入し、エネルギー集約産業に対する軽減措置が施されている。しかし、企業に対する減税は、家計部門に対する相対的な重課を意味する。

　もともと炭素税はインセンティブ効果を狙った税であり、汚染者負担原則・応益負担原則による課税である。炭素税には、民生・運輸部門でのCO_2排出抑制を図り、かつ、エネルギーシステムの転換を促すための財源にするという政策手段が考えられる。炭素税は地球環境の使用料であるから、炭素税から財

---

[46] 税負担を経済的に「グッズ（良いもの）」から環境的に「バッズ（悪いもの）」へ移行することは経済全体の利益となるという考え方である。R・レペット著・飯野靖四監訳『緑の料金』（中央法規出版、1994年）、細田衛士『グッズとバッズの経済学』（東洋経済新報社、1999年）。

[47] 欧州諸国では、環境税収を減税財源とすることにより雇用にも好影響がもたらされるとする「二重の配当」論（環境改善と経済改善の二つが期待できる）が、環境税導入に際し、影響力を有した。減税の対象として念頭に置かれたのは、主として労働コストとなっている税（労働所得税や社会保障負担）であった。篠原克岳「環境税（地球温暖化対策税）とエネルギー関係諸税について」税大論叢61号（平成21年6月）

[48] *Supra* note (2) pp.15-27.

政収入が入る「相関関係の原則」に基づき，特定の財政支出に充当（環境を守るものに対する公正な報酬）[49]する考えである。ただし，税収使途を目的税化すると硬直化を招いてしまうおそれがある。このような「財源調達」のための炭素税はピグー税やボーモル＝オーツ税とは性格が異なるし，税と補助金の利点が足し合わされるわけでもない。

　グリーン税制改革は，政府の介入の失敗を体系的に是正することから始めなければならない。最適課税論は，中立性や効率性のみ重視するわけではなく，これらとトレードオフの関係にある垂直的公平（累進税による所得の再分配機能）との調整も図りつつ，消費課税や所得課税のあり方を模索している。

　図4-1に示すような消費需要や生産要素供給の弾力性，消費や要素所得の分配特性がポイントとなる。これに中立と公平のどちらを重視するかという価値判断が加わる[50]。

　公平性を重視すると，奢侈品に重課，生活必需品に軽課すべきことになる。同様に，資産所得に重課，労働所得に軽課すべきことになる（図4-1）。しかし，移転が容易な資産性所得（金融所得や譲渡所得）を重課すると，国外に移転する可能性が高くなる。中立性を重視すると，資産所得は軽課すべきことになる。

　炭素税は価格弾力性の低い生活必需品に課税するものである。公平性重視の観点からは軽課すべき対象であるが，中立性重視の二元的所得税では，重課することになってしまう。この歪みを是正するために，北欧のグリーン税制改革やドイツのエコ税制改正では，勤労所得にあたる社会保険料の引き下げ（労働コストの引き下げ）につながった。

　本来の負担額を反映していない外部不経済を，課税という手段によりコストに内部化するのが炭素税の役割である。本来負担すべき額と現行税制での負担額を比較・検討し，超過負担となっている租税の歪みを，公平性と中立性の両面から是正するのが環境配慮型の税財政改革であろう。しかし北欧の炭素税は，

---

[49] ドイツ・アーヘン市では，1995年3月より「太陽光発電及び風力発電の発電コストに見合った電力供給補償金」（アーヘン・モデル）の制度が発効し，電力料金の一律1％値上げを財源として新エネルギーのエネルギー/水道供給市営公社による買電価格を発電コストに見合ったレベルまで引き上げた。新エネルギー導入費用は市民全体で負担する基本構想に基づいたモデルである。栗原史郎「市民負担の原理による環境市場創造」環境経済・政策学会編『環境倫理と市場経済』（東洋経済新報社，1997年）145頁，「自然エネルギー促進法」推進ネットワーク編『2010年自然エネルギー宣言』（七つ森書館，2000年）35頁。

[50] 宮島・前掲注(44)109頁。

4.2 租税としての炭素税の機能

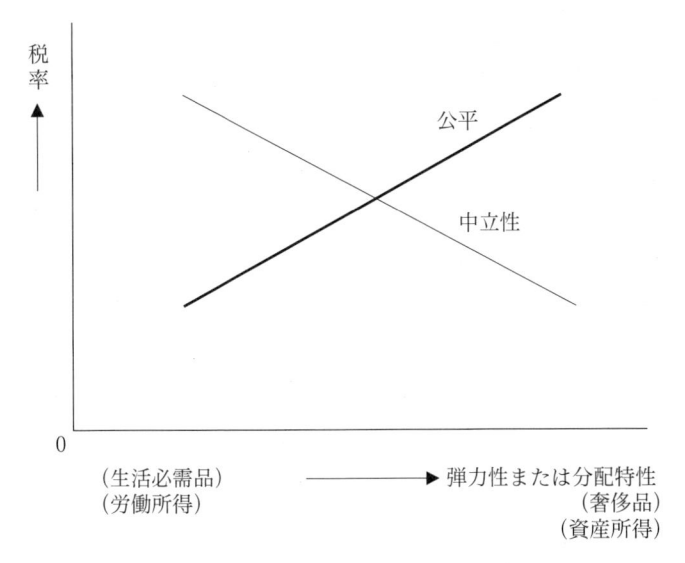

		消費税	所得税
弾力性	高	奢侈品	資産所得
	低	生活必需品	労働所得
分配特性	高所得層	奢侈品	資産所得
	低所得層	生活必需品	労働所得

図 4-1　望ましい租税の税率構造
　　　（出典：宮島洋（1986）「租税論の展開と日本の税制」111 頁）

中立性重視の二元的所得税改革に伴って導入され，伝統的なエネルギー税の補完税として創設されたものである。個別消費税である炭素税の担税力は，応益負担原則によるので大きくない。

　日本においてグリーン税制改革が可能だとしても，抜本的な税制改正を伴う可能性は低い。したがって，消費税のインボイス方式化（EC 指令ではインボイス保存が要件）はもとより，所得税減税や社会保険料減税も難しいと思われる[51]。地球温暖化対策税の創設については，あくまで個別消費税として捉え，で

---

[51] 炭素税研究会「地球温暖化対策推進のための『炭素税』の早期導入に向けた制度設計提案」（2002 年 12 月 14 日）では，①社会保険料の軽減，②所得税・法人税の減税の選択肢を示し，③消費税のインボイス方式による減税は，大きな制度改変なので追加コストを生じる点から推奨度は一番低くなっている。

きるだけ減免措置のない公平なエネルギー税として導入すべきではないか。

炭素税に対し消極的といわれる米国は，既に酸性雨対策として硫黄酸化物の排出量取引を導入しており（火力発電所を対象に1995年に導入），温暖化対策としても市場メカニズムを利用できる排出量取引を導入予定である。EU諸国は高い税率の付加価値税を用いた消費税中心主義を採っているのに対し，米国の税制では小売売上税は州税にすぎず，連邦税は直接税中心主義を採っている。

後述するように国境税調整が困難な場合には，国際競争力への影響を避けるため，税の軽減措置が必要となる。その執行にあたっては，インボイス方式による消費税が前提になる。日本の消費税は帳簿方式であるが，欧州各国の消費税（VAT）は，仕入税額控除にあたって，送り状であるインボイス（3枚つづり）への消費税額の記載を要件とするインボイス方式を採用している。

イギリスでは気候変動税が導入されているが，政府と気候変動協定を締結した産業部門は，気候変動税の80％の軽減措置を受けられる。これはインボイス方式による付加価値税（VAT）のシステムにより，商品の価格に含まれる税額が明示されることによって，執行が可能になる。すなわち，気候変動税を上流で課税し，下流で還付できるのは，インボイスを使ったVATを利用しているからである。上流でかけた税額がインボイス制度で下流に伝達されることによって，税の転嫁の流れを追うことができる。

EU諸国の付加価値税はEU指令により，15％から25％の範囲内で各国ごとに決定される。現在イギリスのVATは標準税率が17.5％，国内のエネルギー使用等に対しては5％の軽減税率を，食料品に対してはゼロ税率を適用する複数税率になっている。複数税率を採用するためには，インボイス方式にならざるをえない。インボイス方式の採用を前提として初めて，気候変動税の減免措置が可能となるのである。日本でも炭素税導入に伴い，エネルギー集約産業に対する軽減措置を設けるとしたら，消費税は現行の帳簿方式から，インボイス方式へ変更する抜本的な改正が必要となる。

地球温暖化対策税は，現行の石油石炭税のように輸入段階（上流）での課税，あるいはガソリン税や軽油引取税のように卸売り・最終消費直前の販売時等（下流）の課税が見込まれるので，徴税システムについては新しい組織が必要ということはない。

19～20世紀にかけて資本主義経済の発達とともに所得税・法人税が，福祉国家を目指す20世紀においては付加価値税が導入されたという社会経済構造との関連から税制を振り返ると，地球温暖化が危惧される21世紀には，環境

税の導入は避けて通れないとの意見もある[52]。

　本来の炭素税はインセンティブ効果を求めた政策税であるが，政治的実現可能性を考慮すると，低率課税とならざるをえない。この場合は，財源調達目的も併せもつ炭素税の税収使途も重要になる。

　したがって，市場の失敗を補うための政府の介入として，CO_2排出削減という政策目的達成手段としての地球温暖化対策税収の利用——EUにおける二重の配当と理論的には異なるが——も考慮する必要があろう[53]。

4.2.3　消費課税における課税権の限界——租税法における違憲審査基準

　政策目的（ピグー税的課税としての外部費用の内部化）と財政目的（環境目的税や二重の配当論）を併せ持つ炭素税を，普通税として賦課する場合の課税権の限界を考慮する必要がある。川端康之教授は，「環境税も制度的には租税制度の一つとして仕組まれる以上，憲法適合性基準に服すると考えられるが，環境保護という目的に対する環境税という手段がこれらの基準において違憲であると判断せざるを得ない場合もありうる。」と述べている[54]。というのは，「環境汚染行為が納税者の基本的な経済活動にかかわる場合には，過度の税負担を課すことでそのような経済的活動を維持し続けることが困難になる場合も想定しうる」からである。

　政策目的としての環境税（炭素税）も，質的担税力を考慮したうえでの量的担税力を前提とした憲法上の枠の中で，徴収すべき限界が考えられるのではないか。すなわち，環境税も実定法である以上，憲法上の原則との整合性が必要となる。環境税を規律する憲法上の原則として，手塚貴大准教授は，①平等原則，②比例原則，③汚染者負担原則（PPP）からの検討が必要と指摘している[55]。

　まず①の平等原則，応能負担原則から考察するに，政策目的税である環境税は特定の納税義務者に特別な負担を課すものであり，それが平等原則に違反す

---

[52] 大河原健・須藤一郎「環境税の導入に係る租税論的検討」税研2000年7月号42頁。
[53] 日本が租税法上大きな影響を受けてきたドイツでは，租税は財源調達手段であるとしてきた。しかし，歳入の目的がなく純粋に政策目的だけで税制として認める憲法判断が示された。IMFや世界銀行でも政策課税は今後認めていく方向性が出されている。諸富徹「温暖化対策における環境税の位置づけとその方向」租税研究2002年5月号88頁。
[54] 川端康之「環境税をめぐる法的問題」税研2000年7月号26頁。
[55] 手塚貴大「環境税の法構造——ドイツ租税法における議論の一端——」『納税者保護と法の支配』（信山社，2007年）500頁。

る可能性もありうる。後述するように，フランスでは 2000 年 12 月 29 日に汚染活動一般税に対し，2009 年 12 月 29 日には炭素税に対し，憲法院が違憲判決を出している。減免措置が多すぎる制度設計となっていることに対し，平等原則違反としたものである。環境税は，環境汚染を引き起こす行為に担税力を認めることになるが，環境の利用に担税力を見出すと，政策税制としての性質をなお有する環境税が濫用されかねない可能性がある。

②の比例原則との関係でみると，環境税の税負担は加重ではなく，適正でなければならないことになる。しかし，前述したように，ピグー税でも，ボーモール＝オーツ税でも，適正な税率設定は難しい。

したがって環境税は，③の汚染者負担原則（PPP）に従い，環境汚染物質の購入者が環境税を負担するというシステムにそって，消費税として性質決定すべきことになる[56]。間接税では個人の担税力を十分に斟酌できない。間接税である環境税は，応能負担原則ではなく，応益負担原則に従って設計する必要があるということになる。

EU 諸国と同様に日本でも一般消費税（付加価値税）の役割が増大していること，そして，納税義務者（事業者等）（消費税法第 5 条）と最終負担者が異なる一般消費税では，「一般消費者が賦課処分を争う通常の司法救済手段が与えられていない」[57]ことを考慮すると，立法府の裁量に対する課税権の限界を示す必要があるのではないか。大島訴訟（最大昭和 60 年 3 月 27 日判決，民集 39 巻 2 号 247 頁）で判示されたように，「租税は，国家が，その課税権に基づき，特別の給付に対する反対給付としてではなく，その経費に充てるための資金を調達する目的をもって，一定の要件に該当するすべての者に課する金銭給付」である。憲法はこれを法律の定めるところに委ねている。ゆえに，租税法の定立については，立法府の政策的，技術的な判断に委ねるしかない。

このように大島訴訟最高裁判決では，「財政目的」を重視して，緩やかな違憲審査基準を採用していると考えられるが，政策税制についても同様の基準が

---

[56] 担税力では課税の根拠を見出しにくいので，汚染者負担原則に照らした環境税制の構築の方が正当化根拠として合理性を有し，納税義務者の納得も得やすいかもしれない。手塚・前掲注(55)515 頁。
[57] 消費税は法的には事業者が納税義務者であるため，消費税のうち，いわゆる「益税」を理由にその違憲性を主張するには，取消訴訟ではなく，国を被告に国家賠償を求めることとなる。（東京地裁平成 2 年 3 月 26 日判決，判例時報 1344 号 115 頁，判例タイムズ 722 号 222 頁）。阿部泰隆「消費税の合憲性」租税判例百選（第 3 版）126 頁。

4.2 租税としての炭素税の機能

当てはまるのであろうか。経済的担税力の具体的内容がすべて立法府の裁量によってしまうのでは，違憲審査基準は空洞化してしまうのではないか。

消費税のような間接税は税率の調整により税収を増やすことが容易である。炭素税は最後に残された多収性のある税である。消費税の導入と同じように炭素税も低率で課税し，将来的には税率を引き上げる懸念もないわけではない。

今後の税制は，グローバル化に対応する必要性から，包括的所得税に基づいた直接税重視から（準）二元的所得税，あるいは，付加価値税重視の方向に向かうと思われる。累進税率による所得税も一般消費税も徴収されている現状では，何らかの方法で国民負担の限界を示す必要があるのではないか。しかし，わが国は付随的違憲審査制度を採っているため，ドイツやフランスのような抽象的な違憲判決を出すことは制度的に不可能である。

ドイツの連邦憲法裁判所第二法廷判決（1995年6月22日）は，課税の上限について「五公五民原則」として，新たな経済的価値の半分は私人の手に残さなければならないという憲法基準を出している。当該憲法裁判所では「財産については所得や収益に対する税や間接税もすでに課されている現行税法の下では，このように何重にも課税されている財産に対する補完税は憲法上極めて狭い余地しかない」としている。したがって，収益税である保有税については当該収益の範囲内でしか課税できないとし，「収益に対するその他の課税に加えて財産税が許されるのは，私人と公共に半々程度にとどまる。」と「五公五民」を合憲判断の基準として採用した[58]。

しかしその後，この「五公五民原則」は，連邦憲法裁判所決定（2006年1月18日）において，財産保有によって期待される収益を課税標準として課される財産税に限って妥当するものであると判示された[59]。当該事例は，営業所を経営する夫婦の所得税・営業税負担が所得の50％以上となるため，1995年6月22日決定の「五公五民原則」に反するとして，財政裁判所，連邦裁判所に訴えたのち憲法抗告をしたものである。しかし，判旨は，税負担の上限は基本的所有権からではなく均衡性の一般原則から導かれること，所得税法・営業税法が高所得に対しても，過剰な税負担と所有権保障の侵害が確認されるようには形成されていない（＝税法は，そもそも税負担が納税者を極端に侵害することがな

---

[58] 中島茂樹・三木義一「所有権の保証と課税権の限界」法律時報68巻9号48頁。
[59] 奥谷健「課税の負担と上限―ドイツ連邦憲法裁判所2006年1月18日決定を手がかりとして―」税法学558号23頁。

いように税率を定めているため)。したがって，所得税・営業税負担が憲法上の上限に達することは認識されないと判断した[60]。

経済的担税力は，所得・消費・財産という担税力の基準によって異なる。日本の司法制度においては，課税権の限界に関する租税法の違憲審査基準につき，何らかの基準を示すことは難しい。しかし，行政事件訴訟法改正によって原告適格も緩和[61]された。納税義務者と最終負担者が異なる消費税や，租税特別措置のような政策税制に対する司法救済手段の道も広がったと言えるのだろうか。

佐藤英明教授によると[62]，租税優遇措置の統制ないし抑制をめぐり，その合憲性等を訴訟で争う際の方法として，①ある租税優遇措置を不合理なものと考えた納税者がその措置を利用しうる者である場合，優遇措置を受けて減少した納税額が違法であると訴訟を提起したら，その訴訟は訴えの利益がないとして，却下される。②自分に適用されない優遇措置が他人に適用されていることを不服とする場合に，それを理由として自分の納税額が多額であると主張することは困難であり，また，通常の場合は裁判の争点と無関係な議論だと判断される。③②の場合に直接に他人の納税額が，過少であるという裁判を提起すれば，そのものには原告適格がないとして訴えは却下されることになる。

このように，間接税や政策税制に対する司法的救済は難しい。ゆえに立法段階での十分な検討が重要になってくる。環境政策手段としての租税制度の利用は政策目的実現のための手法としては穏やかな手法である。そのうえ，低率課税となるとピグー税的効果は期待薄となる。経済学的には健全な市場原理を尊重する立場から，憲法的統制の視点である「補充性の原則」を重視する立場から，政策目的実現のための国家の市場メカニズムへの介入はできる限り抑制する必要がある。

以上を踏まえて，炭素税の性質を考察する。「PPP の原則」に基づく公平な費用負担原則や環境基本法 22 条「環境の保全上の支障を防止するための経済

---

[60] 連邦憲法裁判所―プレス報告 19/2006 号―2006 年 1 月 18 日決定に関して -2BvR2194/99-

[61] 2004 年（平成 16 年）の行政事件訴訟法改正によって原告適格は緩和された。第 9 条に 2 項が付加され，「法律上の利益」の有無は，処分の根拠法令の文言だけでなく，広く関連する法令の趣旨・目的をも視野に入れ，違法な処分によって害される原告の利益の内容や性質，侵害の態様や程度をも勘案して判断すべきであるとの解釈指針が明示された。阿部泰隆「原告適格判例理論の再検討(上)(下)」判例時報 1743 号，1746 号。

[62] 佐藤英明「租税優遇措置」『現代の法 8　政府と企業』(岩波書店，1997 年) 160 頁。

的措置」の理念から，「化石燃料を使用する全ての人が費用を負担する」必要性－炭素税導入の根拠が見出せる。物品やサービスの消費に担税力を認めて課税される消費税と同様に，炭素税はCO_2を排出し，地球環境に負荷を与えるエネルギー源に担税力を推定して課税することになる[63]。

負担の公平につき考慮しなければならないのは，化石燃料への課税は，電気・ガス料金，石油製品価格，旅客・配送運賃等への転嫁を通じて，最終的には税額の一部が家計の消費者に帰着する点である。エネルギー消費は生活必需品であるだけに，需要の価格弾力性は低い。

炭素税に逆進性があることはポターバ氏によるアメリカの実証研究[64]でも示されており，炭素税の税負担は低所得者ほど重くなる。逆進対策を最も必要とする課税最低限以下の低所得者にとっては所得税減税では恩恵が及ばない。エネルギー集約産業への配慮も必要になる。しかし負担軽減措置は公平性の原則に抵触するおそれがある。環境税本来のインセンティブ効果も減らされることになる。

もともと炭素税は，「持続可能な社会になるようにエネルギーシステムを変えていく」（環境に負荷を及ぼす消費の抑制を目的とする消極目的規制）政策税である。憲法の許容する違憲審査基準の範疇で（現行では立法府の裁量を認める緩やかな司法審査基準）制度設計する必要がある。ただし財源調達が主目的ではない環境税に対しては，違憲審査基準が再考される可能性が皆無というわけではない。

4.2.4　法人への影響と国境税調整

炭素税導入の障害となっているのが，エネルギー集約産業の国際競争力低下への懸念である。しかし，炭素税が競争力に及ぼす影響について定説があるわけではなく，環境省中央環境審議会地球環境部会目的達成シナリオ小委員会の試算（2010年のCO_2排出量を1990年比2％減となるレベルで炭素税を賦課）では，

---

[63] 環境税の賦課は，環境という希少な財を利用することを以って個人の効用あるいは欲求の充足が増加することを根拠として課される。手塚・前掲注(55)502頁。
[64] ポターバ（Poterba）氏によるアメリカでの実証研究によれば，家計消費項目の中で，ガソリンの場合は比例的に近い弱い逆進的負担，また，電気や暖房燃料の場合はかなり明瞭な逆進的負担と推定されている。所得ベースを使った場合には，炭素税は強い逆進性があるが，指標如何によって逆進性は異なった大きさになると評価している。宮島・前掲注(42)40頁，環境庁・調査企画室監修『地球温暖化対策と環境税』（ぎょうせい，1997年）50頁。

経済成長率の低下への影響は2010年時点で年間約0.06～0.72％と推計され、炭素税や環境規制の差異が貿易や投資に与える影響は比較的軽微という結果が得られている。

炭素税が国際的に導入されれば（世界共通炭素税），炭素税はエネルギー価格を上昇させ，関連企業の生産費を引き上げ，国際競争力を弱めるという懸念は生じないことになる。しかし、徴税に対する国家主権の問題もあり（世界共通炭素税を課税し、徴収の役割を担うべき超国家的な機関が存在しない），炭素税の導入についての国際協調は難しい。南北問題やフリーライダーの問題もある。したがって、一国で導入する場合は国際競争力に配慮した緩和策が要求される。

それは、相殺関係を設けること、すなわち、炭素税の国境税調整[65]ということになる。具体的には、輸入品に対して炭素税を賦課し、輸出品に対して炭素税を免除する国境税調整（Border Tax Adjustment（BTA））により、炭素税に関し相殺関係を発動する構想である。

これは炭素税により生産費が増大し、輸出価格上昇により国際市場で不利になる輸出関連企業の立場を是正し、逆に炭素税の課されない国からの輸入品を国内品と同じ条件に置くことを意味している。

炭素税は間接税であるから、仕向地原則に従って輸出の際に還付されるのが本筋である。仕向地原則とは、消費課税において輸出される物品や国外で提供されるサービスについて、その消費がなされる仕向地に課税権があるとする原則である。WTOも仕向地主義を採る。この原則の下では輸入品や国外からのサービスの提供には課税される一方、輸出品等には免税や税金の還付がなされる。

「仕向地主義」に対し、生産国の税を課す「生産地主義」では国境税調整はない。国内税を払った国内産の財・サービスと外国税を払った外国産の財・サービスが国内市場で競争する。税率設定についての独立性は失われ、外国の税を無視して国内の税を決めることはできなくなる。したがって各国が独自の

---

[65] GATTにおける国境税調整は、「仕向地原則を全体的または部分的に実現する税制的措置」と定義される。すなわち、輸出国の国内市場で消費者に販売される類似の国内産品に関して輸出国において課される税の全額または一部を輸出産品から免除する。そして輸入国において類似の国内産品に課される税の全部または一部を消費者に販売される輸入産品に課す措置である。OECD編・環境省環境関連税制研究会訳『環境税の政治経済学』（中央法規，2006年）95頁。
[66] 柴田・前掲注(20)「大競争時代の財政①～⑥」、水野忠恒「経済のグローバル化と消費税」ジュリストNo.1000, 110頁。

4.2 租税としての炭素税の機能

政策を採るには，間接税については仕向地主義の採用が推奨される[66]。

しかし，輸出品価格に含まれる還付されるべき炭素税額を適格に把握するのは困難であり，現実的でないと指摘されている。また，①国境税調整が炭素税のCO_2排出抑制効果をどの程度維持できるか，②国境税調整が国際貿易のルール上認められるかどうか，③化石燃料の消費に課される税である炭素税について製品段階で国境税を実施することが技術的に実行可能かどうか，という問題が指摘されており，国境税調整の利用についてはまだWTOルールとの関連で検討中の論点である。

これはWTOの前身のGATTの1947年第2条2項(a)で，生産物の輸入に際して，「同種の国内生産物について」課される内国税に相当する課徴金を課することが認められていることに起因する。しかし，「同種の生産物」をどう判断するかは，必ずしも明確ではない。他方，客観的な属性の他に，生産工程などによっても判断すれば，「同種」の解釈は幅広くなり，国境税調整を行う余地も考え得る。一方，輸出品課税に関しても，1947年の第6条4項により，生産物の輸出に際し，輸出国における「同種の生産物」を免税することが認められているが，ここでも「同種」の解釈が重要になる。

WTOの規定は製品の特性や物理的に組み込まれている投入財に基づいた製品に対する国境税調整は一般に認められているが，内国加工税（domestic process taxes）に基づいて輸入製品に課税することは認められないと解釈されている[67]。しかし，WTOの規定は，ある国がその国内で発生する環境問題に対処するために税を使うことを直接的に制限するものではない。内国加工税には明らかに競争力への影響が認められるので，深刻な地球規模の環境破壊を阻止するために各国がこれらの経済的手法を国内で利用する場合には内国加工税の国境税調整は必要であるとの意見も出されている。GATTルールを適用できるかどうかは，専門家の解説書でも意見が分かれている。

実際に生産関連ベースの国境税調整（BTA）が適用された例としては，米国がオゾン層破壊物質を含んでいる輸入製品に対して賦課した税がある。しかし，炭素税を導入しているEU諸国においても，国境税調整を実施している国はない[68]。

---

67 *Supra* note (2) pp.48，前掲注(40)201頁，前掲注(64)『地球温暖化対策と環境税』52頁。
68 米国でのスーパーファンド税とオゾン層破壊化学物質税は，当該物質が生産過程で使用されたと考えられる製品に対しても賦課され，それが製品中に含まれなくなっていても適用される税である。税額の算定は，基準生産データから推定されたオゾン層破壊物

このように，炭素税は税額移転が確実ではなく，輸出にかかる税額の調整が困難である。輸出入に際して炭素原単位をいちいち申告するのは煩雑なので，ドイツや北欧ではエネルギー集約型産業や大口需要家に対して税の軽減措置を適用，イギリスでは政府と気候変動協定を締結したエネルギー集約産業に対して80％の減税を行っている。

本来，国際共通税であるべき炭素税を一国で導入しようとするのであるから，WTOの規定が環境目的の税に適用できるような解釈を導くべきである。国際競争力を損なわずに国内の削減効果を確保するためには，国境税調整が最も有効と考えられる。しかし，管理費用や遵守費用が大きくなる可能性がある。国境税調整が技術的に困難な場合には，炭素集約度の高い産業を免税とする等の負担緩和措置を採ることも必要になる。

しかしながら，このような炭素税の減免措置は水平的公平性の観点から問題が生じる。4.3.2のドイツのエコ税に関する憲法抗告でも示されたように，経済のグルーバル化の中での炭素税が企業に与える影響，家計に与える影響という視点からの検討が必要になる。

4.2.5　政策税制の役割

租税は，高度に複雑化した現代の経済社会において，公共サービスのための資金の調達という本来の機能のほかにも，所得の再分配や景気調整という重要な機能を果たしている。しかし，累進所得税の修正フラット化の動きや，支出税理論[69]，最適課税論に基づく消費課税への移行にみられるように，所得の再分配機能を重視しすぎることは，民間活力を阻害し，私的経済活動の効率性を害するおそれがある。

租税優遇措置を含めた政策税制は，政策目的実現のための行政手法の一つで

　　質重量と税率表を使って課税される。OECD前掲注(6)113頁，OECD前掲注(65)107頁。
　　　EUでは，消費者の直接購入については，自動車，ヨットといった大型消費財以外は国境税調整を廃止している。残された国境税調整も過渡的な措置であり，将来は生産地主義の完全実施を目指している。柴田・前掲注(20)「大競争時代の財政⑥」参照。

[69]　支出税の理論においては，所得は消費として観念され，その金額は1年間における各人の消費支出の合計額となる。支出税の利点として，①人の生涯を通してみた場合に納税者間の公平は，支出税の下でよりよく確保される，②消費が課税対象となり，貯蓄は免税となるため，いわゆる貯蓄の二重課税は生じない，③キャピタルゲインはもともと課税対象とならず，インフレ調整の必要がない，が挙げられる。しかし，実際の導入は難しく，支出税を導入している国はない。金子宏「所得税の課税ベース」租税法研究第17号81頁，畠山武道「フラット税率論争」ジュリストNo.964，115頁。

ある。租税優遇措置は隠れた補助金であると批判され，その効果は同じであると捉えられているのに，補助金と政策税制とでは統制のあり方が異なる[70]。すなわち，補助金の場合には，租税法律主義が及ばないのに対し，租税優遇措置を含めた政策税制には租税法律主義が及んでいる。

わが国では歳入面では法律たる税法が支配し，歳出面では法律たる性質を有しない予算が支配している。そして，実務上補助金は総額については毎年議会のコントロールが及ぶ（ただし，予算は国会では修正されず，一括審議なので実質的には民主的コントロールは及んでいない）が，その実際の給付面では裁量の余地が残る場合が多いのに対し，租税法律主義の下にある租税優遇措置の場合には，細目は政令等に委任されるとしても，基本的には議会の定めた法律のとおりに優遇措置が執行されるので，議会のコントロールが及びやすい結果になっている。

補助金について問題なのは既得権益化し，不合理なものも温存するという点や，補助金の具体的な支給要件につき，行政の裁量に任され，不透明な政治過程を生んでいることにある。阿部泰隆教授が指摘するように，期限付きのサンセット方式[71]や補助要件の詳細な定めが必要であろう。

現在の市場メカニズム重視の成熟経済下においては，規制緩和とともに，民間部門の自主性が重視される。したがって，「高度規制型」で多用された補助金政策ではなく，「ソフトな誘導手法」である税制の活用の方が，規制緩和の時代における有力な政策実現ツールといえよう。

4.2.6 租税特別措置のグリーン化

運輸部門の CO_2 排出量の9割近くを自動車が占めている。しかし，低率の炭素税の賦課では運輸部門の需要抑制を図るのは難しい。炭素1トンあたり3,000円の低率課税ではガソリン1ℓあたり2円の増税にすぎず，既に53.8円のガソリン税（揮発油税＋地方揮発油税）が課されているガソリンの使用抑制へのインセンティブは大きくない。炭素税の導入にあたっては，運輸燃料にかかるエネルギー税制の見直しも必要となる。平成22年度税制改正においては，現行の10年間（平成20年4月から平成30年3月末日まで）の暫定税率は廃止さ

---

[70] 佐藤・前掲注(62)164頁。
[71] 全ての補助金について，補助目的の達成度を評価し，終期を設定し，終期の到来時に新たな措置が講じられない限り，自動的に廃止される方式である。阿部泰隆『行政の法システム(下)[新版]』（有斐閣，1997年）705頁。

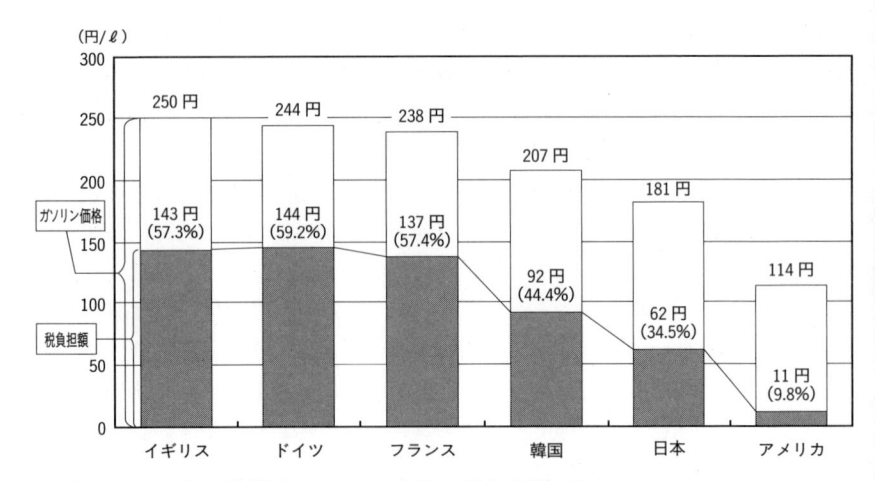

図 4-2　日本と諸外国のガソリン価格・税負担額の比較
（出典：諸外国における取組の現状　関係資料　平成 20 年 9 月 16 日環境省）

れたにもかかわらず，当分の間，現在の税率水準を維持するという奇妙な継続策がとられている。

　ガソリン税や軽油引取税，自動車重量税，自動車取得税につき，本則税率の倍近い暫定税率に数十年も据え置かれているのは周知のところである。3 年ごとに自動延長のごとく延長されている暫定税率も，租税特別措置の一つといえるのであろうか。

　現行の暫定税率を本則税率に変えても，それでも，EU 諸国のガソリンや軽油にかかる税金より安い（図 4-2 参照）。暫定税率分は炭素税に組み替えるか（民主党 2009 年衆議院選マニフェストの公約），暫定税率を本則税率とするような抜本的な改正が必要である。

　日本の現行税制には，試験研究促進税制として「試験研究を行った場合の所得税額の特別控除」（租税特別措置法 10 条）や「試験研究を行った場合の法人税額の特別控除」（同法 42 条の 4）がある。地球温暖化対策基本法案 17 条による革新的な技術開発を促すためにも，経済活性化に向けても，企業の研究開発投資を後押しする必要がある。

　また，太陽光・風力発電の助成措置として，租税特別措置法 10 条の 2 および第 42 条の 5 に規定する「エネルギー需給構造改革投資促進税制」がある。この制度は，法人（中小企業者等のみ）および個人がエネルギー需給構造改革推進設備等を取得等し，その後 1 年以内に事業の用に供した場合には，30％の

4.2 租税としての炭素税の機能

特別償却または7%の税額の特別控除を適用できるというものである。

このような租税特別措置は,「特定の政策目標を実現するために,税制上の例外規定・特別規定をもって行われる税の軽減措置・優遇措置」「担税力その他の点で同様の状況にあるにもかかわらず,何らかの政策目的の実現のために,特定の要件に該当する場合に,税負担を軽減しあるいは加重することを内容とする措置」と定義されるものである[72]。

エネルギー対策税制は,1981年に「エネルギー対策促進税制」が新設されたことに始まる。3年間の時限措置として始まったが,「エネルギー基盤高度化設備投資促進税制」「経済社会エネルギー基盤強化投資促進税制」「エネルギー環境変化対応投資促進税制」と時限的な形で導入された特別措置が名称を変えて,次々に継続されている。

一般的に租税減免措置としての政策税制は,サリー教授が「租税支出(tax expenditures)」として批判してきたものである[73]。租税減免措置は税制を通じた補助金であり,直接の補助金とは違って国民には実質的にどれほどの金額になっているのか分かりにくい「隠れた補助金」としての性格をもつからである。わが国でも法学者は公平の要請から例外的優遇税制を否定し,原則的に廃止すべきであるとの立場が多かった[74]。

畠山武道教授が指摘するように「税とは専ら税収をあげるための手段であって,それ以外の経済的・社会的目的に税を利用すべきでない。」という前提ないし価値判断があったためであろう。しかし,同教授は,「租税特別措置を政策遂行手段として考え,租税特別措置が用いられる各分野ごとに,新たな政策的評価基準を用いるべき」との考えを示している[75]。

環境関連の研究開発や投資を促進するような形のインセンティブが税体系の中に構造的に織り込まれていれば,それは環境分野での経済活性化に貢献できる。

佐藤英明教授は産業助成として用いられる租税優遇措置の限界として,①そ

---

[72] 前者は和田八束教授の定義であり,後者は金子宏教授の定義である。和田八束(1992)『租税特別措置』(有斐閣,1992年)6頁,金子・前掲注(32)79頁。

[73] スタンレー・サリー前掲注(19)40頁。

[74] 金子宏教授や北野弘久教授は批判的な立場を採っている。金子・前掲注(32)79頁,北野弘久「資産所得の特別措置と憲法14条」租税判例百選(第三版)16頁。

[75] 畠山武道「租税特別措置とその統制——日米比較——」租税法研究第18号22頁,畠山武道「政策税制と租税特別措置」木下和夫編著『租税構造の理論と課題』(税務経理協会,1996年)238頁。

の「目的」という観点からの絞り，②「手段」という観点からの制限，③手続コストの引下げ効果という観点からの検討，が必要であると指摘している。

エネルギー需給構造改革投資促進税制をこれらの観点から検討すると，当該制度は石油需給逼迫化やエネルギー供給の不安定化に対処し，あわせて地球温暖化対策に資するため，太陽光・風力のような再生可能で，かつ，CO_2 発生量の少ないエネルギーの利用設備，エネルギー利用の効率化，石油代替エネルギーの利用促進および石油の安定供給の確保等のための制度であるから，①の政策目的に関しては望ましいものといえる。

②の当該措置が本来の政策が意図した行動を納税者に起こさせるのに十分なインセンティブたりえているかについては，当該制度による減収額から判断するに[76]，ある程度の実効性はあげていると思われる。

③の手続きコストの引き下げ効果については，補助金等の直接支出という形を採る場合に比べて，特別措置の適用を受けるための添付書類の作成が求められるだけなので，手続コストを合理的に引き下げている点についても概ね肯定できるのではないか。

PPPの原則では，汚染対策費用は国際貿易・投資に重大な歪曲をもたらす補助金を伴ってはならないとされる。補助金は「隠れた産業政策」の手段となり，特定産業の保護につながりやすいという欠点をもつ上，補助金の支給のための財源も必要となるからである。

佐藤英明教授の指摘するように，「租税優遇措置を用い，高度に整った租税行政手続を利用することにより全体としての手続コストを引き下げうる。」という補助金受給と租税手続との取扱の差という側面を考慮しても，補助金より望ましいといえよう。

租税特別措置はあくまで税負担の公平の原則の例外であり，問題点は多い。しかしながら，租税特別措置は税としての機能と補助金としての機能の双方を持っている。政策評価基準に合致した租税特別措置は，財源が必要なうえ手続的に煩雑な補助金に比べてメリットがある。

---

[76] 井上喜文「産業政策における租税優遇措置——実証的研究を中心として——」神戸大学法政策研究会編『法政策学の試み（第1集）』（信山社，1998年）99頁以下によると，1996年度で530億円（財政関係資料集1997年度版）となっており，ある程度の効果はあげていると思われる。井上喜文氏は実証的研究から，租税優遇措置の政策目的が合理的で，かつ「手段」として租税優遇措置が効く分野であっても，その「手段の内容（法要件）」が今の時代に合っていなければ効力を発揮しえないことを確認している。

税制に「政策税制」としての役割は認められるべきと考えられている。しかし、和田八束教授は、「現実のあらゆる租税特別措置は何らかの政策目的を掲げ、その重要性に裏付けられて設置されているが、その実質は『政策目的』を手段とした『減税』が目的であった。」と指摘している。「サンセット」的な条項も、租税特別措置のほとんどが時限立法でありながら、延長・継続になっているのが現実である。「手段の内容」が今の時代に合っているかどうか、という観点からの検討が必要であろう。

基本的には、引当金や準備金等を含む多くの租税特別措置は、課税の公平を害し、課税ベースを侵食するものであり、廃止・縮小されるべきものである。平成22年度税制改正大綱（平成21年12月22日）においても、「租税特別措置をゼロベースから見直し、整理合理化を進めることが必要」と「『ふるい』による租税特別措置の抜本的な見直し」[77]が明記されている。抜本的な見直しを進め、「租税透明化法（仮称）」の制定を目指している。

しかしながら、「環境保全型の税制」の理念に合致する租税特別措置は、技術革新の初期段階の普及策として活用すべき余地がある。OECDその他における議論では「助成措置」はあくまでPPPの例外として、激変緩和措置など経過的に必要となる施策等を中心に考えていくことが適当とされている。普及の初期段階に必要とされる補助金と同様の取扱いとすべきであろう。すなわち、補助金は初期導入段階において一定の効果をもつが、ある程度普及してくると財政メカニズムの方が効果的である。同様に租税特別措置も、目的・効果面、社会状況により見直しつつ、コントロールしていくべきであろう。

4.3　具体的な炭素税——欧州における実践例の検討

4.3.1　イギリスの気候変動税と排出量取引

イギリスでは、ガソリン、ディーゼル、灯油、重油などに対しては、炭化水素油税（Hydrocarbon oil duty）が課税されていた。1993年から1999年まで毎年税率を引き上げ（エスカレーター制度）、さらには2001年4月に、気候変動税（CCL; Climate Change Levy）を導入し、事業向けの電気、石炭、天然ガス等のエネルギー供給を新たに課税対象とした（家庭と運輸部門は免除）。

---

[77] 平成22年度税制改正大綱で、適用期限が到来する措置を中心に、国税で81項目、地方税で90項目の見直しを行い、この結果として国税で41項目、地方税で57項目を廃止又は縮減した。

気候変動税の導入に関し，きっかけを作ったのが，大蔵大臣がマーシャル卿に依頼して検討した「マーシャル卿レポート」[78]（1998年11月）である。同報告では，「全ての者がエネルギーに関する税金を支払うべきである。」しかし，「産業部門の排出量の約60％を占めるエネルギー集約産業への特別措置を考慮する必要性もある。」ことが指摘された。したがって，同報告を受けて実際に導入された気候変動税は，法的拘束力のある「気候変動協定」（CCA; Climate Change Agreements）を政府と締結した業界団体に対して，80％の軽減措置を行っている。協定と気候変動税との政策の組み合わせ（ポリシー・ミックス）である。

イギリスの気候変動協定は，政府と業界団体ごとに結ばれ，約1万企業が参加している。ほぼすべての施設がCO_2排出量を減らし，減税措置を受けた。気候変動税の80％減税という優遇措置が実施されるのは，鉄鋼などエネルギー集約部門の協定参加企業である。日本経団連の「環境自主行動計画」と異なり，遵守しなければ減税措置の取消しなど厳しいペナルティーがある。そこで目標達成できない企業は，CO_2排出量を買って差を埋めることになる。協定上の削減義務は，排出量取引とも連動しているので（2002年に国内で排出量取引を導入し，2005年からはEU ETSに統合），排出量取引市場でCO_2を購入することによって，協定を遵守することも可能である。協定上の削減目標は，エネルギーもしくはCO_2の原単位（＝相対的な目標）もしくは絶対量目標で設定されている。

気候変動税は，エネルギー税であって，炭素税ではない。税収そのものではなく，気候変動を防ぐことを究極の目標としている。税収はすべて，社会保険料の雇用者負担分の0.3％引き下げと，エネルギー効率性改善投資に対する補助金として企業に還付される。再生可能エネルギーやコージェネで発電された電力の利用には，気候変動税は課されないが，原子力発電は課税物件に含まれる。これら気候変動税の免除や，電気事業者に対する「再生可能エネルギー購

---

[78] 大蔵大臣がマーシャル卿（当時英国産業連盟会長）に依頼して検討が行われたマーシャル卿レポート *"Economic Instruments and the Business Use of Energy, November 1998"* の中で国内排出量取引（A system of tradable emissions permits）と同時にエネルギーのビジネス使用に対する税の導入が提案された。税収はすべてビジネス部門に返すべきとの仮定が置かれ，税収使途は失業保険，エネルギー効率の向上と再生可能エネルギーへの助成に充てられる。なお，交通輸送用燃料に対しては炭化水素油税が課されている。

入義務」(2002年)は,再生可能エネルギーの拡大に寄与し,CO_2を削減することができた。しかし,協定(CCA)を締結することによって,気候変動説(CCL)の80％の減免を受けられるというのは,産業保護策である。

このように,政府と協定を締結した産業部門が,気候変動税(CCL)の80％の軽減措置(EUのエネルギー課税の枠組みの中で運営するため,2011年4月1日より,65％に減額される予定)を受けられるのは,インボイス方式による付加価値税システムによる。気候変動税を上流(輸入段階,製造段階)で課税し,下流(販売段階)で還付できるのは,上流でかけた税額がインボイス制度で下流に伝達されることによって,税の流れを追うことができるからである[79]。

2005年7月の主要国首脳会議を受けて,イギリス政府がニコラス・スターン元世界銀行上級副総裁に作成を依頼した,気候変動問題の経済影響に関する報告書「スターン・レビュー」[80](2006年10月公表)が話題を呼んだ。気候変動問題について,断固とした対応策を早期にとることによるメリットは,対応しなかった場合の経済的費用をはるかに上回ること。具体的には,対策を講じなかった場合のリスクと費用の総額は,現在及び将来の世界の年間GDPの5％強に達すること。より広範囲のリスクや影響を考慮に入れれば,損失額は少なくともGDPの20％に達する可能性があること。これに対し,500〜550ppmでの大気中CO_2濃度の安定化のための対策を講じた場合の対策費用は,世界の年間GDPの1％程度で済む可能性あることが,この報告書の中で示された。このようなレビューを作成することによって,イギリスの温暖化対策は,それまでの科学者による将来予測から経済学へと,基盤を発展させたことになる[81]。

気候変動税(CCL)を基盤とし,協定(CCA)の締結により減免措置を受けることができ,その協定上の義務を効率的に達成するための手段として排出量

---

[79] 気候変動税の納税義務者は,課税対象商品の供給者であり,顧客が供給を受ける場面で課税される。これは下流での供給,すなわち小売業者による最終消費者への供給に対する課税である。片山直子「英国における環境税－導入の成果と課題－」環境法政策学会編『温暖化防止に向けた将来枠組み』(商事法務,2008年) 169頁。

なお,同「英国の気候変動税の負担軽減と気候変動協定」『第14回環境法政策学会・2010年度学術大会論文報告要旨集』73頁以下には,気候変動税制に関連する具体的な紛争であるJ&A Young (Leicester)社事件に関するロンドン審判所の裁決(2008年10月8日)が紹介されている。

[80] Nicholas Stern (2007) *The Economics of Climate Change: The Stern Review* (Cambridge University Press).

[81] 浅岡美恵編著『世界の地球温暖化対策』(学芸出版社,2009年) 38頁。

取引（EU ETS）を組み合わせる三重の意味でのポリシー・ミックスの採用は，効率性と実現可能性の観点からは評価できる。2006年には気候変動プログラム（Climate Change the UK Programme 2006）を発表し，あらゆる施策を組み合わせて温室効果ガス削減を目指している。しかし，化石燃料によって税率が異なること，家庭と運輸部門は減免，CCA締結企業へは80％減免（2011年からは65％）というエネルギー税は，環境税本来の目的からは，租税公平主義という公平性の面で問題をはらむ。

4.3.2 ドイツの電気・石油税と憲法抗告

ドイツの「環境税」（電気税，石油税）は，1999年社民党と緑の党が提出した「環境関連税制の開始に関する法律」による環境税制改正として，温暖化対策と雇用対策の「二重の配当」を目的として導入されたものである[82]。

1999年「環境関連税制の開始に関する法律」による環境税制改革では，①減免措置として産業部門への配慮，②環境への配慮として再生可能エネルギーやコージェネの免除，③低所得者への配慮として電気税の軽減措置が採られた。石油税や電力税の増額分は年金保険徴収額の軽減や再生可能エネルギーへの補助金として活用されている。

ドイツ環境税制改革は，既存のエネルギー税である石油税（鉱油税）（Mineral oil tax）に税率を上乗せし，同時に課税対象となっていなかった電気税（Electricity tax）を新設するという改革であった。ただし，ドイツは国内炭があるため，石炭には課税されていないという欠点もあった。しかし，ドイツ国内の石炭使用量の75％は発電用，20％はエネルギー集約型産業，5％以下が家庭暖房用となっている。発電用の石炭には電気税が課税されており，またエネルギー集約型産業は軽減措置（60％〔当初は80％〕）があるため，それほど問題にはならなかったが，2006年に石油税（鉱油税）をエネルギー税に改組し，石炭を課税対象に追加した。

ドイツでエコ（環境）税制を導入したのは，温室効果ガスのもたらす外部コストを内部化するためである。イギリスの気候変動税と同様に，税収目的ではない。したがって，税収の9割は社会保険料の雇用者および被雇用者負担分の軽減に充てられている。残りの1割は，交通の改善，コージェネ（電気・熱併

---

[82] 氷見靖「ドイツにおける気候保護プログラム，排出量取引，環境税の動向」ジュリスト No.1296, 62頁。

給システム）など環境対策に使用し，連邦政府収入に加えられている。つまり，社会保険料率を引き下げた分，環境税の税収を増すことによって埋め合わせをしている。この社会保険料の雇用者負担軽減に伴って，2003年までに25万人の新規雇用があった。

ドイツ環境税のもう一つの特徴として，競争力への配慮，社会生活上の配慮，環境政策上の配慮から，①製造業，農林漁業事業者に対しては80％（2003年から60％）の軽減措置，②再生可能エネルギー発電への電気税の免除，③税負担額が社会保険軽減額分の1.2倍を上回る場合，上回った部分の95％の免除，④コージェネ施設，トローリーバス・鉄道への軽減，といった優遇措置が行われている。このような軽減・減免措置があるため，環境税の実際の税率は，名目税率よりかなり低くなる。

このようにドイツ環境税制改革が，税収中立としたのは，先行した北欧諸国の環境税導入が二元的所得税の理論に基づき，労働ファクターである勤労所得減税とパッケージにしたことによる影響と，ドイツ最大の環境NGOの環境・自然保護協会（BUND）が税収中立を主張し，税収が社会保険料に使われることに対し，一部企業や労組が同調したためという背景がある。当時ドイツでは失業率が高く，雇用の減少は大きな社会問題になっていた。さらに，失業保険による保護はかなり手厚いので，企業の社会保険料負担が重荷だったという現実があった。したがって，これらの税制改革は「環境問題と失業問題の同時解決」を目指したものであった。

木村弘之亮教授はこのエコロジー税制改革について，「炭素税または炭素／エネルギー税は，課税客体を，所得・資産または消費に頼ることなく，炭素または炭素／エネルギーの排出量に求めることとなり，そのようなエコ税は，伝統的な租税法の課税客体から決定的に乖離する。新たな課税客体が構築される必要がある。」とエコ税の特異性について言及している[83]。「この種の環境税は特定の消費財の消費に対する本来の物品『税』として性格決定しえない。エコ税は目的税としての性質を有しており，エコ税制度は，狭義の税制度というよりむしろ，一定の政策を実現するための政策税制であり，国庫収入を従たる目的とする負担金制度である。」とエコ税を性格づけている。

このエコ税制改正によって，同じ電気や石油を使っても，サービス企業が受

---

[83] 木村弘之亮「政策税制としてのエコロジー税制の創設」『金子宏先生古稀祝賀　公法学の法と政策　上巻』（2000年，有斐閣）69頁．

ける電気税法上の軽減措置は、製造業に比べて少なくなっている。電力税と石油税は電力消費者が製造業又は農林業の場合、税率が8割減免されており（電力税法10条、石油税法25条）、この租税減免措置をめぐって、業務用冷蔵庫業を営む2社が電力税法3条、5条1項、9条3項、10条1・2項を対象として憲法抗告を（1BvR 1748/99）、欧州全域で各種運送業を営む5社が石油税法2条、25条、25a条に反論して憲法抗告を（1 BvR 905/00）起こした[84]。

これらの憲法抗告について、2004年4月20日に適法とする判決が言い渡された[85]。「環境税制改革の枠内における電気税の導入、石油税（鉱油税）の引上げは、消費者（電気・石油の消費者である業者）の有する職業の自由（12条1項）、財産権保障（14条1項）の基本権に抵触しない。環境税は、基本法3条1項（一般平等条項）違反にあたらない。電気税法や石油税（鉱油税）法による課税優遇措置において、製造業とサービス企業を区別していることは基本法3条1項に違反するものではない。」という判決であった。暖房利用のための優遇は認められるが、自動車燃料としての負担に対する優遇は、もともと予定していなかった。これら二つの石油利用方法は、比較できない別々の課税対象であるということである。

同判決では、電気税及び石油税（鉱油税）の性質につき、基本法第106条第1項第2号の意味における消費税の概念[86]に当たるかについても判断している。電気税・石油税は、電力及び石油の消費に由来し、負担加重に充てられるので消費税に当たるとしている。消費税の税負担は、本来の納税義務者である企業から、最終消費者にまで引き継ぎされるが、必ずしも真の最終消費者が負担を負う必要はなく、企業から最終消費者の過程のいずれかの消費者により担われるだけで十分である。すなわち、転嫁が十分でなくても、消費税であることと矛盾しないと判示した。

また、電気税・石油税は租税賦課という強制手段を用いつつも、間接統制に

---

[84] エコ税の租税法上の性格と基本法12条の関係について、伊藤嘉規「課税の限界としての職業の自由」富大経済論集52巻2号1頁以下、2004年4月20日判決に関して、三宅雄彦「いわゆるエコ税の合憲性」自治研究82巻7号155頁以下、同「環境税（エコ税）の合憲性」ドイツ憲法判例研究会編『ドイツの憲法判例Ⅲ』（信山社、2008年）92頁。

[85] 環境税制改革法は基本法3条1項、12条1項および14条1項に基づく基本権を侵害しているとして、連邦憲法裁判所で争ったが、棄却された（2004年4月20日第1法廷判決 Urteil vom 20.April 2004）

[86] 第2項によりラントに帰属し、第3項により連邦およびラントに共同に帰属し、並びに第6項により市町村に帰属するものを除く消費税。

よる誘導，すなわち，エコロジー的誘導の遂行を実施する。ゆえに，直接統制に加え間接統制も審査の対象となるとした。さらには，立法者が経済政策・社会政策・環境政策等で間接誘導を行うとき，広範な形成自由が承認され，緩やかな審査基準が採用される。ゆえに，比例原則ではなく恣意禁止が審査の基準となるとした[87]。

石油税（鉱油税）の段階的引上げや電気税の導入は，もともと，税収が目的ではない。エネルギーシステムを持続可能なものへと変えていくため，行財政改革のなかに環境保全の視点を取り入れる必要から，エコ税が導入され，前述した背景によって，社会保険料引き下げが行われた。エコ税の導入は，家庭にとっての負担増につながる。転嫁が十分でない場合は企業の負担増となる。しかし，経済・社会・環境政策目的の追求については立法者に広範な裁量が認められることを前提として，誘導目的の追求は環境政策上の裁量の範囲内になるとした。また，導入当初の80％の軽減措置も，立法者に認められた広い裁量にあたるとの判断であった[88]。

4.3.3　フランスの炭素税・違憲判決と電力部門の化石燃料ゼロ

フランスでも2000年1月に，京都議定書の温室効果ガス排出削減目標の達成に向けた温室効果ガス対策計画が採択された。この計画の中で，「汚染活動一般税」（TGAP；taxe générale sur les activités polluantes）の課税対象を，企業による化石燃料及び電力の消費にまで拡大することが提案された（TGAPは1999年に創設）[89]。課税対象は，重油，石炭，天然ガス，電力である。エネルギー集約産業に対しては，免税措置が予定されていた。

この政府提案は，フランス議会を通過したが，憲法院で政府提案と憲法との整合性について審理した結果，「違憲である」との判断がされた（2000年12月29日）。憲法院は，「汚染活動一般税は，課税対象を化石燃料に拡大することを規定しているが，これは税の公平性の原則に反する。」と，政府提案の制度設計上に問題があるとした。すなわち，エネルギー集約型産業に対する税の減

---

[87] 三宅「環境税（エコ税）の合憲性」前掲注(84)94頁。
[88] 中原茂樹「環境税の法的問題」第13回環境法政策学会・シンポジウム資料（2009年）。
[89] TGAP（汚染活動一般税）は，従来の家庭のごみ貯蔵・処理課徴金，産業廃棄物貯蔵・処理課徴金，大気汚染課徴金，騒音公害課徴金などを統合し，一般財源としたものであるが，2000年末に，同税の課税対象を事業者のエネルギー中間消費に拡張するとともに，炭素含有量に応じた課税を行うことが議会で可決された。

免措置の結果として，エネルギー消費の少ない事業者に対する課税額がエネルギー消費量の多い事業者よりも多い場合が生じ，税の公平性に反すると判示した。

現サルコジ政権は，2010年1月1日から石油・石炭・ガスなどの化石燃料に対し，CO_2 1トンあたり17ユーロの「炭素税」(contribution climat-energie)を導入する予定であったが，憲法院は2009年12月29日，免税対象が多すぎて平等原則に反しているとして違憲とする判断を下した[90]。法律案7条2項と3項に規定されている例外規定が多すぎるため，温暖化防止という法律の目的が損なわれており，「公的負担の前の平等」（égalité devant les charges publiques）の原則が侵害されているとの理由である。

租税政策に関しては立法裁量が認められる。「一般公益に適った行動を人々にとらせるために立法者が特別の税制を定めることは，その制度が当該一般公益によって真に正当化されるのであれば平等原則に反するものではない。」とされる。しかし，法律案の定める目的との観点で課税が正当化されるのか、という点からみて，炭素税の目的が温暖化防止であることを認定した上で，例外規定を吟味すると，立法者が個別事情に応じて柔軟な減免措置で対処せざるをえない場合も考えられるが、結論としては，例外規定のほとんどは正当化できないと判断している。

「企業の国際競争力を維持する。」「零細事業者を保護する。」との名目による産業への負担軽減措置の結果，実際に課税されるのは，主として家庭用暖房の燃料となる。課税対象は CO_2 の排出量の半分にも満たないとされる。ゆえに，例外規定は公的負担の前の平等の原則を損ねるものであるとの判断を導き出しており，炭素税の減免措置を織り込んだ制度設計に対し，警鐘をならす判断となった[91]。

4.3.2で取り上げた，同様の減免措置を含むドイツ・エコ税の合憲性の基準（比例原則ではなく恣意禁止が審査基準）と比較して，フランス炭素税に対する平等原則違反の基準は，多くの負担軽減措置の内容が問題とされた厳しい判断

---

[90] Décision n° 2009-599 DC du 29 décembre 2009　77〜83 段落。
　　77段落，78段落に例外規定を列挙しているが，農業・漁業の燃料と海運・陸運の燃料には減税措置が，火力発電所・製油所・セメント工場・コークス製造工場・ガラス工場・化学工場・公共交通の燃料にも減免措置がとられている。これらの減免措置の根拠として，政府側は国際競争力の維持や EU ETS による規制をあげている。
[91] 中里実「財政制度・租税制度の改革と法律家の役割」ジュリスト No.1397，6頁。

であった。

フランスは，日本同様，石油，天然ガスといったエネルギー資源に乏しい。その電源構成は，80％近くが原子力発電である。水力発電を合わせると，CO_2を出さない電源が9割を占めている。このようなフランスの電源構成を見ると，電力消費を抑制しても，CO_2削減にはほとんど貢献することにならない。

フランスの温室効果ガス削減義務は，90年比0％，つまり90年と同じ量の排出が認められ，削減義務負担は軽めである。フランスのように，原子力発電を温暖化対策の切り札とすることに対しては賛否両論がある。しかし，世界中で原子力発電を全廃しつつ，2050年までにCO_2排出を少なくとも50％削減するのは非現実的なプランであろう。フランスのような原子力推進も，選択肢の一つであることは間違いない。

2007年9月〜10月に開催された環境会議「環境グルネル」において，EUの再生可能エネルギー指令（2020年に再生可能エネルギー20％）を踏まえ，フランスも再生可能エネルギーを開発する方針（2020年に再生可能エネルギーを23％にする，又は2005年比の2倍にする）を示した。2007年には，石炭税（Coal tax）（炭素1トンあたり510円）も導入した。炭素税導入は失敗したが，サルコジ大統領の言うところの「野心的な施策」（2050年までに温室効果ガス排出量を4分の1にする）が成功すると，フランスの電源構成において，化石燃料はゼロになる。

4.3.4 スウェーデンの成果——二元的所得税と環境税

スウェーデンは，1990年から2006年にかけて，温室効果ガスを8.7％削減した一方で，44％もの経済成長を成し遂げている。

このような経済と環境の両立政策が成功した第一の要因は，OECD環境税レポートでも高く評価されている炭素税の財源による抜本的な税制改革であろう。スウェーデンは1991年，フィンランド（1990年）に続いて，ノルウェーとともに2番目に炭素税を導入した国である。

スウェーデンの税制改革では，まず，①消費者選択の歪みを防止するため付加価値税の課税標準を拡大し，②累進所得税率を減税，③資本所得税を統一的税率（比例税）にし，④所得税の減税を補うために付加価値税の税率を引き上げた。すなわち，直接税を減税し，付加価値税へ重点を置く税制改革である。北欧諸国は高福祉高負担であり、税負担は重い。スウェーデンの消費税（付加価値税）の税率は25％と、デンマーク，ノルウェーと共に世界最高税率である。

1991年の炭素税の導入は,「二元的所得税」の考えに基づく抜本的税制改革の一環としてなされたもので,法人税や金融所得に対する税率は比例税とした。一方,労働所得税に対しては累進税率を維持した。

　これは「Green Tax Shift」という概念(好ましくない行動やサービスに対しては高い税をかけ,経済成長に欠かせない法人税や資本所得税は下げる)に基づいて,課税のバランスをとったものである。この二元的所得税制に基づく改正は,伝統的な「包括的所得税」[92]からみると異質なものである。所得の再分配機能よりも,グローバルな競争の中で資産や企業の海外移転防止を重視するという中立性重視の税制である[93]。

　この二元的所得税制は1990年代に,北欧諸国とオーストリアで相次いで導入された。全所得を資本所得とそれ以外の労働所得に二分割し,その上で労働所得には累進税率を,資本所得には労働所得の最低税率と同率の税率を課す税制である[94]。スウェーデンのような総合所得税制を厳格に適用してきた国にとっては,高税収に基づいた福祉重視型から効率重視型への大胆な租税政策の転換であった。これは,資本より国際移動しにくい労働などの生産要素に依存した方が徴税効率が高まるという「最適課税論」と合致したものである。

　日本のガソリン価格に含まれるガソリン税は53.8円(消費税等を含めると62円程度)とガソリン価格の半分を占める。スウェーデンではもっと高く(図4-2参照),「エネルギー税」と「炭素税」と「付加価値税」を合わせると1ℓ当たりのガソリン価格・約230円のうち111円相当分が税金である(2008年;環境省資料)。化石燃料に対する税金がこれだけ高いと,炭素税等が課税されないバイオ燃料の方が相対的に安くなり,利用増加につながる。

　国境を接し合うスウェーデンのような小国は,国際競争力への配慮も必要となる。国際競争力にさらされる産業界や農業などは,エネルギー税0%,炭素

---

[92] シャンツ＝ヘイグ＝サイモンズによって唱えられた伝統的な「包括的所得概念」は,個人の担税力を増加させるような経済的利得はすべて所得と考えるものであり,所得額＝期中消費額＋期中純資産増加額として把握される。佐藤英明『スタンダード所得税法』(弘文堂,2009年) 6頁。

[93] 日本の所得税制は,理論的には,包括的所得税の考えに基づくが,税務執行上,課税対象となっていない所得(フリンジベネフィットや帰属所得)も多い。一方で,金融資産(配当所得,利子所得,譲渡所得)に対しては,本来の総合累進課税ではなく,分離課税によって低率の比例税を適用していることから(準)包括的所得税とも,(準)二元的所得税とも解することができる税制となっている。

[94] *Fundamental Reform of Personal Income Tax, Oecd Tax Policy Studies* (2006, Organization for Economic Cooperation & Publishing Oecd Publishing).

税21％の軽減税率となっている。国際競争力を配慮した減税は，GDP増加への後押しとなる。しかし，フランス憲法院の炭素税に対する違憲判決（2009年12月29日）のように，例外措置が多すぎると平等原則違反となる懸念がある。

個人へのしわ寄せも懸念される。スウェーデンのような寒冷な国では，暖房費もかなりの出費になる。再生可能エネルギーであるバイオマスチップを使った暖房などのコージェネは炭素税がかからない分，相対的に低廉となる。これらの利用推進によって，化石燃料の消費を減らした。家庭での石油燃料の占める割合は，70年代のオイルショック時には80％だったのが，現在では10％にまで減少している。このようにスウェーデンにおいては，炭素税（外部費用の内部化）による相対価格の変更により，CO_2排出割合の高い燃料から低い燃料源への転換，すなわち，エネルギーシステムの転換に成功していることになる。

二番目の要因は，電力に関する政策である。スウェーデンは，世界最初の原子力発電の段階的廃止（フェイズ・アウト）を国民投票（1980年3月）によって決めたが，その国民投票から30年近くたった2009年2月，脱原子力の政策を転換してしまった。とはいえ，再生可能エネルギーの推進に熱心な国で，太陽光発電，風力発電，水力発電，地熱発電，バイオ燃料で，エネルギー供給全体の40％を占める。

スウェーデンの電力市場は，100％自由化されている。スウェーデンでは電気事業者側ではなく，消費者側に，消費電力の一定割合（2010年で16.9％）を再生可能エネルギーとすることを義務付ける「RPS法」を採用している。価格効率的に2020年までに再生可能エネルギーの割合を50％まで高めることを目標とし，原子力を維持しつつも，化石燃料ゼロを目指している。

4.4 どのような炭素税が望ましいか

4.4.1 既存エネルギー諸税と炭素税の導入

炭素税の税収使途については一般財源とすべき考えと，目的税とすべき考えがある。前者の根拠は，租税政策手段としての炭素税は課税の経済効果，つまり，価格引き上げによるエネルギー消費抑制効果を第一の目的とするものであるから，使途および財源規模の先行決定が主要な条件である目的税（地球温暖化対策特別財源）になじまない——財源需要から税率を決定するのは本末転倒——という点にある。

OECDのレポートでも，税制改革の一般的な流れとして，特定目的のための税収の使途特定化を阻止する方向にあり，使途が特定されていない炭素税の導

入が好ましいとされている[95]。税の使途特定化とインセンティブという目的は明確に区別されなければならない。環境税が企業と家計の行動を変化させるために必要なインセンティブを与える十分なレベルに設定される場合には，使途を特定化することは必要ではなく，税収を一般会計に入れることができるとされている。

EU諸国の温暖化対策税は，ほぼ一般財源として扱われている。ただし，ドイツでの「再生可能エネルギー法」(2000年4月施行) による再生可能エネルギーの固定買取制度への補助金としての利用のように，環境目的への利用例もある。

他方，財源調達のための炭素税なら技術指定型補助金として，省エネ技術・新エネルギーへの移行を推進する方が望ましいとの考えもある[96]。実現可能なレベルでの炭素税の場合，環境代替技術開発投資への補助金は，価格弾力性を高め，長期的に環境税収を減少させる方向に働くので，その限りでは特定財源化による弊害は少ない[97]。

炭素税の目的税化は導入の反対を緩和するメリットはあるが，硬直化を招きやすい。これまで長い間，批判の矢面に立っていた道路特定財源 (法律上は，平成21年4月一般財源化された) は目的税とは異なるが，緊急性が薄れてもシェアが硬直化してしまう欠点を持つ。「特定財源」は，「目的税」と異なり，税法上は使途が特定されていないが，財政上の措置としてその税収の全部または一部が譲与税法，特別会計法その他の法律で特定事業の財源に充てることとされている租税のことである。

道路特定財源 (1953年の道路整備費の財源等に関する臨時措置法制定による) は，1954年の揮発油税に始まり，60年代にかけて税目を追加した。安定した税収と中期の投資規模を定めた道路整備5ヶ年計画を両輪に，道路網の集中整備を実現した。しかし，道路整備の緊急性が薄れても特定財源は維持されてきた。このように，特定の税を財源として特定の歳出以外に使えないようにすると，財政需要としての優先度が低くても歳出が行われる。非効率な行政によって，

---

[95] OECD (1993) *Taxation and Environment*. (石弘光監訳『環境と税制』168頁)

[96] 佐和隆光教授や「地球温暖化経済システム検討会」提案では，炭素税収を温暖化対策目的税とすべきとの考えを示している。佐和隆光『地球温暖化を防ぐ──20世紀型経済システムの転換──』(岩波新書，1997年) 149頁，植田和弘・林宰司「地球温暖化防止をめぐる政治と経済」経済セミナーNo.515，13頁，OECD前掲注(65) 206頁。

[97] 藤谷・前掲注(12) 35頁。

4.4 どのような炭素税が望ましいか

国民が超過負担を負ってきた。

　環境税についても，環境税収を一般的な環境保全・回復費用全般のために特定財源化することは，財政法の観点からは望ましくない。現実の環境税の賦課額は真の社会的費用と直接的な関係に立たず，税収の総額が環境費用と等しい保障はない。さらに，社会的共通資本の外延が曖昧であるため，必要とされる税収に歯止めが利かない[98]。

　化石燃料を使用する全ての人が地球の使用料を負担する必要があり，かつ，温暖化防止による便益は国民全体にもたらされる点を根拠に創設するのであるから，炭素税（地球温暖化対策税）は普通税とすべきであろう。ただし，税収を代替技術・エネルギー開発投資への補助金に充てることは，一般的には誘導作用にプラスに働く。

　わが国では消費税導入（平成元年4月1日）前は，物品税をはじめとして，多数の個別消費税があったが，消費税法の施行によりその大部分が「消費税」に吸収され，現在残っているのは酒税・たばこ税・石油関連諸税のみである。これら3種の個別消費税が存続しているのは，税収ポテンシャルが大きいことと同時に，これらの物品の消費を多少とも抑制する目的も存するためである。

　また，揮発油税・地方揮発油税[99]（＝ガソリン税）や軽油引取税は，自動車による通行という特定の方法で道路を利用し損傷する者から，道路整備の財源に充てるために徴収するという点では，受益者負担金ないし原因者負担金に類似する性質を持った租税である。それが，負担金としてではなく，租税として徴収せざるをえないのは，関係者が極めて広範にわたること，および受益と損傷の程度を個々人毎に特定できないことによる。

　エネルギー源の転換期においては，新技術・分散型電源の導入促進のための政策的な支援が必要である。現実的な炭素税の導入にあたっては，その本来的なインセンティブ効果をもつ税率より低率とならざるをえないことからして，分散エネルギーシステム普及のために，税収を優先してこれらに充当することは，その後押しとなる。しかし，中長期的には，CO_2排出削減という温暖化対策が進めば進むほど税収は減少することも留意しなければならない。したがっ

---

[98] 結局，特定財源化の問題の根源は，税収と使途の固定化それ自体ではなく，固定された使途の膨張に民主的チェックによる歯止めが利かないことにある。藤谷・前掲注(12) 36頁。
[99] ガソリン税のうち，地方揮発油税分は，地方自治体に財源を譲与することを目的とする国税である。平成21年度改正で地方道路税から改称された。金子・前掲注(32) 583頁。

て，その使途が固定的なものになって，財政の硬直化を招くことがないようにすることが肝要であろう．

4.4.2 石炭にかかる税金と石油にかかる税金

わが国でCO_2排出増が著しいのはエネルギー転換部門（電力）と運輸部門（自動車）である．電力部門での燃料源の転換を考えると，電源開発促進税や石油石炭税の改正が望ましい．しかし，運輸部門を含めたCO_2排出抑制効果を考えると，石油・石油製品段階（下流）のエネルギー関連諸税の改正も必要となろう．

CO_2含有量の最も多い石炭は保護産業となっている国が多かった．日本でもエネルギー諸税が課されるどころか，原油等関税を財源とする石炭対策特別会計（2000年度予算で1,361億円）により交付金を支給するという保護策が採られていた．

1955年から賦課が始まった原油等関税（現行では関税）は石炭と重油の価格差縮小による国内石炭産業の保護策であった．1960年から始まった石炭産業の合理化により，地域経済の混乱を防止するために，税収はこれらの財源に回された．これは，石炭産業保護費用を，石油の輸入に対する課税を税源とする政策であり，大いなる矛盾であった．しかしながら，2002年1月，国内炭鉱はすべて閉鎖された．石炭は輸入石炭のみを考慮すれば足りることになり，ここから石炭に対する課税が始まった．

2002年11月，エネルギー税制の見直し案がまとめられ，これまで非課税であった燃料用石炭に対し，段階的に税率を上げ，1トンあたり700円を課税，液化天然ガスに対する税率も段階的に1,080円まで引き上げられた．同時に電源開発促進税を1,000kWあたり445円から375円に引き下げ，使途を原子力や水力など長期固定電源の開発・安定運転のための環境整備に重点化した．要は，エネルギー対策特別会計の中での税収中立であり，特別会計制度は温存したままである．

石炭に対する税率は1トンあたり700円で，諸外国に比べて低率である（表2-2参照）[100]．石炭課税によって石炭のコストが上昇しても，熱量換算では依然石炭が最も安い燃料である．また，電源開発促進税が減税されたことから，石

---

[100] 平成20年9月16日環境省「諸外国における取組の現状 関係資料」によると，石炭1kgに対する課税は，イギリス2.61円（気候変動税），ドイツ1.41円（エネルギー税），

4.4 どのような炭素税が望ましいか

■石油の多重・多段階課税（平成20年度予算案）

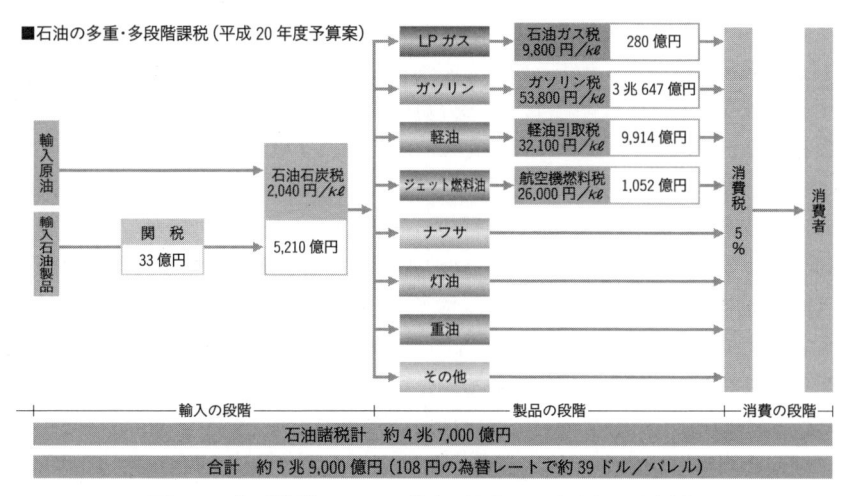

```
輸入原油 ──→ ┐
              ├─→ 石油石炭税 2,040円/kL ──→ 5,210億円 ──→ ┬─→ LPガス ────→ 石油ガス税 9,800円/kL ──→ 280億円
輸入石油製品 ─→ 関税 33億円 ─┘                              ├─→ ガソリン ──→ ガソリン税 53,800円/kL ──→ 3兆647億円
                                                            ├─→ 軽油 ──────→ 軽油引取税 32,100円/kL ──→ 9,914億円     ──→ 消費税 5% ──→ 消費者
                                                            ├─→ ジェット燃料 → 航空機燃料税 26,000円/kL ──→ 1,052億円
                                                            ├─→ ナフサ
                                                            ├─→ 灯油
                                                            ├─→ 重油
                                                            └─→ その他
```

├─── 輸入の段階 ───┤├─── 製品の段階 ───┤├─ 消費の段階 ─┤

石油諸税計　約4兆7,000億円

合計　約5兆9,000億円（108円の為替レートで約39ドル／バレル）

図 4-3　化石燃料にかかる税金（出典：財務省主税局資料）

油石炭税が課税されない原子力発電の比率を高めるほど税負担が軽くなる。

日本では，電力自由化に伴うコスト削減の必要性から，ここ十数年，石炭火力割合を増やしている（95年段階の14%から2010年段階では21%に増加）。炭素含有量が最も多い石炭火力発電の増加に歯止めをかける必要がある。

エネルギー税制の見直しは電力自由化とも関わってくる。2000年から始まった電力部分自由化に伴う新規参入者（PPS）には，安価な化石燃料を使う事業者が多かった。自由化の目的を，電力・ガス市場の競争促進による値下げによる効率化と捉えると，石炭や石油といった燃料費の安い化石燃料を使う独立系発電事業者（IPP）は炭素税導入による増税分を価格に転嫁せざるをえず，不利になってしまう。しかし外部効果が価格に含まれず，化石燃料の値段が安すぎるのが温暖化の原因である。したがって，自由化の目的である消費者利益の拡大を，特定の財・サービスが環境に悪影響をもたらす場合に対する「バッド課税」と考えることにより，エネルギー税制を見直し，電力自由化政策との整合性を保つ必要がある。

発電所の燃料源の脱化石燃料化を促す政策抜きに，効果的な温暖化対策はあ

オランダ2.08円（石炭税），フランス1.41円（石炭税），フィンランド8.13円（電気税・付加税），デンマーク36.75円（石炭税，二酸化炭素税）とすべての国が日本の0.70円より高い。

りえない。発電所の脱石炭火力を促すためには、石炭に対する税率、石油に対する税率、天然ガスに対する税率をすべて、炭素含有量に応じた税率に改編すべきであろう。石油石炭税は、大部分が経済産業省管轄のエネルギー対策特別会計となっている。石炭課税の強化は、政治的には可能であろう。

　一方、ガソリンを始めとする運輸燃料に対しては、図4-3に示すように、既に種々の税金が課されている。現行の石油関連諸税は、すでにガソリン消費を抑制する効果をもっているが、これら既存の運輸燃料に対する税率設定は、CO_2の排出抑制効果をもつような税率ではない。既存のエネルギー関連諸税は、エネルギーでみれば石油に、消費部門でみれば運輸部門（とりわけ自動車）に偏って課税されており、炭素換算でみた場合もエネルギー間で隔たりが大きく、これらには炭素税としての意味合いは薄いといえよう。

　ディーゼル燃料のCO_2排出量はガソリンより少ないが、硫黄含有量が多い。ディーゼルのなかでは超低硫黄ディーゼル油（ULSD）への転換、バイオディーゼル燃料（BDF）との混合使用が望ましい。菜の花や菜種、ひまわり、あるいは使用済み食油から作ったBDFを軽油と混ぜて使用する場合、BDFに対して軽油引取税を課税すると価格競争力がなくなってしまう。課税当局は民間の創意を摘み取る課税をすべきではなかろう[101]。

　CO_2排出量の2割は運輸部門（自動車）が占める。ガソリンに混合するバイオエタノール、軽油に混合するバイオディーゼルの割合を増やすと、バイオマスはカーボンフリーとみなされるので、CO_2排出量を減らしたとみなせる[102]。

　個別消費税として自動車燃料関連諸税をみると、ガソリンは、前段階までの個別消費税額にも消費税が課税されて、タックス・オン・タックスとなっている。取引高税のような前段階の税額や仕入れを控除しない税の場合、課税の効果が累積し、個別消費税を含めて一般消費税が課税されるというタックス・オン・タックス状態が生じる。取引高税の欠点を克服するものが付加価値税（一般消費税）であるが、個別消費税と一般消費税という複数の間接税が併課され

---

[101] 京都市バスで使っていたバイオ燃料（使用済みてんぷら油から精製）に対しては軽油引取税を課さないとの方針を示していたのが2001年になって「解釈に誤りがあった」と突然方向転換してきた。その後は、納税しながらバイオ燃料20%混入油を使っていたが、改正揮発油等品質確保法で混合上限が5％に引き下げられた（2009年）。

[102] 国内のガソリンの使用量の約8割を占めるレギュラーガソリンをE10（バイオエタノールを10%混ぜた混合ガソリン）へ切り替えると温室効果ガスを90年比で1%削減できる。しかし、現在の混合ガソリンのエタノール比率は0.4%であり、ブラジルや米国で普及しているE3、E5、E10に比べてCO_2削減効果は限定される。

4.4 どのような炭素税が望ましいか

ることによるタックス・オン・タックスについては放置されることも多い。

軽油引取税の納税義務者は最終的な利用者等であって，売った人は特別徴収者であり，税は預かり金扱いとなる（地方税法第700条の10）。軽油引取税の場合，税額は課税譲渡の価額には含まれない。ところが，国税である揮発油税は蔵出し税であり，納税義務者は製造者である（揮発油税法第3条1項）。消費税の課税標準は蔵出し税を含めた販売価額とされ，消費税との間の二重課税の回避措置はなく，タックス・オン・タックスとなっている（二重課税分は約3円）。この点は，平成22年度税制改正大綱においても，「たばこ税，酒税につきいずれも消費税と実質的に二重の負担をもたらすものであると同時に，これまで安易な財源確保策として用いられてきたという問題点」が指摘されている。

運輸燃料であるガソリンに対しては，炭素換算1トンあたり約7万円程度の税金が既に課されている。ガソリン税（揮発油税＋地方揮発油税）は国税であり，地方揮発油税分は地方に譲与することになっている。一方，軽油引取税は地方税（都道府県民税）である。国税・地方間の税源の再編（三位一体の改革のうち税源の移譲は進んでいない）も必要ではないか。

以上を踏まえて，地球温暖化対策税（炭素税）の具体案を検討する。まず，新税として導入すべきか否か。民主党マニフェストに従うと，自動車関連税の暫定税率分を廃止して，炭素税に改編すべきということになる。日本のガソリン税，軽油引取税はEU諸国に比べると低いレベルにある。大幅な税収不足の財政状態からみて，暫定税率分を炭素含有量に応じて改編すべきであろう。

新税として導入するとなると，まずすべての化石燃料に対し，輸入段階で炭素含有量に応じた炭素税として導入すべきことになる。しかし，課税目的は異なるが，既に石油石炭税が課税されている。輸入石炭も石油も天然ガスも炭素含有量に応じた炭素税としての課税が望ましいとすると，石油石炭税を炭素含有量に応じた炭素税に改編し，一般財源化すべきであろう。このほか，販売電力に対する電源開発促進税を炭素含有量に応じた炭素税あるいはエネルギー税に改編する案もある。再生可能エネルギーは非課税となる。原子力を課税対象とするか否かについては議論が必要となる。

石油石炭税の炭素税化は，製品段階でのナフサ・灯油・重油に対する増税となってしまう。農業や漁業者の保護目的で重油に，低所得者層への逆進性を考慮して灯油に，国際競争力重視の立場から石油化学製品の基礎原料であるナフサに対し，減免措置を設けることも政策的には考えられる。しかし，炭素税の公平性は損なわれる。炭素税としての有効性も損なわれる。炭素税に対する多

くの減免措置は，フランス憲法院（2009年12月29日）で示されたように，平等原則違反になる懸念がある。あくまでエネルギー税制の見直しを伴った地球温暖化対策税として，例外的な減免措置を極力設けない純粋炭素税であることが望ましい。

第5章　エネルギー源の低炭素化

5.1　電源の選択は可能か

5.1.1　政策手段の評価軸

　地球温暖化対策基本法案（2010年（平成22年）3月12日閣議決定）は，環境基本法の基本理念にのっとり，地球温暖化対策に関し，基本原則を定め，国の責務等を明らかにし，温室効果ガスの排出量の削減に関する中長期的な目標を設定している。具体的には，2020年における温室効果ガス排出量を90年比25％削減する中期目標（9条1項）を掲げ，そのために，2020年における一次エネルギー供給量に占める新エネルギー等の割合を10％にする目標（10条），国内排出量取引制度の創設（14条），地球温暖化対策税の創設（15条），固定価格買取制度の創設その他新エネルギー等の利用の促進（16条），革新的な技術開発の促進（17条）等の国の施策を掲げている。

　地球温暖化対策の目的は，エネルギーシステムを長期的に変化させ，持続可能な社会を構築することにある[1]。そのためには従来型の規制的手段や自主的取組だけでは不十分で，財政上又は税制上の措置を講じる必要がある（8条）。政府の介入（競争の枠組み作り）により，温室効果ガスの排出を抑える政策を実効性あるものにしなければならない。したがって，ツールとしての経済的手法（地球温暖化対策税，国内排出量取引）が，エネルギーシステムを変化させるという目的を達成するために，公平かつ効率的かという観点から評価されねばならない。

　政策手段の評価基準として，①費用効率性，②技術革新へのインセンティブ，③情報の効率性があげられる[2]。経済的手法は両方ともこれらの評価基準を満たしている。両者の相違点は，炭素税（地球温暖化対策税）は政府が一種の価

---

[1] 地球温暖化対策基本法案では，「経済成長を図りつつ地球温暖化対策を推進し，もって地球環境の保全並びに現在及び将来の国民の健康で文化的な生活の確保に寄与することを目的とする。」（1条）と表現されている。

[2] 諸富徹「温暖化対策における環境税の位置づけとその方向」租税研究2002年5月号72頁。

第5章　エネルギー源の低炭素化

格（＝税率）を設定し，企業側が調整を行って減らしていくのに対し，国内排出量取引は最初から政府が排出総量を決めてしまう点である。

わが国のエネルギーバランス・フローをみると，日本が1年間に消費する一次エネルギーのうち石油が約5割を占める。石油危機時の1973年当時（石油が75％）に比べて一次エネルギーの使用量は1.5倍に増えている。原子力と天然ガスの割合が大幅に増加しているが，それでも，石炭と天然ガスも含めると化石燃料源が8割を占めている。これら年間3億トン輸入される化石燃料のほとんどは精油所，発電所，ガス会社に送られる。

そのうち有効利用されているのは3分の1にすぎない。3分の2は損失となっており，無駄が多い。その原因の一つは電力の割合が増えていることである。エネルギー消費割合のうち，発電などのエネルギー転換部門の割合は約3割を占める。需要地から遠く離れた大規模発電所での発電プロセスで発生する熱を捨て，電気だけを使っているとせいぜい4割のエネルギーしか有効利用できていない。

一方運輸部門をみると，ガソリン車のエネルギー効率はわずか7％程度にすぎない。まず原油を精製する段階で8％のロス，輸送段階で2％のロスが生じる。そして，エンジンでガソリンを燃焼，熱エネルギーを機械エネルギーに変換する段階では85％がロスとなり，15％しか利用できない。機械損も50％あるので，もともとの原料の7％程度しか利用されていないという非効率な乗り物である。15％効率のある燃料電池車や，27％効率のある電気自動車の方がずっとエネルギー効率的である。そのうえ，ディーゼル車は排気ガスにNOx（窒素酸化物）が含まれるという環境への負荷問題を抱えている。

このように，エネルギー効率が悪く，運輸部門のCO_2増加の原因となっている自動車[3]は，国内だけで7,800万台，世界では9億台を突破している（2007年）。まずは，車の数を減らし，交通量を減らすことが抜本的な対策となる。ロンドンのように混雑税（Congestion Charge）の義務付けによる削減策も，有効に機能する環境税の一種である[4]。

---

[3] 1リットルで平均6km走行する車で毎月1,000km走行すると，年間約5トンのCO_2が排出される。2リットルのペットボトルに入れれば140万本分。これが平均的なマイカーオーナーが1年間に排出しているCO_2の量である。

[4] ロンドン交通局は，平日の午前7時から午後6時に市内に入る車両は8ポンドの「混雑税」（Congestion Charge）の支払いを義務付けている（2003年2月導入）。2008年から，電気自動車は免税に，一方で，CO_2排出量が225g／km以上の車は25ポンドに値上げ予

5.1 電源の選択は可能か

　ライフ・サイクル・アセスメント（LCA；製品の一生の環境負荷）を考えると，車の製造時や廃棄時のCO_2排出量より，走行時のCO_2排出量の方がずっと多い。車の使用によるCO_2を削減するためには，公共交通機関の使用推進（パーク＆ライド等）や，輸送をトラックから鉄道や船舶に切り替えるモーダルシフトも重要になる。

　運輸部門では，燃料電池車が自動車社会を変える救世主のようにいわれることもあるが，水素経済が実現するためには，技術面やインフラ整備，価格面で壁が高い。ブレイク・スルーを促すインセンティブを市場にしかける必要がある。また，規制のしがらみがブレーキとなっている燃料電池関連法規の規制緩和も必要となる。

　燃料電池は水の電気分解と逆の原理により，水素と酸素を電気化学的に反応させ，水を生成すると同時に電気を外部に取り出す（すなわち発電する）ものである。燃料電池は小さな発電装置であり，家庭用の定置式のものと，車積載用（内燃機関の代わり）の燃料電池車がある。

　家庭用の定置式は現在のところ天然ガスから取り出した水素を使用するものであり，CO_2フリーではない（水素は二次エネルギーなので，何から水素を作るかも重要になる）。しかし，排熱を利用できることから発電効率が高く（コージェネができるので70％以上），CO_2の排出削減が望める。

　中長期の視点でみると，経済成長をとげた島嶼国は，水素の利点を生かしやすい立場にある。究極の水素経済は，再生可能エネルギーから作られた電力で水を電気分解し，貯蔵された水素を使った燃料電池の普及する社会である。まず，水素時代への橋渡し役として期待される天然ガスへシフトし，再生可能エネルギーの利用を促進し，エネルギーシステムを分散型に変化させていく必要がある。

　これら環境的に望ましい革新的な技術の開発を促進し，社会基盤を確立するためには，財政上又は税制上の措置その他の必要な施策を講ずることが必要となる（地球温暖化対策基本法案17条）。すなわち，技術のブレイク・スルーを促すための法整備（規制緩和），経済的効率性が認められる施策が実効性をもつための促進策として財政上，税制上の措置が必要となる。そして，これら革新的な技術開発は，電力自由化という競争重視の政策と整合性がとれるものでな

　定であったが，ポルシェ社が英国の高等法院に審査を申し立てた。その後，値上げは撤回された。

ければならない。

　エネルギー市場の自由化政策は規制緩和策であり，競争重視の視点である。エネルギー政策のトリレンマ（安定供給，環境保全，効率化）を解決するためには，分散エネルギーシステムの普及と原子力政策の両面からの見直しが必要になる。

　縦割り行政となっているわが国では，エネルギー政策や公益事業の監督庁は経済産業省，地球温暖化問題や廃棄物問題は環境省が主務官庁となっている。エネルギー関連法は，理念法であるエネルギー政策基本法（2002年）を頂点に，原子力基本法，電気事業法，ガス事業法，省エネ法，RPS法等がある。エネルギー政策の展開として，エネルギー基本計画，原子力政策大綱，新国家エネルギー戦略，長期エネルギー需給見通し等がある。

　一方の環境法の体系としては，1993年に制定された環境基本法[5]，1994年に制定された環境基本計画のもと，2000年には循環型社会形成基本法，資源有効利用促進法，グリーン購入法，その後，各種リサイクル法が制定され，循環型社会を目指す法律が整備された（図5-1参照）。これら循環型社会形成のための各種リサイクル法の制定は，最終処分場不足の逼迫が大きな要因となっている。最終処分される廃棄物の量を減らす必要に迫られて，リサイクルを促す法体系が形成されたものである。

　地球温暖化対策基本法も環境基本法の基本理念のもとに制定される。循環型社会形成推進基本法に基づく地域廃棄物問題も，地球温暖化対策基本法案に基づく地球温暖化問題も，ともに，「出し過ぎ」「取り過ぎ」（化石燃料の大量消費による廃棄物や温室効果ガスの大量排出）を原因とする。化石燃料の使用を減らし，再生可能なエネルギーの使用や省エネにより，持続可能な社会の形成を目指す必要がある。

　持続可能な経済社会を構築するための環境保全型行財政改革が進まないと，環境に影響を与える主要な政策（産業・エネルギー・土地利用・農業・交通など）との有機的な政策統合は成果をあげることができない[6]。すなわち，地球温暖化対策基本法案に掲げる施策は，エネルギー政策や運輸・交通政策，農業を含

---

[5] 環境基本法制定以前は，公害対策基本法で公害対策を，自然環境保全法で自然環境対策を行っていたが，複雑化・地球規模化する環境問題に対応できないことから，環境基本法が制定されたものである。その立法経緯からして，地域的な環境問題の解決，自然環境保全を趣旨とする。

[6] 松下和夫「環境ガバナンスの構築」科学2002年8月号796頁。

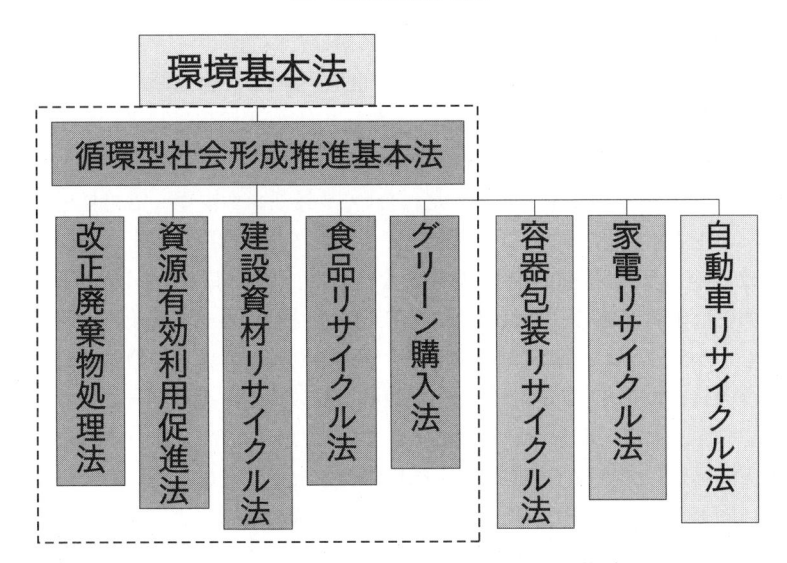

図5-1 循環型社会形成の推進のための法体系

めた国内産業政策と呼応するものでなければならない。

5.1.2 エネルギー業界の規制緩和と環境保全策との両立策

資源に乏しい島国であること，そして70年代のオイルショックの打撃を踏まえて，これまでの日本のエネルギー政策は，安定供給に重点が置かれていた。石油依存からの脱却としてのエネルギー多様化政策は，すなわち，準国産エネルギーである原子力の推進策であった。

地球温暖化対策基本法案でも，「革新的な技術開発の促進」という名目で原子力推進が謳われている（17条）。「原子力は，エネルギーの安定供給のみならず，低炭素社会の実現にも不可欠である。」との表現を盛り込んだ閣議決定もされている（「新成長戦略（基本方針）〜輝きのある日本へ〜」について（2009年（平成21年）12月30日））。これら「原子力推進」の具体的内容は，低迷している原発稼働率を上げることによるCO_2削減のみならず，2020年に原子力の割合を40％にする（そのための出力調整運転も行う）ことをも含んでいる。

原子力立国を掲げる限りは，①長期のリードタイムを必要とする原子力は，規制緩和策と整合性がとれない，②新規立地が難しく，放射性廃棄物の最終処分地問題の解決が容易ではない，という未だに解決の目処がたたない問題点が浮かび上がってくる。そして，その最終的な答えが，中途半端な部分自由化，

公募による地層処分，高速増殖炉開発を目指した核燃料サイクル路線の堅持では閉塞感は免れない。果たして，「もって地球環境の保全並びに現在及び将来の国民の健康で文化的な生活の確保に寄与」（地球温暖化対策基本法案第 1 条）する目的を達成できるのだろうか。

そもそも業界と経済産業省がもたれ合い，「長期エネルギー需給見通し」というエネルギー需給計画をつくりあげてきた方法が時代遅れであった。エネルギー政策のような長期的な視点が必要な政策は，（短期間でポストがかわる）官僚主導には限界がある。半世紀前にたてられた「原子力立国政策」が時代の変化にもかかわらず，エネルギー政策の中核であり続けている。原子力に対しては賛否両論が大きく分かれるにもかかわらず，ステイクホルダーによる議論も，国会での議論もほとんど行われることがない。

現実問題として，原子力に関し，国民的コンセンサスを得ることは難しい。しかし国策として推進する限りは，公開の場で議論を尽くすべきであろう。更なる原発の新増設による CO_2 削減策が環境大国日本の唯一の選択肢であろうか。図 3-1 に示すように，原子力はトータルシステムとして CO_2 排出量が少なく，温暖化抑制に優れた電源である。しかし，高レベル放射性廃棄物処分にしても，核燃料サイクル（プルサーマルと高速増殖炉）にしても，費用面ではかえって割高である。高速増殖炉が実用化されない限り，プルサーマルのみではリサイクル効果は微々たるものである。

米国の自由化は，東部の大停電やエンロン社の不正事件による揺り戻しがあって，停滞状態であるが，環境を重視する EU 諸国は電力の規制緩和政策を推進している。EU 電力自由化指令によって，2007 年 7 月 1 日より，家庭用を含めて全面自由化，電力会社の法的分離も求められている。

アメリカからの外圧によって始まったとはいえ，日本における部分自由化は，総括原価方式の見直しによる価格引き下げという要請があった。設備産業である電気事業は「規模の経済」が働くことから，完全な自由競争よりも地域ごとの寡占状態の方が，社会的厚生が最大になるとの仮説モデルもある[7]。今後の電力規制緩和策のポイントは，競争重視によるデメリットを防ぎつつ，競争を促進する枠組み作りができるかどうかである。小売市場を完全自由化した後，価格の安定性・最終供給保障が損なわれない競争体制をどのように作っていくか，原子力発電をどのようにして維持していくかの枠組み作りが必要になる。

---

[7] 福井エドワード『スマートグリッド入門』（アスキー新書，2009 年）150 頁。

5.1 電源の選択は可能か

　石油業界，ガス業界，電力業界というエネルギー産業の規制緩和は，まず10年の時限立法であった「特定石油製品輸入暫定措置法」（特石法）の廃止（1996年），セルフ解禁（1998年）から石油業法の抜本的見直し（2001年），そして，1995年以降のガス事業法の改正，同じく1999年以降の電気事業法の改正による規制緩和という形で進み，小売市場の自由化範囲が拡大してきた。

　将来的には，電力・ガス・石油といった業界は総合エネルギー産業へと脱皮していくものと思われる。すなわち，エネルギー市場の規制緩和はやがてエネルギー産業の合従連衡につながると思われる。しかし，規制緩和の行き着く先がエネルギー産業の寡占ではかえって消費者の利益が損なわれてしまう。寡占を防ぐための方策を含めた制度設計が必要となる。

　カリフォルニア州の電力危機をあげるまでもなく，自由化の行き過ぎや市場設計の失敗は，大きな社会的混乱を引き起こす。市場機能を最大限発揮させるためには，情報の公開が必要となる。競争が機能するためには，十分な発電・送電能力が不可欠である。とりわけ送電設備をいかに整備するかが議論の的になる[8]。

　電気事業分野において，新規参入者と既存電気事業者との対等な競争を促すためには，アンバンドリング，すなわち，既存電力会社が所有する自然独占部門である送電部門の分離独立がポイントとなる。方法としては，会計上の分離，持株会社化，第三者への売却がある。改正EU電力指令では法的分離が要求され，26カ国中13カ国が法的分離を行っている（2007年現在）。

　先行した航空業界[9]や通信分野の自由化の進展をみても新規参入の壁は高い。むしろ，既存電力会社の横並び体質を変える方が効率的ではないか。電力という生活に欠くことのできない財，同時同量を要求される電気という特殊な商品は，セキュリティを重視してこそ自由化が進むのではないか。送電コストが高

---

[8] 南部鶴彦「電力規制改革の経済学」経済セミナー1998年5月号，南部鶴彦・西村陽（2000〜2001）「エナジー・エコノミクス①〜⑩」経済セミナー2000年10月号〜2001年7月号。

[9] 航空法の改正により，1997年には航空運賃の設定が一部自由化され，安い運賃を看板にスカイマークエアラインズ（現スカイマーク）や北海道国際航空（AIR DO）などの新規参入会社が就航したが，既存3社（現在は2社）による同額程度の対抗運賃の設定で苦戦を強いられ，北海道国際航空は民事再生法の適用を申請した。
　福井秀樹「競争入札による空港発着枠配分―可能性と限界―」公共政策研究・新装創刊号152頁，秋吉貴雄「知識と政策転換―第二次航空規制改革における「知識の政治」―」公共政策研究第8号87頁。

い離島や山間部の利用者に対する供給保障の仕組みを作ったうえで，競争を促す必要がある。大口需要家向けの効率性のみを重視する政策ではなく，貯蔵不可能な電力の最終供給に対する責任主体をはっきりさせることがまず必要ではないか。

国産エネルギーに乏しい，一国内で閉鎖した電力網となっている，山間僻地が多い，という特色をもつわが国の電気事業におけるユニバーサル・サービスの必要性を考えると，定置式燃料電池等の技術革新によってオフ・グリッドのバックアップ体制が整うまでは，既存電力会社が供給責任を負う形にならざるをえないのではないか[10]。

部分自由化によって独立系発電事業者（IPP）が発電市場に参入している。しかし，IPPに参入できる企業は，安価な石炭や超重油（残渣油）を使う石油・ガス会社にほぼ限定されている。特定規模電気事業者（PPS）[11]が参入する地域も限定されている。これまでの小売自由化による競争重視は，安価な化石燃料使用による「温暖化促進策」となってしまっている。競争を重視しながらも，安価な化石燃料による発電の増加を防ぐ必要がある。環境保全面を考慮すると，分散エネルギーシステムを支える財政メカニズムが必要となろう。

電力自由化は，一般家庭のような小口需要家にとっては価格面のメリットは小さい。それでも，小口需要家も複数の発電会社から選択できる方が望ましい。競争市場では，再生可能エネルギー発電による「地球にやさしい電力」は，どうしても価格面で不利になる。したがって，大口需要家である企業が，割高なグリーン電力を選択した場合，このグリーン購入分を国内排出量取引として売買したり，省エネ法の削減分[12]としてカウントできる途も開くべきであろう。

いったん自由化されると電力は「需給関係」で価格が決まる「市場商品」になる。「貯蔵できない」「必ず実需が伴う」「瞬間的なマッチングが必要」な特殊な財である電力が市場商品になると，価格弾力性が低く，市場価格は乱高下

---

[10] 米国の自由化では，伝統的な供給義務に代わり，競争を前提とした供給システムへの移動期における供給保障を目的として，「デフォルトサービス（Default Service）」が制度化された。デフォルトサービス業者には，既存電気事業者（配電会社）が指定される場合が多い。『海外諸国の電気事業 第1編追補版』(財海外電力調査会，2006年) 26頁。

[11] PPSのなかには，日本風力発電㈱（CO_2排出係数が0.000）やGTFグリーンパワー㈱のような再生可能エネルギー燃料による発電・供給を目指す会社もある。

[12] 省エネ法の定期報告義務を負う第Ⅰ種エネルギー指定管理工場等（年間エネルギー消費量が3,000kℓ以上）である約7,000事業所だけで日本のCO_2排出量の約65%をカバーできる。浅岡美恵編『世界の地球温暖化対策』（学芸出版社，2009年）14頁。

する可能性もある[13]。小口需要家に対する安定供給や環境対策の要素が含まれないことになってしまう。

同じく資源小国デンマークは周辺のEU諸国がまだ炭素税を導入していない中で，炭素税を導入（1992年に既存エネルギー税制に上乗せして炭素含有量に応じた新税を導入）し，国家として再生可能エネルギー推進策をとった。1992年には固定価格での買取を義務化，1999年には電力供給法を改定し，RPS制度へと転換した。2010年における再生可能エネルギーの割合は20％，2020年にはEU指令の目標を超えて30％を目指している。

デンマークでは1985年の国民投票で原子力放棄を決定している。したがって，エネルギー源は化石燃料と再生可能エネルギー発電のみである（電力の輸出も行っている）。再生可能エネルギー産業の成長もめざましく，世界の風力発電機の40％がデンマーク製であり，2万人の雇用をもたらしている。さらには，石炭に対しては36.75円／kgの石炭税，天然ガスに対しては75.98円／kgの天然ガス税というEU諸国の中でもとりわけ高率のエネルギー税（2008年9月16日環境省・諸外国における取組の現状・関係資料）による後押しをしている。脱原発，ゆくゆくは脱化石燃料となるように，水素エネルギーの利用を合わせ，エネルギー自給率100％を目指している。

もっともデンマークでは，メッシュ状の太い送電網が他のヨーロッパ諸国とつながっている。人口規模は550万人程度で，日本の20分の1の小国である。同じ土俵での比較はできないが，日本においても2020年における一次エネルギーに占める新エネルギー等10％を導入目標とする以上は，固定価格買取制度や化石燃料に対する課税によって，燃料源の転換を後押しすべきであろう。

ゆくゆくは，規制緩和政策と環境政策の統合が必要になる。従来の行政裁量を排して事前ルール化すること，すなわち，環境制約や市場制約を明確な基準のもとに制度化し，ルールの中では自由とするのが「電力自由化」という「規制緩和」策である。そして，その事前ルールには，地球温暖化防止という環境保全策がビルトインされていなければならない。

5.1.3 持株会社制で競争が起きるか

改正EU電力指令では，電力会社の法的分離が求められ，持株会社制へ移行

---

[13] カリフォルニア州の例では，需要の逼迫が起こると電力価格は突発的に上昇した。南部鶴彦「電力自由化の視点」2002年8月21日付日本経済新聞「やさしい経済学」，最首公司『よくわかる電力・ガス業界』（日本実業出版社，2001年）72頁参照。

した国も多い。一方，持株会社制の普及している米国では，規制された電力会社を子会社としてもつ公益事業持株会社制が早くから存在していた。電力自由化の進展とともに，非規制部門となったESCO（エネルギーサービス）部門やIPP運営会社などを新たな子会社として設立し，サービスの多様化と業務の拡大を図っている。日本でも電力市場の競争の透明化（＝自然独占分野である送電部門の中立性の確保）のため，持株会社制を導入することは可能であろうか。

合衆国憲法では，州境を超える取引の規制権限を連邦に与え，その他の権限は州が所轄している。したがって，州をまたぐ卸売り取引についてはFERC（連邦エネルギー規制委員会）が，州内の取引段階では各州のPUC（公益事業委員会）が規制・監督権限をもつ。複数の州にまたがって事業展開している電気事業を傘下にもつ持株会社は，登録持株会社（Registered Holding Company）として公益事業持株会社法（PUHCA；1935年制定）の規制を受けていたが，同法は，2005年の包括エネルギー法の成立によって廃止された。

2.1.3で述べたように，1978年の公益事業規制政策法（PURPA）は非電気事業者の有する適格認定施設（QF; Qualifying Facility）[14]からの発電を回避原価で電力会社に強制的に買い取らせる制度であった。ところが，1992年のエネルギー政策法の制定によってPUHCAの改正が行われ，一定の要件を満たすIPPは適用除外発電事業者（EWG; Exempt Wholesale Generator）[15]として自由な州際活動と事業展開が可能となった。したがって，PUHCAの適用を除外されるIPP（EWG）と，規制を受ける登録持株会社では取扱いに大きな差が生じた。

そもそも，米国のPUHCAは，1930年代の大不況時代に，投資家が支配する公益事業活動をコントロールする目的で立法化されたものである。①公益事業が不必要に巨大化することを防ぐこと，②公益事業会社の利益が内部取引を介して不当に持株会社に吸い上げられることを防止することを目的に，1935年に制定された[16]。

日本では，持株会社は，後述する公正取引委員会「9条ガイドライン」に沿って判断される。金融資本による支配という問題は生じる余地がないと考え

---

[14] QFは，認可条件として発電設備の規模，使用技術や燃料タイプが限られていたばかりでなく，PUHCAによって，競争発電部門への参入には地理的活動範囲や組織上の制約が課せられていた。

[15] EWGという新たな発電事業者のカテゴリーが設けられ，IPPが卸目的で発電事業を営む場合には，自由に発電施設を所有・運転し，電力を販売することが認められた。

[16] 丸山真弘「米国の公益事業持株会社法の内容と問題点」電力中央研究所研究報告（Y96003）。

られるので，①はそれほど検討する必要がない。②については，証券取引等監視委員会による規制と，公正取引委員会による規制をどのようにすりあわせていくか，どのようにして透明で効率的な経営を損なうことのない規制の仕組みを作っていくか，という点が問題となる。すなわち，公益事業の持株会社化に対しては，需要家や投資家の保護，効率的な企業経営の両面からどの程度のチェック機能が働くかを考慮しなければならない。

日本では独占禁止法第9条により持株会社は禁止されていたが1997年に解禁され，現在は多くの企業が持株会社制をとっている。持株会社については，事業支配力が過度に集中することとなるものの設立又は転化が禁止されている。公正取引委員会は，禁止される持株会社について，「事業支配力が過度に集中することとなる持株会社の考え方」（1997年（平成9年）12月公正取引委員会「9条ガイドライン」）を公表し，この考え方に従って，事業支配力が過度に集中することとなる持株会社かどうかを3つの類型で判断している[17]。

しかし，政府の総合規制改革会議の答申（2001年12月）では，①の総資産15兆円を超える場合を廃止するよう求めた。同答申では，電力会社の発送電事業を組織的に完全分離して，電力事業への新規参入を促すことも求めている。すなわち，電力事業の効率的な競争を促す規制緩和策として，持株会社制に移行することも念頭に検討が進められた。

公益事業の持株会社化については，1985年の電電公社からの民営化，1999年の持株会社方式への再編成により，NTT接続料金の引き下げを目的とした日本電信電話株式会社法（NTT法）による分社化があげられる。

NTT法の規制を受けるのはNTT持株会社と，NTT東日本，NTT西日本の3社だけである。NTTコミュニケーションズは適用を受けない完全民間会社となっている。NTT東西にはユニバーサル・サービスが義務付けられている。NTT側は持株会社を維持したまま，NTT法の規制緩和を求め，新規参入各社はNTT2社だけでは十分に競争が働かないため，グループの完全分離を主張した。持株会社制を採る限り，グループ内での競争は起きにくい面がある。た

---

[17] 公正取引委員会が作成した9条ガイドラインに掲げる3つの類型のうちいずれかに該当する場合は，事業支配力が過度に集中することとなるとされている。すなわち，①グループ総資産が15兆円を上回り5つ以上の事業分野で総資産3,000億円超の企業を傘下に持つ場合，②大規模金融会社（単体総資産額が15兆円超）と，金融又は金融と密接に関連する業務以外の業務を営む大規模な会社（単体総資産額が3,000億円超）を有する場合，③相互に関連性を有する相当数（5以上）の主要な事業分野のそれぞれにおいて別々の有力な事業者を有する場合の3つを禁じている。

第5章　エネルギー源の低炭素化

図の凡例:
- 50万V送電線
- 27.5万〜18.7万V送電線
- 北本直流連系線
- 新信濃周波数変換所
- 佐久間周波数変換所
- 阿南紀北直流幹線
- 60Hz / 50Hz

図 5-2　全国の主要送電線路

だし，通信事業もその後急速なテレコミュニケーションやITの融合により固定電話からの離脱が起こっている。

電電公社からの民営化であったNTTの分割民営化とは異なり，地域独占の10電力会社制による垂直統合による民営形式をとってきた電気事業を，持株会社制によって機能的に分離すべきであろうか。今後，スマートグリッドが実用化されると，ITやテレコミュニケーションとの融合が起こる。電線は電気をやりとりするだけではなく，情報もやりとりするようになる。通信事業やガス事業と融合して，新しい形の総合通信エネルギー産業の時代が訪れるのかもしれない。

1998年に完全自由化したドイツでは，送配電部門の機能分離義務が課された結果，8大電力会社がM&Aを重ね，4大電力グループに収斂した[18]。4大電力会社は，ドイツ外のEU諸国における電気事業にも進出し，持株会社制を採用している電力会社もある。全面自由化しているイギリスでも大型のM&A

---

[18] ドイツでは1998年のエネルギー事業法（電気事業だけでなく，ガス事業の規制も含む）により小売りを完全自由化した。送配電部門の中立策として，会計分離・機能分離義務が課されたのみで，垂直統合型の電力会社の垂直分離は求めず，託送方法は「交渉による第三者アクセス方式」（NTPA; Negotiated Third Party Access）を選択，電力取引所も設立された。

164

が相次ぎ，EU 域内・域外を問わず市場争奪戦が繰り広げられている。

一貫体制を崩した場合，需要の増大に合わせた送電網建設をどう確保するかが問題となる。ヨーロッパは国境を越えた送電網がメッシュ状につながっているが，東西にのびる幹線をメインとしてつながっている日本（図 5-2 参照）では，ネットワーク増強に対するインセンティブ確保が重要になる。

大手電力会社は液体天然ガス（LNG）基地を持ち，本格的なガス事業も展開できる。NTT に匹敵する光ファイバー網を持ち，総合エネルギー企業から通信まで傘下に抱える企業集団になる可能性もある。

一方，理論上は，競争を促すためには市場参入者の数が多い方が望ましい。新規参入を促進するには，既存電力会社の支配力を弱め，送電網利用の透明化が望まれる。しかし，持株会社化は M&A を通したエネルギー業界の寡占につながる可能性がある。エネルギーの寡占は消費者の利益につながらない。島国である日本の電気事業において今後，どの程度，グローバルな競争が激化するか不明ではある。しかし，外資が参入するかどうかはともかく，エネルギー産業の相互参入による寡占化という方向は大いに考えられる。

公正取引委員会と経済産業省は 1999 年（平成 11 年）12 月「適正な電力取引についての指針」を作成，以来 3 度改正を行っている（最新の改正は 2009 年（平成 21 年）3 月 31 日）。電気事業法を所管する通商産業省（現経済産業省）と独占禁止法を所管する公正取引委員会がそれぞれの所管範囲について責任を持ちつつ，相互に連携することにより，電気事業法及び独占禁止法と整合性のとれた適正な電力取引についての指針を基本原則として作成することとしたものである。

今後の自由化においては，供給責任を担保しつつ，経営の自由度を確保する仕組みが基本となる。新規参入を促し，一方で，寡占への歯止め策を採用するなかで，競争を促す必要がある。欧米の自由化の進捗状況をみても，試行錯誤の状態である。電力自由化は，先行した航空業界や通信分野の自由化より格段に難しい。日本の資源の乏しさ，戦後の電力体制が地域独占による民間上場企業であることを考慮すると，まずは，機能面のアンバンドリング——託送料金制度の透明化——を徹底させるべきであろう。

5.1.4　エネルギー事業法の必要性——エネルギー政策と環境政策の融合化

石油業法が 2002 年 1 月に廃止されたことにより，石油産業の自由化がもたらされた。現在，電気事業に対しては電気事業法，ガス事業に対してはガス事

業法，熱供給事業に対しては熱供給事業法という個別の業法がある。

しかし，Dash for Gas と呼ばれる天然ガスへの転換，定置式燃料電池のような電気とガスの垣根の低さから，ガス市場の改革と電力市場の改革は一体で考慮すべきという共通認識がある。すでに，オール電化はかなり進んでいる。ガス会社がコージェネシステムによる電力と熱供給分野に進出したり，大型の火力発電所を建設したり，マイクロガスタービンや燃料電池を使った分散型発電事業への参入も行っている。したがって，規制緩和を進めると，ゆくゆくはエネルギー産業の垣根がなくなり，個別業法では対応できなくなる事態が想定される。

日本におけるガスの自由化は，1995年（平成7年）のガス事業法改正により，年間契約数量が200万㎥以上の大口需要家への供給が自由化され，1999年（平成11年）11月には100万㎥以上，2004年（平成16年）4月には50万㎥以上，2007年（平成19年）4月からは10万㎥以上の大口需要家への供給が自由化され，大手10社のガス販売量に占める割合は約6割まで拡大されている。

自由化のさきがけとなったイングランドの市場においては，英国のガス貯蔵専門会社が米国企業に取得されたり，ガス小売り業者が外国企業との協力によって発電所を買収したり，というように電力とガスの融合化（コンバージェンス）が着実に進んでいる。電力会社とガス会社の提供するサービスはその区分が明確でなくなっており，多くのエネルギー産業は電力とガスを同時に提供し，そのビジネスを多様化してきている。

現行の個別業法では，異業種間の相互参入に大きな障壁が存在し，電気と熱を有効利用するコージェネレーション普及の障害となっている。ガスパイプラインは個別会社の所有となっている。分散エネルギーシステムへの移行期においては，天然ガスの利用が鍵を握る。電力と同様に，ガスパイプラインへのオープンアクセスも検討課題であろう。

電力・ガス事業の完全自由化時（経済産業省案では時期を明示していない）には，電気・ガスの参入障壁を取り除き，供給責任のあり方にも言及した総合エネルギー事業法が必要になるのではないか。託送料金は，需要地毎の「郵便切手方式」となった[19]。供給区域をまたぐごとに託送料金が加算されるいわゆる

---

[19] 「振替料金」は新規参入者が電源地点の電力会社のエリアを超えて供給する際に適用されるものである。一方，「郵便切手方式」は所有する送電設備を一体と考え，単位kWあたりの平均費用にて配賦する方式である。

5.1 電源の選択は可能か

「パンケーキ問題」を解消する（振替料金の廃止）ため，接続料金に一本化された。距離にかかわらず一律の「系統利用料金」にすると，電力会社間も含めた相互参入が容易になる。すなわち，新規参入が容易になるうえに，強い経営体力をもつ電力会社が他の電力会社の営業区域に参入しやすくなる。より競争が促されることになる。

自由化前の電力供給の重点であった地域独占・供給責任・規制料金は，完全自由化されると，供給競争・競争料金・付加価値サービスにかわる。消費者利益の確保という観点に，グリーンという付加価値サービスも加味すべきではないか。

以上の観点に基づくと，温暖化対策を組み込んだエネルギー政策は次のようになるのではないか。地球温暖化対策基本法案が実効性をもつためには，エネルギー政策と温暖化対策の両面を考慮した規制緩和策が必要となる。市場の欠陥と政府の欠陥を補いながら，将来にわたり継続的に環境を改善させる誘因が組み込まれた枠組みが望ましい。それが，地球温暖化対策基本法案でいうところの，国内排出量取引制度，地球温暖化対策税，再生可能エネルギーの固定価格買取制度を取り込んだ上での，エネルギー競争市場の自由化であろう。

地球温暖化対策基本法案は，25％削減の実効性を担保するための経済的手法を取り入れたものである。これらの施策が，エネルギー政策基本法のもと，エネルギー事業法（現行法では電気事業法とガス事業法），各種エネルギー税法（現行では石油石炭税法や揮発油税法，2011年導入予定の地球温暖化対策税法等），省エネ法，個別リサイクル法と整合性がとれることが望ましい。

地球温暖化問題と地域廃棄物問題の根っこは同じである。環境（炭素）に価格がつかなかったため，「取りすぎ」「出しすぎ」を防げなかった社会経済システムを再構築する必要がある。

エネルギー政策の中心の一つである電力は，「どこから得るか」というエネルギー源の観点（＝低炭素化），「どれだけ使うか」というエネルギー使用量の観点（＝省エネ化），「どの質のものが必要か」というエネルギーの効率の観点（＝供給信頼性），これら3つの観点を考慮に入れる必要がある。

日本の電力供給は世界一の品質を誇る。そして送配電部門における信頼性確保への関心が高い。しかし，その質の高さが，かえって風力発電普及の妨げとなっている。系統問題は，再生可能エネルギー推進策において重要な論点になる。いま実用化の途上にあるスマートグリッドによって，系統の安定性を図りつつ（従来と異なった意味での機能・性能の向上），分散エネルギーシステムの普

及を促す必要がある。

　今後の分散型エネルギーは，固定価格買取制度による風力や太陽光の普及促進に加え，山林が多い日本の特性や廃棄物問題を踏まえたバイオマスの活用，開発が遅れているが利用可能性の高い地熱，日本企業が先行している燃料電池による技術革新をも視野に入れて進めるべきであろう。

5.2　再生可能エネルギー促進策の検討

5.2.1　供給者側へのインセンティブ，需要者側へのインセンティブ

　再生可能エネルギー促進に関しては，総論としては，誰もが賛成する。その誰もが賛成する再生可能エネルギーの定義は国によって少しずつ異なる[20]。まず国内における既存法では，再生可能エネルギーは「新エネルギー等」として定義されている。新エネルギー利用等の促進に関する特別措置法（以下，「新エネ法」という。）(1997年) や電気事業者による新エネルギー等の利用に関する特別措置法（以下，「RPS法」という。）(2003年)，このたびの地球温暖化対策基本法案 (2010年) における定義は，「太陽光，風力，地熱，水力（政令で定めるもの），バイオマスを熱源とする熱，太陽熱，その他政令で定めるエネルギー」となっている。

　一方EUの再生可能電力指令 (2001年) 策定の際に[21]，定義の中に含めるかどうかにつき争点となったのが，水力と廃棄物発電である。水力は過去から開発され既に競争力をもつこと，大規模水力発電は環境に及ぼす影響が大きいためである。また廃棄物発電がバイオマスに含まれるとサーマルリサイクルを促進してしまい，個別リサイクルの妨げとなること，既に経済性があるため風力や太陽光への支援が脇に置かれてしまうためである。

　結局EUでは，水力については上限を設けず，大規模水力も再生可能エネルギーに含めている。一方の廃棄物発電については日本と同様の取扱いをしてい

---

[20]　再生可能エネルギー普及の意義と本提言の内容
　　http://www.env.go.jp/earth/ondanka/conf_re-lcs/rcm/ref01.pdf
[21]　1996年のグリーンペーパー以降の議論をまとめて作成されたのがEU再生可能電力指令 (2001年) である。EU指令は，消費電力総量に占める再生可能エネルギーの割合を22%（2010年時点）とするものであった。Directive 2001/77/EC of the European Parliament and of the Council of 27 September 2001 on the Promotion of Electricity Produced from Renewable Energy Sources in the Internal Electricity Market，大島堅一「EUにおける再生可能電力指令策定の経緯と意義」立命館国際研究2006年6月1頁，同「欧州における再生可能エネルギー政策の展開」公共政策研究第8号51頁。

5.2 再生可能エネルギー促進策の検討

る。したがって，EUと日本との定義の違いは大規模水力を含めるか否かという点である。

再生可能エネルギー推進のため，電気事業者に一定量を割り当てるという方法がRPS法に基づくRPS制度であり，発電した再生可能エネルギーを各エネルギーごとの固定価格で全量を電力会社が買い取りするのが固定価格買取制度（FIT; Feed-in Tariff）である。

再生可能エネルギー普及のネックとなっているのは設備の高価格とともにその高い発電コストである。図5-3に示すように，太陽光発電の発電コストは48円程度で他のエネルギーに比べて格段に高い。他の再生可能エネルギーである風力，小規模水力，地熱の発電コスト（8円～22円）に比べても割高である。設備に対する普及策として，補助金制度や利子補給の融資制度は早くから設けられた。確かに普及の最も初期段階においては「市場」との乖離が大きく，補助金政策は一定の効果があるが，これらはIEAでいうところの従来型の政策措置である。

ところが，その従来型の政策措置すら打ち切ってしまったため，日本では太陽光発電はドイツやスペインに抜かれてしまった。その後，あまりにも普及が進まないためか，2009年6月に成立した「エネルギー供給構造高度化法」[22]に基づき，同年11月1日から太陽光発電の固定価格買取制度[23]をスタートさせた。

再生可能エネルギーは未だに競争力をもつ段階に達していなかったのに，経産省は固定価格買取制度ではなく，競争重視策としてRPS法を導入し，さらに低い目標値（2010年において全発電量の1.35％）によって再生可能エネルギー抑制法にしてしまった。

風力の発電単価は10～14円程度である（図5-3参照）。RPS法による買取価格（義務対象者に対し経産省が実施したアンケートによる加重平均価格）は平成15

---

[22] しかし同法には，買取義務を定める規定はない。電力供給事業者の取組みの判断基準を経済産業大臣が告示で定めるというものである。しかも，原子力と再生可能エネルギーを合わせて非化石燃料として原子力の利用を推進し，石炭など化石燃料の有効な利用を図るという構造になっており，その基本方針は「エネルギー需給見通し」に基づく。浅岡・前掲注(12)156頁。

[23] 経済産業省・資源エネルギー庁による太陽光発電の固定価格買取制度は，1kWあたり住宅用が48円，非住宅用が24円。買取期間は最大10年。一度契約すると期間内は同じ価格で買い取る。

第 5 章　エネルギー源の低炭素化

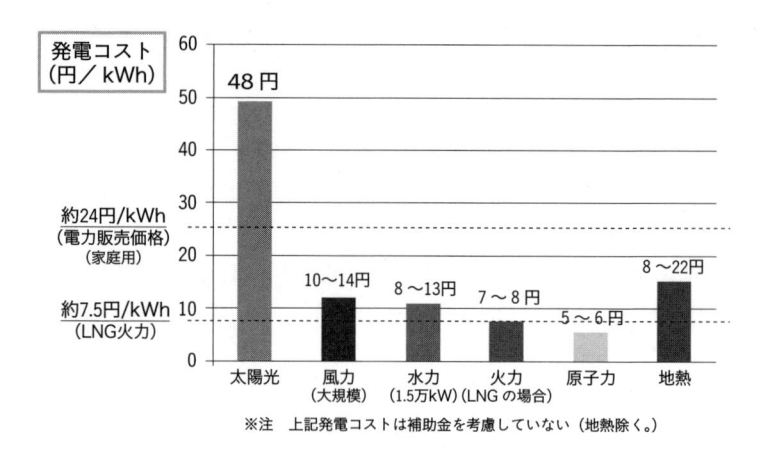

図 5-3　発電コスト（経済産業省「再生可能エネルギーの全量買取制度による費用試算について」平成 22 年 3 月 3 日再生可能エネルギーの全量買取に関するプロジェクトチーム）

年度で 11.8 円，平成 20 年度で 10.4 円と下落傾向にある。そのうえ，各電力会社は入札によって買取量を制限しているので，風力発電への参入はリスクを伴うことになった。風力発電は頭打ち状態となっている。米国や中国，ドイツ，スペイン，デンマーク等の伸びと対照的である。

固定価格買取制度も RPS 制度も電力の供給者側への義務付けであるが，消費者側からの再生可能エネルギーの選択を可能とするのが全面自由化である。価格が高くとも再生可能エネルギーを求めるという消費者側の選択が可能になるためには，完全自由化が前提となる。消費者が自ら望む電力供給者を選択できること，そして，その自由な選択が環境にとって望ましい方向になることも，電力市場改革として考慮すべきポイントであろう。

EU 指令が示すように，基本的には，電力自由化政策と環境政策との間に矛盾は存在しない。主要な課題は，電力自由化政策と整合的な環境政策となるための適切な手段を選定することである。

電力小売を 100％自由化しても，新規参入者（PPS）は小口需要家（一般家庭）に関心を有しないし，小口需要家にとっても価格面でのメリットは少ないと考えられる。しかしながら，米国で先陣を切って小売全面自由化をしたカリフォルニア州では，約 1,000 万軒の需要家のうち，供給事業者を変更した需要家は約 13 万軒（1.3％），そのうち小口需要家は約 9 万軒（1％）であるが，それら

5.2 再生可能エネルギー促進策の検討

のうち約半数はグリーン電力を購入したという実績がある[24]。

欧米では,電力会社自らが,再生可能エネルギー電源がもつ環境調和という付加価値を積極的に押し出し,需要家にとっては価格的には高メニューとなるグリーン電力[25]を販売している。グリーン電力制度は1993年頃から米国の一部で始まり,欧州では1995年にオランダで,1999年にイギリスで販売が始まった[26]。

アメリカの電力自由化が進んでいる州では,消費者は自由に電力商品を選ぶことができる。また自由化が進んでいない州でも,電力供給会社によっては,いくつかの電力商品を用意している。そのような地域において,消費者が選択できる電力の一つとしてグリーン電力がある。

一方,オランダにおいても,グリーン電力の購入者が急速に伸びている。このグリーン電力市場が成功した背景のうち最も大きな要素としてあげられるものは,グリーン電力購入者への税の支払いの免除である。通常,電力にはエネルギー税が課されるが,2000年1月1日からグリーン電力へは免税されるようになった。オランダにおける電気に対するエネルギー税は12.107〜0.081円/kWhとかなりの差がある(2008年7月現在；環境省資料参照)。これら税額の差を加味すると,グリーン電力の中には,従来の電力よりも安価なものが出てきている。

グリーン電力の普及のためには割増額が大きくないことが望ましい。そのためには,再生可能エネルギーに対する税の低減など政府の制度設計が重要な役割を果たすことになる。

5.2.2　固定価格買取制度とRPS制度の問題点——保護策か競争策か

社会的費用を織り込んだ財政メカニズムとしては,ドイツ型(1992年からの1999年までのデンマーク,スペイン,フランス等も導入)の固定価格買取制度(FIT)とアメリカの多くの州やスウェーデン[27],そして日本で2003年から採

---

[24] 矢島正之『世界の電力ビッグバン』(東洋経済新報社,1999年)124頁。
[25] 米国のグリーン電力の普及度合いは州によって異なるが,一般電力との価格差が小さいほどグリーン電力の普及度合いが大きい。グリーン電力は既存の電気事業者によって提供される場合も,新規参入した電力小売供給事業者によって供給される場合もある。
[26] WWFジャパン　http://www.wwf.or.jp/activities/climate/cat1277/cat1296/
[27] スウェーデンでは,電力消費量のうち2003年で7.4％,2010年には16.9％を再生可能エネルギーとするが,電力需要家を義務対象者(小売事業者が履行義務を代行)として

用されている RPS 制（再生可能エネルギー導入基準；Renewable Portfolio Standard）がある。

　前者の固定価格買取制度は，発電された再生可能エネルギーを全量，固定価格で，送配電系統運用者に，長期間，買い取らせる制度であり，保護的な支援策である。買取価格は，エネルギー源ごとの再生可能電力の価格より一定額を上乗せした価格となっている。固定価格買取制度においては，長期間，買取価格が保証されるので，発電コストを一定期間内に十分回収できるレベルに買取価格が固定されれば，着実に再生可能エネルギーの導入の拡大を図ることができる。

　後者の RPS 制度は，電力会社に対して，販売電力のうち一定比率を再生可能エネルギーによって供給することを義務付ける制度である。再生可能エネルギー発電事業者に対しては，系統電線網への売電量に応じてグリーン証書を発行，一般市場価格が売電価格となる。

　環境性の良いエネルギーシステムに対して CO_2 排出原単位などの環境基準を決め，その基準をクリアしたものには認定をし，それらの導入枠を設定するとともに，発電量に応じたクレジットを発行する。割高の再生可能エネルギーでも，認定された電源から発電した電力の売買は，通常の商用電力と同じ価格で取り引きされ，実質的な発電コストとの差がクレジット価格となる。そのシステムからの電力が，その枠内で確実に導入されるように決め，発電事業者に対し，クレジットの保有を課す。このクレジットの取引を通じて市場メカニズムを働かせることによりコストの低減を図るものである[28]。

　ドイツでは 1991 年施行の「電力買取法」（the Electricity Feed in Law）により，固定価格買取制度が導入された。しかし同法によっても太陽光発電を促進できなかったため，アーヘン・モデル[29]を参考に制度設計をした「再生可能エネ

　　いる。需要家が義務対象とされている背景には，北欧諸国では消費者が高い税負担をしており，その税の一部が固定価格買取制度を通じて再生可能エネルギーの支援に使われていた。そこで，電力自由化により消費者が電力選択権が与えられたため，固定価格買取制度に代え，消費者が安い再生可能エネルギーを自由に購入できる仕組みとともに，需要家を義務付け対象者とする RPS 制度が導入された。中島恵理「EU 諸国における再生可能エネルギー推進政策」ジュリスト No.1296, 58 頁。

[28] 柏木孝夫・橋本尚人・金谷年展『マイクロパワー革命』（阪急コミュニケーションズ，2001 年）201 頁，田頭直人「内外の RPS 制度について」電力経済研究 No.47, 89 頁。

[29] 1995 年のアーヘン・モデルは総括原価方式に基づく固定価格で再生可能エネルギー（風力と太陽光）の購入を電力会社に義務付けた制度である。買電単価の差額である超過コストは全需要家の料金を最大 1％値上げすることによって全額の回収が認められた。

5.2 再生可能エネルギー促進策の検討

ルギー法」(the Renewable Energy Law) が2000年に施行された。

「再生可能エネルギー法」は，2010年の再生可能エネルギー発電比率を10％に，2020年には20％に引き上げる目標の実現を狙って，買取価格を再生可能エネルギーごとに完全固定価格制に移行，一部の電力会社に偏っていた経済的負担を全電力会社でならすように，すなわち，電力会社が負担する回避原価を上回る部分は全て系統運用者でシェアするように改正した。最も近くにある配給回路に送られた再生可能エネルギー電力は，そのまま消費者に売られるか，あるいは高圧配電線網（送電網）に送られる。送電網を経営する事業者も固定価格で買い取る義務がある。全国の送電網事業者は，それぞれが買い取った電力量と買取価格を把握して，相互に調整する。買取額の平均値以上の支払いをした事業者は，平均値以下の事業者から補塡を受ける。これによって付加的なコスト負担が均一にならされ，自然エネルギー発電が活発な地域と活発でない地域との差が解消される。

1991年施行の「電力買取法」に対しては，地方裁判所が1995年に，「電力買取法は財政負担が電力消費者に直接転嫁されており，国民の負担平等の原則に適合していない等の理由で違憲である」との見解を出した[30]。負担をどのように分かち合っていくかは重要な問題である。

公益的な費用は，需要家全体で平等に負担すべきである。固定価格買取制度による価格の差額分は，電気代に転嫁され，消費者の負担となる。ドイツでは，太陽光・風力・水力・地熱・バイオマスに対し，20年の固定買取制度（FIT）を採用しているため，電気料金は近隣諸国に比べて割高になっている[31]。企業の場合，国際競争力への影響もある。FIT制度は，需要家すべてが負担を分かち合うことによる推進策である。利用者全員の負担増となることに関し，あらかじめコンセンサスを得る必要があろう。

発電量が全て固定価格で買い取られる制度では，再生可能エネルギー発電側

---

[30] 風力発電が可能な地域はドイツ北部に偏在しているので，「電力買取法」は一部の電力会社に経済的負担が偏っていた。1995年のバーデン電力のケースは地裁が連邦憲法裁判所に判断を求めたが，地裁の提出資料が不十分として棄却した。その後，電力買取法が電力会社側に有利に改正されたことから，電力買取法の合憲性そのものに対する連邦憲法裁判所の判断は行われなかった。電気事業講座編集委員会編集『電気事業講座第15巻　海外の電気事業』（エネルギーフォーラム，2007年）。

[31] 2007年現在，FITによって生じた負担額は，1 kWhあたり1.0セントとなっている。これは標準家庭における電力消費量（年間3,500kWh）で計算すると一家庭あたり月額3ユーロに相当する。前掲注(12)72頁。

に価格競争力がつかない。

　RPS制度の場合，電力会社は費用を回収でき，再生可能エネルギー発電事業者にコスト低減を促す効果をもつ。証書は再生可能エネルギー発電量に応じて政府が発行，発行時の価格は発電コストをもとに事業者が決める。安い証書ほど人気が集まるので発電業者にコスト低減を促す効果がある。実際の発電コストと商用電力の発電コストの差額が証書価格となる。証書価格がゼロになった場合は再生可能エネルギーコストが一般商用電力コストと同じになったわけで，この制度は終わりになる。RPSはあくまで暫定的な手法である。

　再生可能エネルギー促進策として，固定価格買取制度による優遇制度が望ましいか，競争の視点を取り込んだRPS制度が望ましいかについては，RPS法の骨子が出てきたときから争点となっていた。このような相違点をもつ両システムに対し，2008年1月23日，欧州委員会は「よく調整された固定価格買取制度は，一般的に再生可能エネルギーの普及に最も費用効果的かつ普及効果的な支援制度である」と結論付けるに至った。確かに競争重視の視点も必要だが，再生可能エネルギーの素地ができていない日本では，ドイツ型の固定価格買取制度の方が効果的であったろう。

　地域の小さな自然エネルギー業者や市民共同発電事業者にとっては，価格が保障される固定価格買取制度に比べ，競争力が求められるRPSは厳しい制度である。現行の風力発電のように，販売価格が保証されないどころか，入札制によって買電それ自体すら保障されないのでは，事業リスクが大きく，風力発電事業への新規参入の意欲をそいでしまう。

　世界的にみても固定価格買取によって急速に再生可能エネルギー利用が伸びた国が多い。欧州委員会が結論付けたように，普及の初期段階においては，固定価格買取制度の方が望ましいことが実証されたといえよう。

5.2.3　廃棄物発電と「新エネルギー等」の定義

　現行のRPS法は，まず国が新エネルギー等による電気の利用目標量を定め（第4条），販売電力量に応じて電力会社に一定割合以上の利用を義務付ける（第5条）ものである。ここで問題となったのは，「新エネルギー等」の定義に含まれる新エネルギーの種類（第2条2項）であった。

　同法2条2項6号に規定する「前各号に掲げるもののほか，石油を熱源とする熱以外のエネルギーであって，政令で定めるもの」の中に廃棄物発電が含まれると，太陽光や風力といった本来推進すべき再生可能エネルギーが駆逐され

5.2 再生可能エネルギー促進策の検討

るのではないかと懸念された。廃棄物発電は新エネルギー等の中でコストが一番安い。その中でも廃プラ発電は更に安い。廃プラ発電を認めた場合，リサイクルされずに焼却にまわされるプラスチックが増大する可能性があり，CO_2の排出量が増える懸念がある。これは循環型社会の実現に逆行する[32]。

廃棄物発電の取扱いについては，最終処分場が逼迫している廃棄物問題の中で総合的に考える必要がある。廃棄物発電は，廃棄物を焼却する際の熱で蒸気を発生させ，タービンを回して発電するものである。一般廃棄物については市町村単位で焼却処理をしているが，ダイオキシン問題によって高温・大規模に処理する必要が出てきたため，大型の焼却施設によるスーパーゴミ発電を導入し，広域での処理が行われている。

しかし，大型焼却施設を造っても，ゴミが足りないという事態に陥っている。焼却炉を建て替える際に，大きすぎる焼却施設を造ったが，稼働率が上がらず（望ましい稼働率である8割を超えているのは全体の2割程度），炉を休止している自治体も少なくない。過大な施設が作られたのは画一的な国の補助金行政により，建設費の大半が補助金で賄えたことが大きな要因である。実際には，経済の低迷や分別・リサイクルが進んだことで，ゴミは予想ほど増えていない。

廃棄物のうちプラスチックは，容器包装リサイクル法施行に伴い，分別収集を行う自治体が増えている。分別収集された廃プラのうちペットボトル以外の雑多な廃プラを燃料として使うのが廃プラ発電である。廃プラの利用により化石燃料の利用を抑制できた場合には，CO_2の追加的な放出がないと考えることができる。しかし，サーマルリサイクルは単に燃焼時の熱として利用するにすぎない。廃プラはカロリーが高く，高効率の発電ができるが，プラスチックは石油を原料にして作られているため，1トン燃やせば2.6トンのCO_2が発生する。石油火力発電並の発生量である。

廃プラスチックはリデュース，そしてリサイクルするのが大前提である。廃プラスチックをリサイクルするには種類別の分別が不可欠である。むやみにサーマルリサイクルを推進すると，ゴミを減らそう，マテリアルリサイクルをしようというインセンティブが働かない。

一方，シュレッダーダスト等の産業廃棄物を，複雑な仕組みで処理するのがガス化溶融炉である。図5-4に示すように，ガス化溶融炉は，廃棄物を約450℃の無酸素状態で蒸し焼きし，可燃成分を熱分解して「ガス化」する。そ

---

[32] 石渡正佳『産廃コネクション』(WAVE出版，2002年) 193頁。

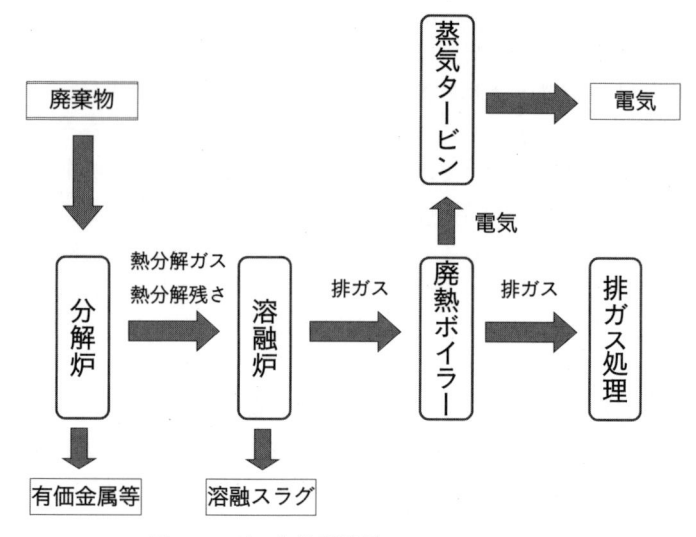

図 5-4 ガス化溶融発電のシステムフロー

のガスを燃やして残った不燃成分を約1,400℃で「溶融」するものである。高温のため，ダイオキシンの発生が極めて少ないなど利点が多いが，処理プロセスが複雑でうまく運転するのは容易ではない。高温で処理する必要があるため，雑多なゴミを広域で集める必要がある。廃プラ発電同様に，リデュースの観点は皆無である。

化石燃料の使用を抑制するため，廃石油製品を利用する廃棄物発電を促進するのは本末転倒である。廃棄物発電はリデュースとマテリアルリサイクル推進のタイムラグ（製造段階から再利用できる製品へと変える「循環を前提としたものづくり」に至るまでの時間差）を補う方向で活用すべきであり，大量の廃棄物の発生を前提とする廃棄物発電をむやみに推進すべきではない。経済産業省は結局，廃プラ発電などの産業廃棄物発電を第6号から除外した（2002年11月18日）。

新エネルギー等と一口でいってもそのコストは様々である。地球温暖化対策基本法案の目標年である2020年において，新エネルギー等の一次エネルギーに占める割合10％という目標値達成のためには（10条），個々の新エネルギー等ごとに固定買取価格を決定する必要があろう。

5.3 再生可能エネルギー普及策各論

5.3.1 風力と系統問題——スマートグリッドの可能性

日本の誇る電力の質の高さは，かえって，再生可能エネルギー促進の妨げとなっている．前述したように，風力発電は頭打ちになっている．以下がその主たる原因である．①解列条件付きの入札募集[33]のように，電気事業者側が，風力発電事業者に不利な条件を提示してきていること．②国内風車メーカーは，国内市場が小さく，入札や抽選による事業者選びとなっていることを嫌い，海外に市場を求めている．一方で，欧州製風車は，生産費の値上がり等によって価格が上昇し，事業が成り立たない．③耐震強度偽装事件の影響で建築基準法が改正され，風車も高さ60メートルを超える超高層ビルと同じ耐震審査が課され，規制が強化された．

それでも風力発電設備分野は大手企業も巻き込み，事業化する動きが相次いでいる．成長産業になりそうな分野である．

NEDO風況調査に基づく風力発電能力の潜在可能性は，最高見積もりによると3,500万kW，洋上発電を含めると更に増える．これに対し，実際の風力発電導入量は2008年末までで188万kWである（新エネルギー部会報告書（2001年（平成13年）6月）における2010年における目標値は300万KWであった）．世界で一番風力発電が進んでいる米国の導入量2,517万kW，ドイツの導入量2,390万kWとは比較にならない（日本は世界13位）．

技術面での壁は，いわゆる「系統問題」である．経産省告示でも，「新エネルギー等による発電は出力が不規則に推移するとともに，発電所建設適地は送電系統が整備されていない遠隔地にある場合も少なくないことから，その大規模な導入を行うためには，これまでの対策を踏まえつつ，周波数変動抑制等の系統安定化や，既存系統の増強等を講ずることが必要となる．」としている．

風力発電は，文字通り風任せであって，太陽光発電と比べて出力変動が激しい．電力系統の調整力が減少する夜間にも風が吹けば発電するので，出力が変動する．これが系統全体に波及して，周波数変動問題を引き起こしている．系

---

[33] 電力需要が低下する休日や夜間など需給バランス維持に対応する調整力が不足すると見込まれる時間帯に，給電指令（解列指令）に従って，風力発電機を解列する条件付きの入札である．2006年に北海道電力，東北電力，九州電力が，2008年に四国電力が解列条件付風力発電の募集を行っている．

統で使用される電力と，発電される電力のバランスに応じて周波数は変動するが，電力需給のアンバランスに応じ，瞬時（数秒以内）に系統全体の周波数が変動してしまう。

総合資源エネルギー調査会・新エネルギー部会・風力発電系統対策小委員会中間報告書（2005年（平成17年）6月23日）では，対応策として，①電力会社における風力発電連系可能量の正確な把握，②風力発電の出力変動に係る知見の充実に向けた取組みを求めている。

既存電力会社が消極的になるなかで，風力発電を促進するためには，電力系統システムの技術革新が必要であり，その役割を果たせそうなのがスマートグリッドである。IT技術を使って，電流の流れを制御する送電網であるスマートグリッドを家庭や工場に設置し，電線や通信回線を介して電力使用量を把握，これに合わせて発電量や蓄電量を調整することで，発電量が不安定な再生可能エネルギーの比率を高めることができる[34]。

また，風力発電の設置を難しくしている「法規制の山」の緩和も望まれる[35]。風力発電を導入するにあたっては，電気事業法や電気事業法施行規則に従って手続を行わなければならない。風力発電システムは発電設備となるので，電気事業法の定めにより，建設時にも，運転する際にも，手続きが必要となる。

すなわち，高さが15メートル以上の工作物の建設になるので建築基準法・同施行令による建築確認の申請が必要となる。20メートルを越えるので避雷設備を設ける必要がある。建設に際し，道路を占有する場合は，道路法に基づく管理者の許可が必要である。風車の運搬・建設に，車両の積載重量，大きさもしくは積載方法の制限を超えて運転する場合には，道路交通法による許認可が必要となる。風力発電所建設地が電波障害防止区域に指定されており，風車の最高部が31メートルを超える場合には，電波法に基づく総務大臣へ届出を行う必要がある。風車のブレード先端が，地表または水面から60メートル以上の高さの場合は，原則として航空障害灯および昼間障害標識（赤白の塗色で7等分）を設置しなければならない。そのほか，消防法に基づく建材の指定，騒音規制法に基づく規制基準のクリアが必要となる。

---

[34] 日本では東京電力など電力大手がスマートグリッド問題関連の設備投資に約1兆円を投じる。2020年までに全国5,000万世帯の電力計がスマートグリッドに置き換わる見込みである。2010年2月25日付日本経済新聞。

[35] NEDO「風力発電導入ガイドブック」（2005年5月改訂第8版）136頁以下参照。
http://www.nedo.go.jp/kankobutsu/pamphlets/dounyuu/fuuryoku.pdf

5.3 再生可能エネルギー普及策各論

　地域森林計画の対象となっている民有林，公有林内において，風力発電所を建設する際，開発面積が1 ha を超える場合には，森林法に基づき，当該都道府県知事に対して許認可申請を行う必要がある．自然環境保全地域内において建設する場合には，自然環境保全法に基づき知事へ許認可の申請を行う必要がある．そのほか，砂防法，地滑り等防止法による許認可の申請もある．このような「法規制の山」に対応して，それぞれの窓口に，必要書類を整えなければならない煩雑な手続きが求められている．

　いま，東北・北海道をはじめ各地で，大型の風車を，まとまった規模で導入するウィンド・ファームが次々と建設されている．投機（投資）の対象になってしまった面も否めない．ウィンド・ファームは自然公園地域[36]に建設されることが多いが，「自然公園法」は風力発電が建設されるケースを想定しておらず，その規制に従った許認可を受けるのが難しい．

　一方，風力発電が大型になってきたこともあり，景観への影響，騒音，生態系への影響により，地元の同意が得られないケースもある[37]．風力や太陽光，バイオマス利用のような分散型エネルギー利用は，「エネルギーの地産地消」という面も大きい．市民の出資による発電所の建設を促すためにも，地元住民の理解と同意が必要となる．

　風車は環境影響評価法の対象外であるが（同改正案は2010年通常国会で廃案となったが，政令改正によって風力発電所が新たにアセスの対象になる可能性もある），条例や要綱，ガイドラインによって環境影響評価も求めている自治体もある．建設を安心して受け入れられるような環境調査が必要となろう．環境保護のシンボルであった風力発電も大型化し，居住地域近くでの建設も増えている．地域との共生，環境との調和といった「新しい調和」が求められる時期になっている．最近，風力発電地域住民が訴えている「風車病」[38]の解明も必要

---

[36] 1957年に制定された「自然公園法」では，国立公園，国定公園，都道府県立自然公園の3種類の自然公園に対し，種々の規制を定めている．その面積は530万ha，国土面積の14％に及ぶ．石坂匡身『環境政策学』（中央法規出版，2000年）176頁．

[37] 岩手県三陸町では建設地にイヌワシが生息している可能性から環境調査を求められ結局建設を断念した．山形県の県立自然公園でも大規模発電所の計画が認められなかった．

[38] 風力発電機のタービンから発生する低周波騒音が周辺住民に健康被害を与えている問題が懸念されている．愛媛県伊方町，静岡県東伊豆町，愛知県豊橋市，兵庫県南あわじ市で被害が訴えられている．この風車病被害に対し，環境省は愛媛県伊方町での調査結果を公表した（2010年3月29日）．特定の周波数帯が大きく聞こえるという工場や高速道路騒音と共通する騒音，低周波音が測定された．

欧州の平坦な風に比べ日本では乱流が多く，風力発電設備の発電量は予測値を下回ることがほとんどである。地元への影響が少なく，良好な風が吹き，発電効率が高い場所ということで，風力の一層の普及のためには，長い海岸線をもつ日本の特性を活かした洋上発電の開発が必要であろう[39]。陸上での風力発電に適した地域は東北・北海道の北日本がメインとなるが，洋上発電が稼働すると地域差も解消される。ネックは建設コストの高さである。

　デンマークでは洋上発電を拡大し，2025年までに電力需要の半分を再生可能エネルギーで賄うことを目標としている。1999年改正電力供給法により，電力消費者は再生可能エネルギー電力を割当てられた量（20％）を購入する義務を負うことになった。この購入者側への割当制度（RPS）や，風力を大企業が独占しないように投資資格が近隣住民に限られ，市民や農家が風車を共同所有している政策（大規模なオフショア風力ファームを地元共同組合との共同出資にする）が後押し策となっている。風力発電機の輸出額も過去10年で3倍に増加し，2007年には1兆円規模となった。デンマーク政府は，2020年までに4兆円規模に拡大すると見込んでいる。

　洋上発電を含め，風力発電設備分野を成長産業とすることも決して不可能ではない。

5.3.2　太陽光発電── 一般家庭用から輸出産業に

　RPS法2条に規定する新エネルギー等のうちまず着実に増加させるべきは，風力と太陽光であろう。資源小国日本といえども，風と太陽光は無尽蔵にある。太陽光は個人レベルでの利用には向いているが，他の新エネルギー等と比較してもコストは割高である[40]。

　2007年（平成19年）3月30日公布の経産省告示によると，「新エネルギー等発電設備の中でも，太陽光に係る発電設備については，他の電源と比較し，技

---

[39]　牛山泉『風と風車のはなし』（成山堂，2007年）では，「風力発電」500万kWへの挑戦として，発電量が陸上の14倍となるオフショア風力発電による雇用の創設，地域の活性化等からの重要性を述べている。

[40]　経産省・再生可能エネルギーの全量買取に関するプロジェクトチーム「再生可能エネルギーの全量買取制度による費用試算について」（平成22年3月3日）によると，各エネルギー源の発電コストは風力10～14円，水力8～13円，LNG火力7～8円，地熱8～22円と比べて太陽光発電は48円/kWhである（図5-3参照）。

術革新の余地が大きく，需要の創出による大幅な価格低減・普及拡大が見込まれること等を踏まえ，現状における他の電源との発電コストの差を踏まえた推進が必要である。」とされている。ところが，住宅用の太陽光発電設備導入時の補助金は2005年度で打ち切られ，導入量が激減した。その後の挽回策として，太陽光発電に対してのみ，固定価格買取制度が2009年11月になってやっと策定されたところである。

エネルギー政策には長期的な展望を踏まえたうえで，中期の政策が必要である。小宮山宏教授は21世紀のエネルギー戦略として「ビジョン2050」を提案している[41]。それは2050年時点で，①エネルギーの利用効率を現在の3倍に向上させる，②物質循環システムを作る，さらに，③一次エネルギーに占める再生可能エネルギーの比率を40％に増大すべきである，というビジョンであり，必要なのは，将来を選択する意志と，その意志を具体化する技術や努力であると述べている。

枯渇することのない太陽光発電や風力発電の潜在量は膨大であるが，自然条件に左右されるため供給が不安定であるという欠点がある。再生可能エネルギーの普及に向けては，①経済性の制約，②利便性・性能面の制約を解消した上での，③制度面の整備が必要になる。

太陽光発電に関しては，①の経済性の制約が大きい。政府の積極的な後押し（補助金）が牽引役となって，日本の太陽光発電は2001年段階では世界一の普及量となったが，その後推進策を打ち切ってしまったせいか，現在は世界3位に後退している。

欧米各国でも導入を支援する体制が整ってきている。現在の太陽光発電装置市場の拡大を牽引しているのは，ドイツやスペイン，米国等の海外需要である。カリフォルニアの電力危機以後，電力不足を補う予備電源として需要増が目立っている。

太陽光発電導入を2020年1,920万kW，2030年には7,680万kWにする目標（2008年（平成20年）7月閣議決定「低炭素社会にむけた行動計画」）達成のためには，製造コストやランニングコスト低減により設置を容易にすることや，発電した電力が必ず使われるようなシステムが必要になる。製造コストを大幅に低減する――2002年初めに50〜77万円に下がっている設備費を1kW時あた

---

[41] 小宮山宏『地球持続の技術』（岩波新書，1999年）165頁。

り火力発電並みの40〜50万円を目標とする——技術開発は始まっている[42]。問題はランニングコストである。

　太陽光は昼間の太陽が出ている時間しか発電できない。密度の低さが欠点となっている。しかし，日本の電力需要の特徴である夏場のピーク時は，太陽光発電のピーク時と重なる。一般電気事業者は，供給責任を果たすため，夏場のピーク時に合わせた設備投資が必要となる。効率性が悪くとも，設備投資をする必要があった。主として火力発電により補ってきたこれらの時間帯に太陽光やオンサイト型電源を利用すると，ピークカット効果により設備投資を抑制できる。さらに将来的には，発電した電力で水を電気分解して水素と酸素に分け，水素を貯蔵・輸送して，必要なときに必要なところで必要なだけ使えるようになると，太陽光発電の普及は急速に進むと思われる。

　太陽光発電の更なる可能性は，世界のうち送電網につながっていない10数億人の人たちに，電気の恩恵を与えることができることにある。送電線を敷くのが困難な砂漠や高山などで，独立電源として利用する例も始まっている。世界の砂漠に広大な太陽光発電を設置して，電気や水素を供給できると可能性は更に広がる。

5.3.3　バイオマス発電とバイオ燃料——国土保全の観点と木質廃棄物の有効利用

　更なる再生可能エネルギー普及のためには，バイオマスの利用が欠かせない。旧来型の木炭等としての使用を含め，バイオマスは世界全体では，エネルギー資源として第4位であり，世界のエネルギーの必要量の14％を供給している。

　自然の恵みによってもたらされるバイオマスは国産エネルギーであり，その多くは農山村に存在しているので，未利用バイオマス利用によって農業や林業の活性化につながる。木質系廃棄物の利用にもつながるので，廃棄物問題の解決策にもなる。循環型社会の構築にもつながる。

　バイオマスは大気中のCO_2を吸収固定するので，地球規模でCO_2バランスをくずさないカーボン・ニュートラルな資源（燃やすと炭酸ガスを放出するが，植物の成長過程では逆に吸収する）であり，光と水により再生可能なエネルギー

---

[42] 駒橋徐「太陽光発電，2010年500万kW導入は本当に可能か？」TRIGGER，2001年9月号53頁。

である。世界規模でもバイオマス発電は増加している[43]。

2002年になって政府の新エネルギー等の定義の中に含められることになったバイオマスは、「再生可能な、生物由来の有機性資源で化石燃料を除いたもの」(「バイオマス・ニッポン総合戦略」2006年3月31日閣議決定) をいい、①木質系バイオマス、②エネルギー資源として栽培される植物、③家畜の糞尿に分類される。

木質系バイオマスの利用とは、木質の建築廃材や林業で生じる間伐材などを燃焼し、生じた蒸気によって発電させたり、あるいはガス化することでエタノールを得ることを指す。これらの利用の中では、特に、森林の間伐材の利用が望まれる。

山林の荒廃が叫ばれて久しい。日本は森林によるCO_2吸収により3.8%分の削減を見込んでいるにもかかわらず、積極的な保全策はとっていない。日本は国土の67%が森林であり、バイオマスは海外に依存しなくてすむ国産のエネルギー源である。バイオマス発電は太陽・風力に比して出力変動がなく、発電の質はいい。乾燥・固形化されたバイオマスは石炭に匹敵する燃料価値を持つ。しかも硫黄など汚染元素の含有量も少ない。

ただし、「広く」「薄く」存在するため、十分な規模で集めることができるかどうかがネックとなる。間伐材など林地残材は伐ってから下ろさなければならないし、製材廃材や農業残渣は集めて運ばなければならない。さらにガス化するにはチップやペレットの形で工場へ渡すことが必要となる。このように山から運び出す収集・運搬コストがネックとなって、林地残材や間伐材は未利用のままになっている。年間800万トンの林地残材が発生しているが、利用されているのは製紙原料等への利用でわずか1%程でしかない。

バイオマスのエネルギー変換方法としては、①蒸気発電 (バイオマスを燃焼して蒸気タービンを回し発電する。最も実用化が進んでいる。) と、②ガス化複合発電 (バイオマスを800℃程度でガス化し、発生した可燃性ガスを発電に利用する方法) がある。発電した電力は地域電力会社に買い取ってもらうしかないが、買

---

[43] 特にフィンランド、フランス、ドイツ、イタリア、ポーランド、スウェーデン、英国などEUにおいて増加し、中国ではバイオガスやわらなどの農業廃棄物からの発電が増え続けている。「バイオマス白書2010」http://www.npobin.net/hakusho/2010/trend_01.html によると、世界規模では、2008年において、バイオマス発電 (およびコージェネレーション) は大小規模で増加しており、約200万kWが導入され、累積のバイオマス発電容量は5,200万kWに達した。

取価格が安いため逆インセンティブになっていた[44]。

このような背景もあって，経産省は，林地残材の利用促進に向けて，石炭火力発電所に木質チップを混ぜて燃焼，発電する実証事業（林地残材バイオマス石炭混焼発電実証事業）を実施している。2009年度は約30億円の補助金で，6ケ所の石炭火力発電所で実施した。木質チップの混合率は，石炭に対して0.5〜2%である。林地残材バイオマスの石炭混焼発電事業は，CO_2排出削減の他にも，地域の活性化にも有効である。林地残材や間伐材を回収・運搬するための作業道整備，ペレット加工による新たな事業と雇用も生まれる。

木質系バイオマスは，単純にコストを比較しただけでは，化石燃料や廃棄物由来の燃料には及ばない。したがって，その利用システムが廃棄物等のエネルギー利用のシステムと相対的に独立していないと，仮に国有林から資源を供給しても，建築廃棄物等から生産される燃料用チップによって，市場から駆逐される可能性がある[45]。

製材の過程で発生する端材やおがくずは売れにくくなっているし，樹皮等捨てるしかないものは産業廃棄物として処理費用がかかるという現実がある。

この点につき，「木くず」[46]が産業廃棄物に当たるかどうかに関する平成16年1月26日・水戸地裁判決がある。木材が，産業廃棄物である「木くず」に該当するか否かの判断に際して，おからが廃棄物処理法施行令（平成5年改正前）2条4号にいう「不要物」，ひいては廃棄物処理法2条4項にいう「産業

---

[44] バイオマスは2001年までは新エネルギーに含まれていなかったため，補助金はゼロ，電力会社に売電すると日中で3円80銭程度，バックアップ電源は使わなくても基本料金（月額100万円以上）は必要というように逆インセンティブになっており，蒸気を捨てざるをえない事例がある。工藤拓毅・大木祐一・斎藤晃太郎「バイオマス発電等の実態調査」（IEEJ2001年7月掲載）に具体例の調査がある。

[45] バイオマスを利用する時には，基本特性として含水率や発熱量に注意しなければならない。そのまま燃料として用いると含水率や発熱量が違い，安定した熱量を得られない。その解決法としてバイオマスを乾燥・粉砕したチップの利用が進められているが，森林チップより工場廃材の生産の方が経済的なので，建築廃材ばかり利用される可能性もある。

[46] 廃棄物処理法2条1項において，廃棄物とは，「ごみ，粗大ごみ，燃え殻，汚泥，ふん尿，廃油，廃酸，廃アルカリ，動物の死体その他の汚物又は不要物であって，固形状又は液状のものをいう。」とされ，さらに，同条4項1号において「産業廃棄物」とは「事業活動に伴って生じた廃棄物のうち，燃え殻，汚泥，廃油，廃酸，廃アルカリ，廃プラスチック類その他政令で定める廃棄物」をいうと規定される。施行令2条1号ないし13号には法2条4項1号の政令で定める廃棄物として13種類の産業廃棄物が定められ，同条2号において，「木くず」も規定されている。

5.3 再生可能エネルギー普及策各論

廃棄物」に当たるか否かにつき判断した最高裁決定（平成11年3月10日・刑集53巻3号339頁）を参考としている。同決定は，「『不要物』とは，自ら利用し又は他人に有償で譲渡することができないために事業者にとって不要になった物をいい，これに該当するか否かは，その物の性状，排出の状況，通常の取扱い形態，取引価値の有無及び事業者の意思等を総合的に勘案して決するのが相当である。」とした。

廃棄物にあたるかどうかの重要な判断基準とされる「有償性」については，「再生利用を予定する物の取引価値の有無ないしはこれに対する事業者の意思内容を判断するに際しては，有償により受け入れられたか否かという形式的な基準ではなく，当該物の取引が，排出業者ないし受け入れ業者にとって，それぞれ当該物に関連する一連の経済活動の中で価値ないし利益があると判断されているか否かを実質的・個別的に検討する必要がある。」とし，チップの原料とされていた本件木材が，産業廃棄物である「木くず」には該当しないと判示した。チップ原料として再利用される場合は，産業廃棄物ではないとの判断である。有償でなくとも，再利用できる場合は資源になる。

当該判決が示すように，バイオマス利用は，いままで捨てられていた廃棄物のリサイクル・有効利用にもつながる。しかし，バイオマス発電は小規模では極めて効率が悪いし，バイオ燃料[47]も価格的に競争できる段階に至っていない。総合的な戦略が必要になる。

2001年のEUの再生可能エネルギー指令は，2010年までに電力消費の22%を再生可能エネルギーから生産することを目指したものであり，2003年の「輸送のためのバイオ燃料利用の促進に関する指令」は，2005年までにバイオ燃料利用を2%，2010年末までに5.75%とするものであった。その後の2008年のEU再生可能エネルギー指令は，2つの指令を統合し，2020年までに一次エネルギーの20%を再生可能エネルギーで供給することを目標としている。EUのバイオ燃料の使用に関しては，2020年までに10%以上とすることを義務付ける方針が採択された[48]。

しかし多くのEU加盟国でバイオ燃料の普及は進んでいない。そのなかで，

---

[47] エネルギー資源として栽培される植物によるバイオ燃料には，ディーゼルエンジンを動かす軽油代替品として，大豆油・菜種油，使用済み食油等からの精製によるBDFと，アメリカやブラジルで利用が進んでいるサトウキビやトウモロコシの利用によるバイオエタノールがある。

[48] 前掲注(21)大島「欧州における再生可能エネルギー政策の展開」59頁。

ドイツは，積極的にバイオ燃料の推進を図り，2001年6月28日にバイオマス政令を施行した[49]。バイオ燃料に対する鉱油税（石油税）を免税にすることによりBDFの消費量が急速に増え，2004年にはバイオディーゼルを軽油燃料に5%混合することが認められるようになった[50]。

これらEUの動きに対し，環境省・農林水産省・経済産業省など5省はバイオマスの有効利用を目指す「バイオマス・ニッポン総合戦略骨子」（2002年7月30日）をまとめた。まず，建築発生廃材の有効利用，そして，森林の間伐材など未利用バイオマスを導入する方向性を示し，バイオマスの生産，収集，変換，利用などの促進に向けて，導入目標値や実証実験の必要性等をあげている。

「バイオマス・ニッポン総合戦略骨子」は，「バイオマス・ニッポン総合戦略」（2006年3月31日閣議決定）へと引き継がれ，2010年度には，原油換算50万kl（エタノール換算だと80万kl）のバイオ燃料を輸送用燃料として導入する目標を立てている。

経産省は，バイオエタノールの実証実験を7カ所（北海道，山形県，岡山県，大阪府，福岡県，沖縄県2カ所）で始めた。うち，北海道は規格外小麦を，山形県はコウリャンを，沖縄県伊江島は高バイオマス量のサトウキビ[51]を，宮古島はサトウキビの搾りかすを使った実験である。一方，大阪府では建築廃材を（年間1,400kl，2009年にも4,000klに拡大），岡山県では製材所から出る木屑を使ってセルロース系（雑植性）バイオマスの実験を，福岡県では食品廃棄物を使った実験を行っている。

仮に地球上の全耕地面積で，エタノールの原料を栽培してエタノールを生産

---

[49] この政令は，再生可能エネルギー法（2000年）に基づくものであり，本政令が適用されるバイオマスの種類，技術，環境上の要請について規律している。Verordnung über die Erzeugung von Strom aus Biomasse (Biomasseverodnung-BiomasseV) Vom 21.Juni 2001.

[50] 2007年以降はバイオ燃料に対しエネルギー税を課税することにし，段階的に税率を引き上げた。同時に一定割合のバイオ燃料の使用をバイオ燃料割合法で義務付けた。しかし，このバイオ燃料に対する税率の引き上げによってバイオ燃料は化石燃料に価格的に対抗できなくなってしまい，バイオディーゼルの消費量が急落した。浅岡・前掲注(12) 78頁。

[51] 通常のサトウキビよりもバイオマス収量が格段に高い高バイオマス量サトウキビを原料としてバイオエタノール製造モデルの実証実験である（2010年3月末まで）。小原聡・寺島義文「伊江島におけるバイオエタノール生産の取り組み」『自動車用バイオ燃料技術の最前線』（シーエムシー出版，2007年）124頁。

しても，現在消費されているガソリンに置き換えることはできないといわれている。食用作物をガソリンの替わりに使うという方法は望ましい方法ではない[52]。あくまで，セルロース系バイオマス（稲わら，建築廃材，間伐材等，木草系バイオといった雑植系）利用への過渡期の方法にすぎないと捉えるべきであろう。食糧と競合しないセルロース系原料からの糖化は，でんぷん系原料より技術的ハードルが高く，低コスト化に向けた技術開発が必要な段階であるが，「第三世代」のバイオ燃料として注目されている。

5.3.4 廃棄物発電——サーマルリサイクルとマテリアルリサイクル

循環型社会形成のためには，化石燃料エネルギーを再生可能エネルギーに転換していく必要がある。そのうえで，これまで焼却・廃棄・埋立処分していた廃棄物を資源として見直し，再利用していかねばならない。

循環型社会推進のための法体系は図5-1のようになっている[53]。

循環型社会形成推進基本法では，循環資源についての優先順位を，①排出抑制（リデュース）（第5条），②再使用（リユース）（第7条1号），③再生利用（マテリアルリサイクル）（第7条2号），④熱回収（サーマルリサイクル）（第7条3号），⑤適正処分（第7条4号）としている。

この間に制定された各種リサイクル法における熱回収（サーマルリサイクル）の位置付けは，容器包装リサイクル法（1995年6月）では廃プラの熱回収は行わない，家電リサイクル法（1998年6月）では熱回収を入れてあるが，政令で熱回収は当面除外していた。

ところが，2002年7月に成立した自動車リサイクル法2条9号の定義では，「再資源化」としてマテリアル，サーマルの両方を規定している。また，経済

---

[52] バイオ燃料はエネルギーと農業が融合する分野である。トウモロコシやサトウキビといった穀物の燃料利用に反対する考え方も根強いが，休耕田となっている水田を油田にかえることによる地域再生の提唱もある。山家公雄『日本型バイオエタノール革命』（日本経済新聞社，2008年）。

このような動きに対し，経産省は2010年3月，バイオ燃料の持続可能性に関する基準（LCAでのCO_2排出量がガソリンの半分以下であること）を公表した。この基準に達するのは建築廃材，テンサイ（国産），既存農地で栽培するブラジル産サトウキビの3つだけであった。コメはガソリンよりCO_2排出量が多くなってしまう。ただし，休耕地を活用した農業政策としての側面やエネルギー自給率の向上も考慮すべき要素になる。

[53] 植田和弘「循環型社会をめぐる環境と経済」ジュリストNo.1184，43頁，大塚直「循環型諸立法の全体的評価」ジュリストNo.1184，2頁。

財政諮問会議「循環型経済社会に関する専門調査会」中間とりまとめ「ごみを資源・エネルギーに，環境に優しく『美しい日本』を次世代へ」（2001 年 11 月 22 日）では，サーマルリサイクルをマテリアルリサイクルと同等に位置付け，高効率なエネルギーを生み出すことを前提に廃プラ発電を推奨している。

年間約 500 万台排出される使用済み自動車については，中古輸出分を除いた 400〜450 万台が解体リサイクルの対象になっている。現在，重量比で約 75〜80％はリサイクルされている。残り 20〜25％（シュレッダーダスト・フロン・エアバックの 3 品目）のリサイクルのため，販売時に消費者からリサイクル料金を預かり，資金管理団体（「指定法人」である㈶自動車リサイクル促進センター）に巨額の預託金（平成 21 年 3 月末における再資源化預託金等の残高は 7,707 億円）を管理させるという制度を採用したうえで，サーマルリサイクル推進になりかねない法律になっている。

自動車リサイクル法は，産廃最終処分場の逼迫により，シュレッダーダスト等を低減する必要性から，日本型の拡大生産者責任制（EPR; Extended Producer Responsibility）[54] の考えに基づき，製造業者に適切な役割分担を義務付けることを目的としたものである[55]。メーカーなどの生産者に，生産物の廃棄後の処理まで責任を持たせるべきという EPR については，循環型社会形成推進基本法にも導入されている。OECD では EPR を「物質的及び／又は金銭的に，製品に対する生産者の責任を製品のライフサイクルにおける消費後の段階まで拡大させるという環境政策アプローチである。」と定義しており，「実施の責任」と「金銭支払」の責任があるとされている。日本型 EPR と呼ばれるのは，既に自動車はリサイクルが進んでおり，わずか 3 品目についてリサイクルを実施するにすぎないからである。

シュレッダーダストを埋め立て処分する場合とサーマルリサイクルする場合では，エネルギーを取り出せるという意味ではサーマルリサイクルの方が優れているようにみえるが，地球環境を汚す点では逆の評価になる。しかし，1995年 4 月の廃棄物処理法改正により管理型処分場での処理が義務付けられたシュ

---

[54] 大塚直・村上友理・他「拡大生産者責任に関する OECD ガイダンスマニュアル(1)(2)」環境研究 No121, 56 頁，環境研究 No122, 104 頁，大塚直「自動車リサイクル法の評価と課題」ジュリスト No.1234, 58 頁。
[55] 経済産業省・環境省・国土交通省（平成 14 年 4 月）「使用済自動車の再資源化等に関する法律案の概要（自動車リサイクル法案）」法律制定の目的，法律案の概要。

5.3 再生可能エネルギー普及策各論

レッダーダストは，処分場逼迫問題（処理価格の高騰や管理型処分場の数が限られること，集塵飛灰中にダイオキシンが含有されること）により埋立量を減らすしかなく，サーマルリサイクルを推奨している。

廃プラスチック等を燃焼し，プラスチックが持つ熱エネルギーを温水・蒸気・電力として回収し，資源の有効利用を図るのがサーマルリサイクルである。すなわち，マテリアルリサイクルを行うためのエネルギー源として，「燃えるゴミ」を利用するところにサーマルリサイクルのニーズがある。サーマルリサイクルは，製品を廃棄するときに，製品をエネルギーを作る原料として使う点が3Rより劣る原因となる。製品をサーマルとして取り出せるエネルギーは，その製品の原料から取り出せるエネルギーと同等かそれ以下となるので，資源再利用効率はよくない。

廃棄物焼却施設におけるゴミの焼却熱を利用して発電を行う従来型の廃棄物発電は，発電効率が10～15％程度であった。高効率の廃棄物発電として，ガス化溶融発電が技術開発されたが，処理プロセスが複雑なので安定的な運転は難しい。ダイオキシンの低減や排出される灰の減容化が可能というメリットはあるが，排出抑制の観点は皆無である。

自動車廃棄物のシュレッダーダストは可能な限りマテリアルリサイクルする取組みが必要である。自動車廃棄物は，価格の問題さえクリアできれば，技術的にはほぼ100％リサイクル可能な段階になっている。当初は高コストであっても，誰かがコストを負担するシステムを作らないと，リサイクル技術は進展しない。安易に廃棄物発電を推進すると，資源再利用効率のよりよい方法へのインセンティブが働かなくなる。

シュレッダーダストをすべてサーマルリサイクルし，これをリサイクル率にカウントする[56]のではリサイクル容易化設計・解体支援技術・シュレッダーダスト再資源化技術など，マテリアルリサイクルを促すインセンティブは働かなくなる。2000年9月に公布されたEUの廃車指令第7条ではサーマルリサイクル比率を5％（10％）に限定している[57]。

---

[56] サーマルリサイクルを「リサイクル」として認めてもらうには，発電効率20％以上がめどになる。切り札になるだろうと期待されているガス化溶融は原理的には25～30％にあがるとされるが，現実は最高で約17％である。「検証：ガス化溶融」日経エコロジー2002年3月号50頁。

[57] 第7条のリサイクル率に関する規制では，2006年1月からの使用済み自動車の85％を再使用・再資源化すべきこと（80％は再使用とリサイクルで賄うこと，すなわちサーマ

「廃棄物のマテリアルリサイクルを促しても売れない，販路がない」という問題もある。実際に再資源として利用されるものは金属類・ガラスカレット・塵芥ゴミ・紙類の4種のみで，一般廃棄物の約80％は燃焼処理され，その大部分は熱利用されていない。リサイクルを繰り返すとどうしても品質が劣化してしまう。カスケード利用[58]も必要となる。

しかし，リデュース・リユースできない廃棄物も，可能な限りマテリアル・リサイクルすべきである。一般廃棄物は取扱性や嵩の問題から広域処理には不適切である。サーマルリサイクルを促進すると，「分別処理が不要，広域処理が必要」になり，リデュースという大前提がないがしろにされ，循環型社会の輪が崩れてしまう。不法投棄を防ぐためにも最終処分を前提としないシステムへの転換が必要である。

ガス化溶融の促進は「ゴミが足りない」事態につながる恐れがある。サーマルリサイクルはスケールメリットが大きく効くので，広域処理が求められるためである。サーマルリサイクルでは高温処理をするため，分別されたゴミではなく，雑多なゴミを必要とする。したがって，一般廃棄物の分別処理が不要になる。

循環型社会とはリサイクル促進社会ではない。2000年代に相次いで制定された各個別リサイクル法は，ネーミングからして誤解を招きやすい。ゆくゆくは，製造業は，「循環を前提としたものづくり」（インバース・マニュファクチャリング）[59]への転換が必要になる。将来的に，ゴミが減っても対応できるよう

ルリサイクルは5％以内）としている。2015年からの使用済み自動車は再資源化率を95％まで高め，85％は再使用とリサイクルで賄う（サーマルリサイクルは10％以内）目標を掲げている。すなわち，3Rの優先順位として，廃棄物の発生はできるだけ避ける，再使用と再利用を優先している。*Directive 2000/53/EC of the European Parliament and of the Council of 18 September 2000 on end-of life vehicles,* EU指令における3Rの優先順位とリカバリーの定義は http://www.meti.go.jp/report/downloadfiles/g10928g8j.pdf 参照。

[58] 高レベルの利用から低レベルの利用へと，多段階（カスケード）に活用すること。資源やエネルギーを利用すると品質が下がるが，その下がった品質レベルに応じて何度も利用することである。

[59] インバース・マニュファクチャリング（逆工場）は，従来の生産活動の「生産→使用→廃棄」という順工程から，逆に「回収→分解・分別→再利用→生産」の逆工程を生産システムに入れて，同じ製品のライフサイクルの中で循環させることをいう。

　製品ライフサイクル全体として資源・エネルギー消費量，廃棄物および環境負荷を最少化するような，循環型の製品ライフサイクル・システムを構築することを目的とした循環生産のためのコンセプトである。

5.3.5 燃料電池の可能性——水素経済に向けて

燃料電池は水素を燃料としており，電気を作るときに排出する物質は水だけで，硫黄酸化物は発生しない。今後環境規制が強まると予想されるなか，燃料電池はクリーンなエネルギーを作る極めて有望な技術の一つである。燃料電池車が普及すれば，ガソリン消費は大幅に減る。定置式燃料電池が普及すれば，日本のエネルギー・セキュリティの向上に大きく貢献する。燃料電池技術は，エネルギー産業の姿を一変させる可能性がある[60]。

ただし，水素は二次エネルギーであるから，水素を作り出すためにはエネルギーが必要となる。「何から水素を作るか」[61]，そして，エネルギー利用効率が重要になる。環境的に望ましいのは，再生可能エネルギーから作った電力を使って，水素を生成することであろう。

2002年12月に発売された燃料電池車は買取価格が1台1億円とも，それ以上とも言われている。燃料電池車の普及を促すためには，①燃料電池自体の基本性能の向上，②燃料電池本体のコストの低減[62]，③水素ステーションのインフラ整備，そしてこれらの普及への政策的な支援・法規制の緩和が必要になる。

家庭用の定置式燃料電池の方が実用化は早いと思われる。水素は悲願の「国産エネルギー」になりうるが，同時に，石油・ガス・電力といった業種の垣根を壊す点にも留意しなければならない。現行の電気事業法では，燃料電池は容量にかかわらず，「自家用電気工作物」（同法38条4項）として規定されている。一方の燃料電池車の普及のためには，水素を利用した燃料電池車を危険物とみなし，高圧ガス保安法，道路運送車両法，道路法，消防法で行っている規制を

---

[60] 燃料電池のマイナス面は，燃料電池の心臓部「セル」は作動時間に応じて劣化するので，24時間作動する家庭用では約4年でセルの交換が必要になるだろうと見られている点である。また，水素と酸素の反応に触媒用のプラチナ（白金）を使って現在の自動車台数分の燃料電池車を大量生産すれば，世界中のプラチナが3年で枯渇するといわれている。

[61] 化石燃料を燃やす火力発電所で作った電力を使って，水を電気分解し，水素を作ることもありうる。しかし，これではクリーンなエネルギーとは言い難い。

[62] 2008年，ホンダは今後3年間に200台量産計画を発表した。当面はリースにするが，1,000万円を切れば普及が進むとみられている。

見直す必要がある。

　今後，分散型電源が増えると，電力会社の持つ系統電力に対して何らかの影響が出る可能性がある。「分散型発電を現在の系統ネットワークとどう接続するか」という問題である。スマートグリッドが全国規模で整備されると，再生可能エネルギー開発の後押しとなる可能性は高い。

　燃料電池車の水素燃料供給方法については水素・メタノール改質・ガソリン改質で争っていたが，水素を直接供給・貯蔵する方法が最も効率がよく，やがてはこの方式が広く実用化されるとみられている。2020年以降には，純水素が燃料電池車の主要な燃料として使われると予想される。CO_2を含めた完全なゼロ・エミッションを実現するには，水素燃料に限られる。水素エネルギー利用のためには，水素の輸送と貯蔵についてのコスト的課題の解決とともに，水素ステーションや天然ガスのパイプライン建設などのインフラを整備する必要がある。

　燃料電池車を開発しているメーカーは巨額の研究開発費を投入している。自動車メーカーの競争は既に国境を超えている。米国同様，日本でも燃料電池車の開発への助成と購入者への減税を一体にした普及策が必要であろう。イノベーションは，市場の中から内発的に生まれてくるものではなく，いつの場合でも政府の後押しが大きな役割を果たす。

　租税特別措置法42条の4（試験研究を行った場合の法人税額の特別控除）に規定する「試験研究促進税制」を拡充する必要がある。「環境・エネルギー」「IT」「医療・バイオ」「ナノテク」等活性化が望まれる分野は，革新的な技術開発を促すためにも，税の優遇を打ち出す必要がある。

　企業側が燃料電池車を開発しても，ユーザー側に購入のインセンティブが働かなければ普及はおぼつかない。ある程度コストダウンが進んだ後は，2009年（平成21年度）度税制改正に盛り込まれた自動車取得税・自動車重量税のエコカー減税，2011年度導入予定の地球温暖化対策税によるエコカーのランニングコストの相対的優遇策により，クリーン車購入のインセンティブ保有時のランニングコストの低減による後押し策が望ましい。

　個人ばかりではなく企業や自治体のグリーン購入を促す必要性も考慮すると，クリーン車購入によるCO_2排出削減寄与分を省エネ法の達成分としてカウントできるグリーン購入もインセンティブになりうる。

　持続可能なエネルギー安定供給は，長期的（2050年）には，原子力ではなく，水素を基軸としたエネルギーシステムへのイノベーションを促すことによって

もたらされる方が望ましい[63]。スマートグリッドによってエネルギーが効率的に供給・配電されるようになると，電気事業分野（エネルギー供給分野）にも大きな変革がもたらされると思われる。

　2050年には温室効果ガスを90年比60%削減することを目標としている（地球温暖化対策基本法案9条2号）。革新的な技術開発も含めて，エネルギーや資源を効率的に利用し，省エネ・環境負荷低減型社会を構築することが，エネルギー・セキュリティにつながる。市場競争システムのなかに，分散エネルギーシステム普及を促すための法制上，財政上，税制上の措置を織り込むことによって，環境保全と効率化の同時達成が可能になる。

---

[63] 2009年に民主党政権が示した2020年における温室効果ガス排出量の1990年比25%削減目標達成のための中期の目標と，長期の目標（2050年において60%削減）は，抜本的に異なる（地球温暖化対策基本法案9条）。
　原子力に対する中期的ビジョンと長期的ビジョンを分けて示すことが肝要である。

第6章　京都議定書以降の枠組み作り

6.1　温室効果ガス25％削減のための国内政策——地球温暖化対策税

6.1.1　税制改正大綱の役割

　地球温暖化対策基本法案15条において，地球温暖化対策税の創設が明記されている。同法の基本的施策の一つとして，2011年度(平成23年度)から地球温暖化対策税を導入するためには，地球温暖化対策税法（案）を作成し，平成23年度税制改正関連法案の一つとして国会で審議する必要がある。

　所得税法や法人税法等の個別税法や租税特別措置法は，毎年改正される。政権交代前における税制改正のための議論は，まず，「政府税制調査会」（以下，「政府税調」という。）で開始された。政府税調は，学識者，産業界，労働界，地方団体からのメンバーで構成され，税制の基本方針について調査・審議する内閣総理大臣の諮問機関である。税制改革に必要な基本方針を，包括的・総合的に検討し，答申として総理に提出する。その後，与党（自民党）税制調査会（以下，「与党税調」という。）で，翌年度の具体的な税制改正項目の決定が行われる。与党税調は，党の政務調査会の一つにすぎない。法的な権限や責任を有しないにもかかわらず，これまでは具体的な税制改正の決定権を握ってきた。毎年12月に発表される与党の税制改正大綱に掲げられる「重要な改正項目」を踏まえて，政府は翌年の通常国会に「税制改革関連法案」を提出してきた。

　環境税（炭素税）についてはこれまでも，環境省を中心に議論が行われてきた。与党税調がこれらの議論を無視してきたわけではなく，2008年(平成21年)までの3年間をみても，表6-1で示すように，「検討項目」の第一番目に記載されてきた。与党税制改正大綱における「検討項目」というのは，隠れた重要項目である。ここに列記されている項目を毎年比較すると，翌年以降どのような改正を予定しているのか如実に表れている。検討項目は，翌年以降の具体的な税制改正項目となることが多いからである。ところが環境税については，表6-1に示すように，平成19年度，平成20年度，平成21年度とも「環境先進国として……総合的に検討する」と，表現内容は多少異なるが，毎年ほぼ同じ内容が記載される状態が続いていた。

第6章　京都議定書以降の枠組み作り

平成 20 年 12 月 12 日（平成 21 年度税制改正大綱）
経済危機に対応する景気対策の目玉として，グリーン環境投資の拡大を通じて内需拡大に貢献し，経済社会，国民の生活行動の変化を招来するよう，環境先進国として，未来に向けて低炭素化を思い切って促進する観点から，税制のグリーン化を推し進める。 なお，環境税については，税制抜本改革に関する議論の中で，税制全体のグリーン化を図る観点から，様々な政策的手法全体の中での位置づけ，課税の効果，国民経済や産業の国際競争力に与える影響，既存の税制との関係等に考慮を払いながら，納税者の理解と協力を得つつ，**総合的に検討する**。
平成 19 年 12 月 13 日（平成 20 年度税制改正大綱）
わが国は，来年のG8北海道洞爺湖サミットを控え，環境先進国として世界をリードする役割を果たすため，京都議定書目標達成計画に沿って，国，地方をあげて多様な政策への取り組みを実施し，6％削減約束を確実に達成することとしている。環境税については，来年から京都議定書の第一約束期間が始まることを踏まえ，さまざまな政策的手法全体の中での位置づけ，課税の効果，国民経済や産業の国際競争力に与える影響，既存の税制との関係等に考慮を払いながら納税者の理解と協力を得つつ，**総合的に検討する**。
平成 18 年 12 月 14 日（平成 19 年税制改正大綱）
わが国は環境先進国として，地球温暖化問題において世界をリードする役割を果たすため，京都議定書目標達成計画に沿って，国，地方をあげて多様な政策への取組みを実施し，6％削減を確実に達成することとしている。環境税については，平成 20 年から京都議定書の第一約束期間が始まることを踏まえ，さまざまな政策的手法全体の中での位置付け，課税の効果，国民経済や産業の国際競争力に与える影響，既存の税制との関係等に考慮を払いながら納税者の理解と協力を得つつ，**総合的に検討する**。

表 6-1　与党（自民党）税制改正大綱「検討事項」の三期比較

　具体的な新税の創設，すなわち，翌年度の税制改正項目となるためには，「重要な改正項目」として取り上げられることが必須である。翌年度の「税制改正関連法案」の内容は，与党税調の税制改正大綱の「改正項目」の内容とほぼ同じである。というのは，これらの作業は，事務方である官僚の役割が大きく，与党税制改正大綱は，行政庁（官僚機構）や立法府（政治家）の望む方向で作成されてきた。この与党税制改正大綱を踏まえ，政府は，翌年の通常国会

に税制改革関連法案を提出する。そして，翌年3月31日までに成立する「改正法」によって，税制改正が正式に決定されるという段取りが繰り返されてきた。このような流れの中で，環境税は毎年毎年，検討項目の一つにすぎず，税制改正の本流ではないというという取扱いが続いてきた。

民主党政権になり，政府税調と与党税調は廃止された。政治家から構成される政府税制調査会を新設し，権能を一元化した[1]。平成22年度税制改正大綱（平成21年12月22日閣議決定）において，政府税制調査会は，これまでのような年度税制改正だけでなく，第1章では「基本的考え方」，第2章では「新しい税制改正の仕組み」を，第3章では「中長期的な改革の方向性」を示した。これまで自民党税調で示されてきた具体的税制改正項目は，「第4章 平成22年度税制改正」として取り上げる形式をとっている[2]。

同大綱の具体的内容は従来と比べてかなり変更された。「地球温暖化対策のための税」に関しては，「第3章 各主要課題の改革の方向性」のなかの「7. 個別間接税」の一項目として記載されている。さらには，検討項目においても，具体的な地球温暖化対策税の内容にまで踏み込んだ言及がされている（表6-2参照）。

図4-3（化石燃料にかかる税金）に示すように，現行のエネルギー関連諸税のうち，上流課税としては，石油石炭税がある。下流の段階における運輸燃料課税としては，燃料源ごとに，ガソリンに対する揮発油税・地方揮発油税，軽油に対する軽油引取税，LPガスに対する石油ガス税，ジェット燃料油に対する航空機燃料税がある。これらの既存エネルギー関連諸税と，新税である地球温暖化対策税との整合性を，どのようにして図るべきであろうか。

現行の石油石炭税は炭素含有量に応じた課税ではなく，石油石炭税の8条の課税標準の定義（その採取場から移出した原油，ガス状炭化水素若しくは石炭又は保税地域から引き取る原油等の数量）からして，化石燃料資源採取税と呼ぶべき税である。しかも，経産省所轄（一部環境省所管）のエネルギー対策特別会計

---

[1] 新たな政府税制調査会は，大臣，副大臣，政務官らをメンバーとする一種の閣僚委員会としてスタートした。税制の検討には高度な専門知識が不可欠であるため，その下部組織として税財政の専門家から構成される専門家委員会が設置された。白石浩介「新政権の目指す税制改革の方向性」税研150号19頁。
[2] 民主党政権下で初めて行われた平成22年税制改正に関して，渕圭吾「平成22年度税制改正を読む」ジュリストNo.1397, 21頁以下，土居丈朗「鳩山内閣は税制抜本改正にどう取り組むか－財政学の視点から」税研150号24頁以下参照。

平成 21 年 12 月 22 日（平成 22 年税制改正大綱）
(3) 暫定税率，地球温暖化対策のための税等 ②地球温暖化対策のための税 　地球温暖化対策の観点から，1990 年代以降，欧州各国を中心として，諸外国において，エネルギー課税や自動車関連税制などを含む，環境税制の見直し・強化が進んできています。 　我が国における環境関連税制による税収の対 GDP 比は，欧州諸国に比べれば低いといえますが，今後，地球温暖化対策の取組を進める上で，地球温暖化対策のための税について，今回，当分の間として措置される税率の見直しを含め，平成 23 年度実施に向けて成案を得るべく更に検討を進めます。
11．検討項目 ［国税・地方税共通］ (2) 地球温暖化対策のための税については，今回，当分の間として措置される税率の見直しも含め，平成 23 年度実施に向けた成案を得るべく，更に検討を進めます。 　車体課税については，エコカー減税の期限到来時までに，地球温暖化対策の観点や国及び地方の財政の状況も踏まえつつ，今回，当分の間として適用される税率の取扱いを含め，簡素化，グリーン化，負担の軽減等を行う方向で抜本的な見直しを検討します。

表 6-2　平成 22 年度税制改正大綱（地球温暖化対策のための税と検討項目）

になっている．

　石油石炭税は，既存税制からの改正を目論む場合は，炭素税に最も近い性質をもつ．石炭火力発電所の燃料源である石炭への増税となるので，炭素税本来のインセンティブ効果が見込める．徴税手続面からみても，輸入段階での石油石炭税を炭素含有量に応じて地球温暖化対策税に改編するのが，最も容易である．

　しかし，石油石炭税を炭素含有量に応じて，1 トンあたり 1 万円程度の地球温暖化対策税に改編すると，ナフサ（石油化学工業の主原料）や灯油（暖房用），重油（ボイラーや農機具・漁業用船舶燃料）に対しても増税となる．地球温暖化対策税（炭素税）は，個別消費税であり，転嫁を前提とする前段階控除型の多段階方式付加価値税（一般消費税）ではない．これら製品原料や産業用燃料への増税をした場合，どこまで製品価格に転嫁できるか，国際競争力を保つ必要

6.1 温室効果ガス25%削減のための国内政策

上軽減措置が必要か，価格弾力性の低い生活必需品への課税による逆進性にどう対処するか，といった問題点が出てくる。

下流段階での課税である運輸燃料課税に関しては，非難の的であった暫定税率（道路整備計画の案を根拠に平成20年4月から平成30年3月末日までの10年間）を廃止しながらも，財源確保の観点から，揮発油税・地方揮発油税，軽油引取税，自動車取得税について「当分の間，現在の税率水準を維持する」という矛盾した政策をとっている[3]。税制改正大綱では，この暫定税率分を地球温暖化対策税に改編する可能性も含む記述になっている。民主党マニュフェストに従うと，暫定税率分を炭素含有量に応じて地球温暖化対策税に改編することになる。

しかし，日本と諸外国とのガソリン価格と税負担を比較（図4-2参照）すると，環境関連税制による税収の対GDP比は未だに低い水準にある。平成22年度大綱にもその旨が記載されている（表6-2参照）。財政需要から判断すると暫定税率分を本則税率にするか，あるいは，温暖化対策を重視すれば炭素含有量に応じた炭素税に，改編すべきであろう。

4.2.2でも検討したように，「グッド減税・バッド課税」の考え方が税制改正大綱に記載された。これまで環境政策の分野で議論されてきた地球環境負荷をふまえた課税の方向性が公式に採用されると，個別消費税としての環境税（炭素税）の位置付けが確立することになる。

さらには，燃料課税・車体課税や酒税，たばこ税といった個別間接税に対する消費税との二重課税（tax on tax）の問題も取り上げ，特定の政策目的を含め，課税の趣旨を明確にすべきとの基本的な考え方を示している。大綱では，たばこ税と酒税に関して，「安易な財源確保として用いられてきた」と問題点を指摘している。となると，酒類販売免許制合憲判決（最判1992年（平成4年）12月15日，民集46巻9号2829頁）で示された，租税立法に関して「財政目的」を重視した緩やかな違憲審査基準を採用した側面が，再考される可能性が出てくるのではないか[4]。

---

[3] 厳しい財政状況下での財源確保等を総合的に考慮しての政治判断であり，法的な検討の域を超える。藤谷武史「税制改正大綱を評価する－税法学の視点から」税研150号44頁。

[4] 藤谷准教授は，前掲注(3)45頁において，「『安易な財源確保目的』は望ましくなく，健康や環境に負荷を及ぼす消費の抑制を目的とする消極目的規制の手段として税法が用いられるとなれば，これまで広範な立法裁量を認めてきた憲法的位置付けも変容する」可能性があることを指摘している。

このように，平成21年度税制改正大綱までの環境税（炭素税）に関する抽象的な検討項目が，平成22年度税制改正大綱では，具体的な検討課題となっている。徴税手続，国際競争力への配慮，国税と地方税との配分方法を含めた地球温暖化対策税の具体的な検討時期が到来しているといえよう。

6.1.2　経済のグローバル化と炭素税──二元的所得税の検討を含めて

平成22年度税制改正大綱の「検討項目(4)」においても，「国際競争力に与える効果の検証」があげられている。すなわち，地球温暖化対策税を導入するにあたっては，現行石油石炭税や揮発油税の免税措置の対象となっている課税客体に関しての検討が必要となる。

国際的にみると，日本企業が排出しようと，海外の企業が排出しようと，その外部効果は同じである。WTOにおける国際貿易上のルールに従えば，国内製品にかかる間接税から輸出品だけを除外することはできないし，輸入品に対して国内製品と同様の課税を行うことも不可能となる[5]。技術的にも，生産物（製品）ごとにCO_2排出量を特定することは困難であり，国境税調整は現実的ではない。

国内的にみても，企業が排出しようと，家計が排出しようと，その外部効果は同じである。にもかかわらず，国際競争力の観点から軽減措置が採用されると，法人に軽く，家計に重い負担を課す炭素税は，公平性の点において大きな問題を生じることになる。

経済のグローバル化が進む中で産業の国際競争力を維持しようとすると，炭素税の負担軽減措置が必要となろうか。しかし，エネルギー集約産業への炭素

---

[5] 4.2.2で論じたように，WTOの規定は製品の特性や物理的に組み込まれている投入財に基づいた製品に対する国境税調整は一般に認められているが，内国加工税（domestic process tax）に基づいて輸入製品に課税することは認められないと解釈されている。

　ただし，1995年11月に，WTOの「貿易と環境委員会」は，「環境目的の税・課徴金を適用する余地が，WTO協定の諸規定に存在する。この議題の論点の一部について，これまでに予備的な検討を行った。この議題については一層の作業が必要である。」と述べている。石弘光『環境税とは何か』（岩波新書，1999年）203頁。

　また，OECD編・環境省環境関連税制研究会訳『環境税の政治経済学』（中央法規，2006年）106頁によると，「国境税調整は，生産過程に関連する場合には，物理的に組み込まれる投入物を対象とすることのみが許される。また，国境税調整は，例えば生産過程でエネルギー消費や炭素排出など投入物が最終製品の中に存在しないのであれば許されない。」とされている。

6.1 温室効果ガス25％削減のための国内政策

税の減免は，インセンティブ効果を減殺させる[6]。さらには，汚染者負担原則（PPPの原則）に基づく公正な費用負担原則に反することになる。

汚染の防止・制御の費用のみならず，政府等が実施する環境保全対策にかかるコストの税や賦課金を通した負担，汚染の浄化費用，環境損害に対する賠償をもその対象とするのが，広義のPPPの原則である。ここでは環境費用のすべてが対象となり，特に民事的，行政的，刑事的な責任にかかる支払い，エネルギーや炭素税といった環境関連税の負担といった要素も多分に含まれることになる[7]。

しかし，藤谷武史准教授は，「環境賦課金と対置される環境税においては，PPP原則を過度に強調すべきではない。」との考えを述べている[8]。「環境税の特徴は，むしろPPP原則を貫徹できないことであるから，誘導作用を考慮してPPPの仕組みを用いつつも，社会的共通資本としての環境の維持管理費用を所得分配上妥当なやり方で誰に分配するかという，租税を介した公共負担の枠組みで問題をとらえる方が，『租税』としての環境税には馴染む考え方である。」との意見である。ということは，炭素税に対し負担軽減措置を設ける場合の公平性の担保は，税制全体で考慮する必要があることになろうか。

広義のPPPのもとでは，国際貿易における衡平性の確保も目指すことになる。しかし，国際法において，広義のPPPを法的拘束力のあるものとして明確に根拠付けている例はみられない。リオ宣言等においても，直接に国家の責任を想起させる表現は避けられている。気候変動枠組条約3条にも，PPPの原則は明記されていない。しかし明記されていないからといって，PPPの原則が否定されたわけではなく，代わりに規定されたのが，3条1項の「衡平の原則」と「共通だが差異のある責任」である[9]。

では，気候変動枠組条約締結国が炭素税を創設するにあたって，PPPの目的である国際競争力の面でも，衡平性への配慮は必要であろうか。

---

[6] 藤谷武史「環境税と暫定税率－租税法・財政法・行政作用法の交錯領域として」ジュリスト No.1397, 34頁。
[7] 奥真美「汚染者負担原則」環境法政策学会編『温暖化防止に向けた将来枠組み』（商事法務，2008年）112頁。
[8] 藤谷・前掲注(6)35頁。
[9] 「差異化」のなかに，過去における排出への寄与度に応じた負担（広義のPPPであり，かつ国家間における負担の配分を意味するもの）の考え方が反映されたと理解されている。奥・前掲注(7)113頁。

第 6 章　京都議定書以降の枠組み作り

　経済のグローバル化が進行し，国際的な規制や国境管理が撤廃されると，徐々に最適課税論の想定する世界に移行することになる。各国間での税制の相違が投資収益率に大きな影響を与えることになり，国際的な移動が自由な資本に対しては課税の自律性を失うことになる。これは課税政策において，開放経済下の小国では，最適課税論におけるラムゼイ・ルールの国際課税への適用となる[10]。

　素朴な最適課税論，すなわち，利用可能な租税体系を所得税に限定して結論を導き出すと，供給弾力性の小さい所得ほど高い税率を，供給弾力性の大きい生産要素による所得ほど低い税率ということになる[11]。この最適課税論の枠組みでは，「金融資産などの流動性の高い生産要素には軽課を，労働などの流動性の低い生産要素には重課をする」という結論になるが，所得課税の枠内にとどまらず広く所得課税・消費課税・資産課税を意識した場合には，それぞれ異なった結論が導き出される[12]。

　ラムゼイ・ルールは，政府が一括税を課すことができないとした場合に，種々の異なる商品にどのように課税すべきか，という問題である。逆弾力性ルールでは，「課税によって需要が大きく減少するような財は重課すべきでない」という直観と整合的となるが，需要の価格弾力性の小さい財は必需品に多いので，それを重課すると所得配分にはマイナスとなる。そこで，この命題は所得配分を考えなくてもよい税収規模の小さな税についてのみ当てはまり，間接税の一般ルールとはならない。すなわち，ラムゼイ理論は，課税に伴う超過負担を最小にするように，所与の税収をあげるためにはどのような商品課税体系にすべきか，という問題を定型化したものであった[13]。

　このルールが国際課税にも適用されることになるのが二元的所得税であり，

---

[10] 最適課税論の理論的フレームワークはケンブリッジの経済学者ラムゼイ（Ramsey, F.P.）に遡る。小西砂千夫『日本の税制改革　最適課税論によるアプローチ』（有斐閣，1997 年）60 頁。

[11] 関口智「日本の所得税・最適課税論・スウェーデンの二元的所得税：勤労所得と資本所得の視点」税研 140 号 22 頁。

[12] 広く所得課税・消費課税・資産課税を意識した場合，①一般的には資本所得は非課税とすべきではないこと，②勤労所得税と資本所得税（利子課税）の最適な税率は同じではないこと，③相続税・遺産税にも課税すること，④消費への課税も現在と将来とで税率は同じにするべきではないこと等の結論が導き出されている。関口・前掲注(11)22 頁。

[13] G. ブレナン・J.M. ブキャナン著・深沢実＝菊池威＝平澤典夫訳『公共選択の租税理論』（文眞堂，1980 年），宮島洋『租税論の展開と日本の税制』（日本評論社，1986 年）参照。

6.1 温室効果ガス25％削減のための国内政策

炭素税に対しても適用されうる。つまり、炭素税の負担を逃れようとして資本の国外流出が生じると、最終的にはその税負担がすべて非流動的な労働にかかってくることになる。このような想定のもとで、スウェーデンでは二元的所得税導入とともに炭素税を導入し、同時にエネルギー集約産業に対する減免や、労働コストを引き下げる環境税制改革も行われた。

スウェーデンは総合所得税に極めて忠実な措置をとっていたが、一方で高額所得者への資本所得への課税が十分に行われておらず、不公平になっていた。税制以外の判断要素もあるものの、担税力の高い者ほど納税する場所を自ら選択できる状況にある。このような問題に対処すべく、税負担の高い北欧諸国ではそれまでのシャンツ＝ヘイグ＝サイモンズの所得定義に基づく包括的所得税[14]を放棄し、二元的所得税を導入した[15]。しかしながら、二元的所得税制では、税の水平的公平性も、所得の再分配機能による垂直的公平も維持できないことになる[16]。移動性の高い資本所得を軽課することは、総所得に占める資本所得の割合が高いほど税負担を小さくすることになり、水平的公平に反する。資本所得の割合が高いのは高額所得者であるから、二元的所得税は垂直的公平性の実現にも資することができない。

ボーダーレスな国際競争の激化、経済構造の変化のなかでの税制改正の方向性は、法人税率の低率化をはじめ、産業に対する税負担の軽減を求めている。国境税調整は理論的にも技術的にも難しい。代わりに、企業に対する減免措置をする場合には、インセンティブ効果を阻害することなく、所得分配上の悪影響を軽減するように設計する必要がある。それが社会保険料負担の引き下げであった。

EUや北欧諸国における税制改革の方向は、所得税及び法人税の税率の引き下げ、課税ベースの拡大、所得税の累進税率の緩和、消費税（付加価値税）依

---

[14] OECD (2006) *Fundamental Reform of Personal Income Tax* pp.81 では、先進国の個人所得税には、徴税技術的な困難により実質上課税対象から漏れている所得、非課税項目となっている所得も多いこと、金融資産については分離課税による低率の比例税となっていることから、準包括的所得税（semi-comprehensive income tax）と特徴づけている。

[15] 勤労所得については累進税率を、資本所得については比例税率を課すのが二元的所得税である。資本所得を比例税率とした意図は、第一に、資本所得に含まれるインフレ部分への課税を回避すること、第二に、資本所得への税率を法人所得税の税率と同率とすることで、租税回避を抑止することであった。関口・前掲注(11)23頁。

[16] 諸富徹『環境税の理論と実際』（有斐閣、2000年）283頁。

存の増大であった。EU はその域内の拡大や，経済統合を進め，この潮流に沿って，税制の調和も試みている。EU 指令により，消費税（VAT）やエネルギー税（炭素税）について，一定の範囲内で調和させていく方向性を目指している。

EC で法人税の調和を勧告したルディング委員会報告書（1992 年 3 月 18 日）[17]で示されたのは，①現行の各国別法人税がもたらしている効率性・公平性の歪みを除去すること，②租税競争を制限するために，法人税の課税ベースと税率を域内で調和させること，③投資促進を目的とした各国の租税優遇措置の透明性を確保すること，であった。そのために三段階に分けて実施する勧告（現行の各国税制の相違を出発点として，段階的に調和をすすめる現実的なアプローチ）を行ったが，採用されなかった。課税権は国家主権の中核をなすものであり，法人税・所得税は，各国の産業政策や所得再分配政策の手段として重要な役割を果たしているため，その統合は難しい。

EC 委員会は，90 年代前半に EU レベルでの共通環境エネルギー税導入にも失敗した。現在，EU 各国のエネルギー税は，EU の規定する最低税率以上の税率で各国別に導入されている（2003 年 10 月の EU 指令に基づく）段階であり，統一的な炭素税の導入には至っていない[18]。

法人税や所得税と異なり，エネルギー税や炭素税は間接税であるため，EU 指令（EU 指令は，命じられた加盟国に対して拘束力をもつが，その形式や方法は各国の裁量に委ねられている）による緩やかな税率の統合は可能である。

域内統合を目指す EU の環境税制は，租税政策と環境政策の統合の方向に向かっている。個別間接税である環境税・エネルギー税に対しては，直接税ほど各国ごとの課税権が主張されることがない。共通の統一目標の設定は実現可能

---

[17] 元オランダ大蔵大臣ルディングを委員長として，域内市場完成後の法人課税のあり方に関する検討を行った。同報告書では EC での法人税の調和を勧告したが，採用されなかった。Commission of the European Communities (1992), *Report of the Committee of Independent Experts on Company Taxation*.（木村弘之亮訳「Ruding 委員会の EC 企業課税に関する結論と勧告(1)(2)(3)」税経通信第 47 巻 10 号，11 号，12 号），諸富・前掲注(16) 306 頁。

[18] 2009 年 12 月 29 日，フランスでは 2010 年度予算案（法律）に対する憲法院の以下の判決（77〜83 が炭素税関係）で，憲法違反とされた。http://www.conseil-constitutionnel.fr/conseil-constitutionnel/francais/les-decisions/acces-par-date/decisions-depuis-1959/2009/2009-599-dc/decision-n-2009-599-dc-du-29-decembre-2009.46804.html

それでも，2010 年 7 月からの炭素税の施行を目指して産業界と協議を続けていたが，欧州レベルでの一括課税が前提であるとして，導入を見合わせた（2010 年 4 月 1 日）。

6.1 温室効果ガス25%削減のための国内政策

であろうし，EU間での国境税調整も不要になる。

法人資本や金融資産に対する税を軽課し，炭素税，勤労所得を重課する方向は，垂直的公平を損なうことになる。したがって，社会保険料のような労働性所得に対する軽減や累進税率のフラット化，課税ベースの拡大，消費税やエネルギー税といった間接税率の共通化がEUや北欧諸国の税制改革の方向である。

日本の場合は，地理的条件・政治的条件があまりに異なる。EU諸国とも米国とも地政的に距離があり，かつ，資源に乏しい島国という特徴をもつ。地球温暖化対策税（炭素税）の導入においては，北欧における二元的所得税や，ドイツにおける社会保険料軽減といった抜本的税制改革で求められた「二重の配当」の理論的背景とは異なる。

産業界への減免措置を考慮するに際し，環境税の減免ではなく，雇用主企業の社会保険料負担の軽減に税収を充てる，雇用創出に向けた補助金政策を行うこともできる（税負担を総合調整の一部として用いる（財政法＋租税法））。しかしわが国の場合は，抜本的税制改正と組み合わせた地球温暖化対策税導入ではない。税と社会保険との組み合わせは，日本年金機構（2010年に社会保険庁より改組）と国税庁を統合した歳入庁が設置されるまでは（平成22年度税制改正大綱に明記），制度的に難しい。あくまで，エネルギー税制の範疇で，近い将来，消費税率が複数税率となる場合には消費税制の範疇で，公平性が保たれるように，軽減措置は極力避ける方向で導入する必要があるのではないか。

上流段階での地球温暖化対策税（新税であれ，石油石炭税の組み換えであれ）に対しては，ナフサや重油，灯油（場合によっては，エネルギー集約産業に対しても）に対する軽減措置は，国際競争力確保や逆進性緩和の観点からは考慮すべき要素となりうる。しかし，広義のPPPの原則や，租税における公平原則からは望ましくない。

国境を超えることが容易な資金を国内に留め置くための資本所得に対する低率課税は，水平的公平面からも，垂直的公平面からも，歪みを生じさせる。更には，国際取引に関して，日本では課税できない大型の租税回避スキームも多い[19]。このような観点からも，国際課税の必要性が増大しているといえよう。

---

19 課税は最終的に経済的な効果に着目して行われるが，国際取引は複合取引であって，いろいろな要素が入っている。実質論で課税しようとしても，法形式的には課税できない場合もある。国境をまたぐタックスギャップ（課税逃れ）の問題が危惧されている。三木義一・杉田宗久「国際連帯税（トービン税）の動向」税研140号7頁。

6.2 国際的な資金援助システムの構築に向けて——地球環境税の可能性

6.2.1 国際連帯税・地球環境税に関する議論

6.1.1 に述べたように税制改正大綱の検討項目は，今後の税制改正の方向性を示唆する隠れた重要項目である。環境税と並行してここ数年取り上げられているのが国際連帯税[20]である。国際連帯税は，各国が徴収してもその国に使われるのではなく，国際的な目的に使われるものである。表 6-3 に示すように，平成 21 年度自民党税制改正大綱（平成 20 年 12 月 12 日）にて検討項目として

平成 20 年 12 月 12 日（平成 21 年度自民党税制改正大綱）
検討項目 16
金融危機の中，世界的に開発資金の確保が一層困難になることが予想される一方，途上国支援のための資金の需要は依然として大きい。こうした状況を踏まえ，また地球温暖化対策の一環として，国際社会が共同して途上国を支援するための税制のあり方について，国際的な議論の動向，経済や金融に与える影響，目的税としての妥当性，実務上の執行可能性等に考慮を払いながら，納税者の理解と協力を得つつ，総合的に検討する。
平成 22 年 12 月 22 日（平成 22 年税制改正大綱）
第 3 章　各主要課題の改革の方向性
4. 国際課税
(3) 国際連帯税
国際金融危機，貧困問題，環境問題など，地球規模の問題への対策の一つとして，国際連帯税に注目が集まっています。金融危機対策の財源確保や投機の抑制を目的として，国際金融取引等に課税する手法，途上国の開発支援の財源確保などのために，国境を越える輸送に課税する方法など，様々な手法が議論されています。すでにフランスやチリ，韓国などが航空券連帯税を導入するなど，国際的な広がりを見せています。我が国でも，地球規模の問題解決のために国際連帯税の検討を早急に進めます。

表 6-3　税制改正大綱における国際連帯税に関する記述の変化

---

[20] 後述するように，既に国際連帯税として，2006 年以降，フランス等 8 カ国が航空券連帯税を導入しているが，ここで言う「国際連帯税」は，国境を越える特定の経済活動に課税し，集まった収入を貧困撲滅・途上国支援等を行う国際機関の財源とする新しい種類の租税を広く含む。渕・前掲注(2)24 頁。

6.2 国際的な資金援助システムの構築に向けて

取り上げられた「国際社会が共同して途上国を支援するための税制」は，平成22年度税制改正大綱においては，「国際連帯税」という具体的な名称で，検討項目ではなく，「第3章 各主要課題の改正の方向性」のうちの国際課税の一項目として取り上げられている。

このように注目されるようになってきた国際連帯税・地球環境税[21]は，2008年（平成20年）に閣議決定された「低炭素社会づくり行動計画」[22]において，「先進国が中心となって，革新技術の開発や途上国の支援を共同して実施するための財源として，国際社会が連携した地球環境税のあり方についても研究していく。」との趣旨が盛り込まれたところから検討が始まったものである。「2008年度末を目途に一定の研究の成果を公表する」ために，環境省地球環境税等研究会も設けられ，その報告書も公表されている（2009年（平成21年）3月）。

現在，国際連帯税と総称される税には，通貨取引への課税（トービン税），航空券税，世界共通炭素税等，様々な税を含む。これらに共通するのは，税収をあげて，それを貧しい国々へ再配分していこうという南北問題解決のための財源調達目的をもつことである。

もともとのトービン税は，アメリカの経済学者ジェームズ・トービン（ノーベル経済学賞受賞）が，1972年の講演で提案した構想である。「たっぷり油の差された国際金融の歯車に少々の砂粒を撒く」必要があるとして，「国際的な為替取引額の1％を税として賦課すべき」と提案したものである。このように，そもそもトービンの提唱した税は，固定相場制が崩れて変動相場制になった際の弊害を危惧し，為替取引に課税するものであったが，実現することはなかった。

ここに至って注目されるようになったのは，その後，繰り返し生じた経済・金融危機と税収の使途（国際的な不公平を補い，途上国に援助する）に着目したフランスの学者や市民団体を中心にした動きによる。国際的な投機行為によって，アジアの通貨危機や米国発の金融システム危機が引き起こされてきたが，これらに対する規制の一つとして，国際連帯税が有効ではないかとの認識が高

---

[21] 経済，環境，エネルギーのバランスを壊している原因の一つが国境を越えた金融取引の肥大化であり，それを抑える必要があるので，国際連帯税と地球環境税が関連してくる。三木・杉田・前掲注（19）4頁。

[22] 低炭素社会づくり行動計画 http://www.env.go.jp/press/file_view.php?serial=11912 &hou_id=10025

まってきたものである[23]。

2000年の国連総会において採択された「国連ミレニアム宣言」を元にまとめられた「ミレニアム開発目標（MDGs；Millennium Development Goals）」には、世界の貧困克服のため、2015年までに達成すべき8つの目標[24]を掲げている。ODAによる既存の資金フローだけでこれら開発目標を達成することは難しく、補完的にならざるをえない。

MDGs達成のためには、「革命的資金調達メカニズム」が必要となる。これは、メキシコのモンテレー国際開発資金会議の場でも提唱されたが（2002年）、同会議後も、開発資金の目途がたたず、実現が危惧されていた。

その後2004年になって、フランス・シラク大統領が特別グループを結成し、同年8月、報告書「ランドー・レポート」をまとめた。このレポートにおいて、資金は、長期的には国際課税でカバーされなければならないとして、環境税（炭素税、航空輸送税、海上輸送税）、金融取引税、多国籍企業への課税、兵器取引税があげられた。このような開発目標達成のための資金メカニズムは、さらには、途上国が気候変動に適応するための資金としても期待されつつある。

これらの国際課税のうち、トービン税であるところの通貨取引税に対する現在の議論の主流は、通貨取引に0.005％という超低率の税をかけ、市場メカニズムを歪めることなく為替市場の安定化を図り、特別な場合には高率の課税をするという二段階課税方式の課税である[25]。従来のトービン税は外国為替の安定化を主目的とした政策課税であるのに対し、通貨取引開発税（CTDL; Currency Transaction Development Levy）は開発目標達成のための財源確保を主目的としたものである[26]。

---

[23] 2001年7月にまとめられた「開発資金に関する専門家委員会」（アナン国連事務総長の諮問組織）報告書では、開発のための「革新的な資金源」として、炭素税とともにトービン税があげられた。ブリュノ・ジュダン著・和仁道郎訳『トービン税入門』（社会評論社、2006年）250頁。

[24] ①極度の貧困と飢餓の撲滅、②初等教育の完全普及の達成、③ジェンダーの平等の推進と女性の地位向上、④乳児死亡率の削減、⑤妊産婦の健康の改善、⑥HIV/エイズ、マラリア、その他の疾病の蔓延の防止、⑦環境の持続可能性の確保、⑧開発のためのグローバル・パートナーシップ推進。

[25] この案は、ソニー・カプーア「通貨取引税－金融の安定性増進と開発金融」（2005年）のレポートである。前掲注(23)254頁。

[26] 通貨取引開発税は、トービン税構想に基づき、開発分野において提唱・議論されている提案である。財団法人地球環境戦略研究機関（IGES）『地球温暖化対策と資金調達』（中央法規、2009年）157頁。

6.2 国際的な資金援助システムの構築に向けて

これらの税収使途は国際間で分配して、貧しい国々のために使うという発想である[27]。これが、お金の流れを市場に任せたことで、利益を生まない国や地域が取り残されたとの考えを背景とした国際連帯税の考えである。

トービン税には、課税によって金融危機対策の費用を賄うというもう一つの構想もある。もともとは税金であるところの公的資金を投入して銀行を救ったのだから、危機を起こした金融取引に課税してお金を国民に取り戻す内容である[28]。

このように、トービン税は為替取引に対する世界的な課税であり、世界主要国が同時に導入しない限り、難しいと考えられていた。ところが最近の議論では、一国でも自国の通貨に対して課税するなら可能なシステム（通貨取引開発税）や、グループ国で課税すれば租税回避は防げるという議論も強まっている。また、主要な世界7カ国（75％以上の取引を占める）さえ同意すれば、ほぼ世界を網羅できると考えられている。

6.2.2 国際連帯税——航空券連帯税

ミレニアム開発目標（MDGs）は、国際開発目標を統合して策定されたものであるが、途上国の開発や技術援助は、気候変動に対応する「適応資金」と重なり合う。気候変動資金として必要される額の大きさや、世界規模での国際連帯税の税収の多さからして、国際連帯税による税収は、気候変動のための基金として、途上国の適応策にも使うべきであろう。

現在、議論されている国際連帯税は、税収使途（気候変動リスクの防止等）を満たすための国際的な課税方法の模索である。このように税収使途から必要な税額を算出する国際連帯税は、財源調達目的税となる[29]。一様に国際連帯税と

　世界の金融取引に課税すれば、0.005％の税率でも最大600億ユーロ（8兆円）の税収が見込める。国際金融会合（2009年5月）で、フランス、クシュネル外相は、ミレニアム開発目標（MDGs）を達成するには350億ドル（4兆円弱）必要とし、各国に本格的な検討を要請した。「トービン税提案　仏が国際会合で」2009年5月30日付日本経済新聞。

[27] これらの議論を受け、IMFでは金融取引への課税構想を検討し始めた。「トービン税再評価の意味」2009年11月8日付日本経済新聞。

[28] 2010年6月に開催されたG20財務相・中央銀行総裁会議では、銀行の破綻処理費用を金融界にも負担させる原則を確認したものの、米国や欧州が導入を主張する「銀行税」の制度設計での合意は見送られた。

[29] 環境税は、政策目的（環境負荷行為の制御）が主眼であっても、財政目的を伴う限り、法的には租税と性質決定される。藤谷・前掲注(6)33頁。国際連帯税のうち、通貨取引

いっても，トービン税（通貨取引税）と航空券税，地球環境税（世界共通炭素税）では，課税目的はかなり異なる。通貨取引税であるトービン税は，財源調達目的税である。その税収を気候変動対策に用いるのは，課税対象と課税使途の関係において整合性に欠ける懸念がある[30]。

具体的な通貨取引税は，決済地の銀行を通じて徴収するものであり，導入に際しては金融機関の反対が予測されるうえに，国際的に一斉に導入するのは難しい。

ベルギーでは，既に，トービン税法案を可決している（2004年4月）。ただし，EU指令等による同法案の義務化が発効の要件となっている[31]。シュパーン教授による2段階課税構想に基づく，いわゆる「トービン・シュパーン法」は，為替相場の安定化（通貨の価値の安定化）を主目的としており，税率を0.02％（すべての為替取引が決済されるごとに）と80％（通貨の価値が急変した時）の2段階に設定している。しかし，発効要件であるEMU（欧州経済通貨統合）全加盟国の合意を得るのはかなり先になると思われる。

一方，2005年の世界サミットにおいて，フランスやドイツ，チリ，ブラジルなど6カ国が航空券連帯税（Solidarity Levy on Air Tickets）の導入声明を出し，2009年5月現在，12カ国で導入済み，28カ国において導入を検討している[32]。

現在，提案されている資金メカニズムの中では，航空券連帯税が最も導入可能性が高い。各国で徴収された税収の大部分は，国際医療品購入ファシリティ（UNITAID）が管理する信託基金（結核やマラリア等感染症対策へ支出）に拠出されている。この航空券による国際連帯税は徴税権が各国にあり，参加国も少ないため，真のグローバル・タックスからほど遠いが，それでも，国際公共財の創出のための第一歩といえよう。

開発税と航空機連帯税は，財源調達目的税であり，本来の地球環境税・世界共通炭素税は政策税である。

[30] ただし，寺島実郎氏（日本総研会長）の述べるように，国境を超えた金融取引の肥大化によって，経済，環境，エネルギーのバランスを壊していると考えると，通貨取引を抑える必要性が出てくる。通貨取引に低率の課税をして，これを国際機関の地球環境対策の財源とする構想につながる。

[31] フランスもベルギーに先駆け，2001年11月に通貨取引税法案を可決しているが，全EMU（欧州経済通貨統合）加盟国による参加を発効の条件としているため，現時点では未発効である。

[32] 最初に導入したフランスでは，エコノミークラス1ユーロ（EU域外4ユーロ），ビジネス，ファーストクラス10ユーロ（EU域外40ユーロ）の課金により，年間2億ユーロの収益を想定している。前掲注(26)177頁。

6.2 国際的な資金援助システムの構築に向けて

日本でも金子宏名誉教授が，2006 年に，国際航空運賃に対する課税である「国際人道税」を提言している[33]。金子名誉教授は，「国際航空運賃に対する課税は国家の領土主権の外で行われる消費行為に対する課税であるから，その税収はこれを徴収した国家の歳入とされるべきではなく，国際社会のために使うべきである。そのためには，その税収を国際機関に転送し，国際機関が民族紛争などの犠牲者のために支出すべき」との考えを示している。

消費税は内国税である。国際航空運賃に対する課税は国家の領土主権の外で行われる消費行為であるため，輸出免税となり，国際運賃は課税対象から除外されている（消費税法 7 条 1 項，同施行令 17 条）。つまり，国際人道税によって，どの国でも消費税ないし付加価値税の対象から漏れている国際航空運賃に課税し，国内航空旅行と国際航空旅行との間の税制の中立性の是正に役立てる主張である。

したがって，その税収は国家の歳入とされるべきではなく，人道のために使うべきとの主張につながる。トービン税とは異なるが，国際連帯税の税収を国際平和のために使い，貧しい人のために使うという発想である金子名誉教授の提唱は，既に 12 カ国で導入されている航空券連帯税の趣旨及び実際の税収使途と重なる。

6.2.3 緩和策と適応策——気候変動のための基金

このような動きの中で，2006 年にはフランス等の主導により，「開発資金のための連帯税に関するリーディング・グループ」が開催され，日本も 2008 年から参加した。要は，トービン税のような国際的な課税によって資金調達をし，気候変動のための基金として活用する仕組み作りに関する議論の場である。これらは，福田政権が取りまとめた温暖化防止のための「低炭素社会づくり行動計画」（2008 年 6 月）にも明記され，地球環境税という資金調達メカニズムに対する議論が開始された。

米国発の金融危機やフランスのトービン税構想により，トービン税（通貨取引税）は再評価されつつある。COP15 開催中にも，EU 加盟国 27 カ国の首脳

---

[33] 深刻な財政赤字の改善，急速に進行しつつある少子高齢化への対応，景気回復とともに拡大しつつある個人間の経済格差の是正を解決するための，消費税率の引き上げが不可欠であり，こうした消費税率の引き上げに合わせて，消費税制の中に国際支援の要素を持ち込むために，「国際人道税」を制度化すべきとの主張である。金子宏「人道支援の税制創設を」2006 年 8 月 3 日付日本経済新聞「経済教室」。

はIMFに対し，米国の反対にもかかわらず，為替取引に対する国際課税を検討するよう促した。トービン税に対する共同宣言はまとめられなかったが，ゴードン英首相とサルコジ仏大統領は，これらの税収は途上国の気候変動対策費用として利用するように提案した（2009年12月）[34]。

COP15までに決定している途上国への支援額は，2012年までの3年間に300億ドルのみであるが，2020年時点で年1,000億ドルの資金援助を目指す。EU首脳は，通貨取引税の税収や排出量取引のオークション収入を2020年における気候変動資金として利用することを提案している。

気候変動は，どの国に対しても，国境を越えて影響を与える問題であり，国際的に協力して解決する必要がある。しかしながら依然として，南北間の対立は根深い。「共通だが差異のある責任」分担の方法は難しい。途上国に対する資金援助，技術開発・移転の財源のためには，国際取引税・地球環境税といった超国家的な資金調達メカニズムが必要なことは共通の理解となりうるが，はたして実現可能であろうか。

国際的な徴税機関が存在しない[35]うえに，国家がその経費に充てるための資金を調達する目的をもつ課税権は，国家主権の中核をなすものである。このような超国家的な共通の課税は果たして可能であろうか。

気候変動枠組条約に基づく締約国会議（COP）において議論されている気候変動対策は，緩和策（mitigation）と適応策（adaptation）に大別される。気温上昇を産業革命前の段階から2℃以下に抑えるという目標達成に向け，気候変動を緩和させるよう，先進国が中心となってCO_2排出量を削減する国際的な枠組みが，緩和策である。

一方で，IPCC第四次報告書が示すように，温暖化の影響は既に現れている。したがって，その適応策を講じる必要があるが，途上国は被害国となっている場合が多く，資金も技術も乏しい。ゆえに，温暖化の原因に最も寄与している先進国から途上国での削減行動を支援するための技術開発・移転（Technology Development, Technology Transfer），さらには，影響による損失を補償するための国際的な資金調達制度が必要となる。途上国での削減行動と適応策に必要と

---

[34] "European leaders push case for Tobin tax" FINANCIAL TIMES DECEMBER 12, 2009.
[35] 前掲注(33)金子宏名誉教授は，「グローバリゼーションがさらに進めば，世界は緩やかな国家連合，さらには連邦国家へと発展して，国際社会が租税の徴収を自ら行う仕組みが成立する可能性がないともいえない。」と国際的な徴税機関の可能性に言及している。

なる追加的な資金総額推計は，2030年までに1,000億ドル以上（UNFCCC事務局）と見込まれている[36]。

平成20年度地球環境税研究会報告書では，評価対象となる資金メカニズムとして7つにグルーピングしている。①炭素税型，②排出量取引制度からの調達型，③通貨取引税型，④輸送課税・負担金賦課型，⑤国家による資金拠出，信用創出型，⑥炭素クレジット付与による資金誘導型，⑦その他，である。

すでに12カ国で導入されている航空券連帯税は，④に分類される。乗客の応能力を反映する（クラス別課税）仕組みからして，垂直的公平性を満たしている。低率課金のため，実体経済への影響は軽微であり，経済への中立性を保つことができる。適応基金への資金確保を主目的とし，既に実施事例があり，簡素なシステムで対応可能である。

PPPの原則からみると，CO_2排出量ではなく，運賃への課金となるので，PPPに準ずるにすぎないが，政治的合意の可能性，法的実行可能性からも，導入可能性が高い。ただし，全体の税収は2006年から20年間に年間100億ドルの資金調達を見込んでいたものの，2008年度実績で，3億米ドルの調達にとどまっている[37]。必要な資金を調達するためには，航空機籍のあるすべての国における（少なくとも附属書I国）課税が必要になろう。

6.2.4　地球環境税の可能性

国際連帯税のうち，航空券連帯税が最も導入可能性が高いが，必要とされる適応資金の額には及ばない。ODAへの拠出ではなく，国際的課税による財源調達を目指すのであれば，世界共通の炭素税，地球環境税が望ましいこととなろう。

地球温暖化ほど，地球全体にかかわる問題はない。地球規模の問題であるにもかかわらず，誰もその解決にお金を払いたいとは思わず，他人の努力にただ乗りしたがる。温室効果ガスを排出するどんな活動にも必ず社会的コストが発生するが，その活動に従事した人間は支払いをしておらず，過剰に排出する結果となっている。

---

[36]　UNFCCC事務局や国連開発計画，世界銀行による試算が公表されている。IGES・前掲注(26)26頁。

[37]　導入時の仏シラク大統領は，世界中で航空券1枚に1ユーロ課税すれば100億ユーロを調達できるとして，世界中で実施することを呼びかけた。IGES・前掲注(26)175頁。

これらのコストを負担するためには，世界中の国々に炭素排出に対する共通税を課す，あるいは同等のやり方として，石油・石炭・ガスを燃やしたときの排出量を反映させた税率で課税する。これがノーベル経済学者スティグリッツの提案する世界共通の排出税構想である[38]。地球規模の環境税，炭素税案は，多くの学者や国による提案が行われている。

　平成20年度地球環境税等研究会報告書においては，各種資金メカニズムの検討を行っている。その資金メカニズムは，6.2.3で示した7つの類型である。

　うち，炭素税型としては5つの類型（①スイス提案による世界統一炭素税，②ベネディック提案による技術開発用の財源としての炭素税，③ノードハウス提案による統一炭素税，④宇沢提案による比例的炭素税，⑤クーパー提案の協調炭素税）をあげて検討・分析を行っている[39]。

　これらの中で，まず比較的単純な課税方法である，①のスイス提案の世界統一炭素税を検討する。同案は，PPPの原則に基づき，参加国に対して，低率での一律課金（2米ドル/CO_2）による資金調達型炭素税（2008年5月UNFFFC補助機関会合にて提出）である。1人あたりCO_2排出量が1.5トンを下回る国については課税免除とすることで，共通だが差異ある責任原則に基づいた財政負担の差別化を図る。税収額は年間4,850億ドルと試算される。低所得国への課税免除，低率課税，PPPへの準拠，上流課税のため徴税技術的に容易であり，垂直的公平，水平的公平，経済への中立性，簡素性の面ですぐれている。

　次に④宇沢提案による比例的炭素税を検討する[40]。既存の国際的な炭素税制度に関する議論は，各国共通の税率を前提としているため，国家間の公平性が考慮されていない。開発途上国への相対的な課税賦課の増加による経済発展の鈍化を招く可能性もある。比例的炭素税とは，一人当たりの国民所得に比例さ

---

[38] 炭素税は，京都議定書の共通目標への取組みで予測した数値と同等の，世界的削減を達成できる高さに設定すべきことになる。この制度のメリットは，国内の目標レベルを設定しなくてすむことである。ジョセフ・E・スティグリッツ著・楡井浩一訳『世界に格差をバラ撒いたグローバリズムを正す』（徳間書店，2006年）276頁。

[39] 以下，これらの簡単な内容を記す。①財源確保目的の提案であり，PPPに基づき，参加国に対して定率での一律課金（2米ドル/CO_2），②低率の炭素税導入によりエネルギー技術の研究開発の財源確保目的，③国際間で合意された共通の炭素税率を各国レベルで導入・賦課する政策課税，④一人当たりの国民所得に比例させた国ごとに異なる税率に基づく炭素税導入，⑤各国に均一の税率を賦課する協調炭素税の導入を提案（政策課税）。IGES・前掲注(26)98頁以下参照。

[40] 宇沢弘文『地球温暖化の経済学』（岩波書店，1995年）165頁，同「地球温暖化への経済学的解答－排出権取引では解決しない」中央公論2008年7月号100頁。

6.2 国際的な資金援助システムの構築に向けて

せた国ごとに異なる税率による炭素税の導入提案であり，伝統的な炭素税の考え方[41]と基本的に異なる性格を持つ．比例的炭素税方式は，先進国と途上国との間に存在する大きな経済的格差を考慮に入れながら，大気均衡の安定化を長期的な視点から見て最適な形で実現しようとするものである．比例的炭素税の下では，その国の一人当たりの国民所得に比例させる．各国政府は，徴収した税収額のうち一定額を「大気安定化国際基金」に拠出する[42]．温暖化対策を，大気という地球全体にとって共通の，大切な社会的共通資本をどのように管理するかという問題として捉えている．

課税権は国家主権の根幹をなすものである．既に炭素税を導入している国においては，既存税の一部を世界統一炭素税として基金に拠出することも可能であるが，米国のように一人あたりでは世界一のCO_2排出国でありながら，炭素税導入に後向きと思われる国もある．今後，途上国での排出が増えるので，インドや中国などの排出量の多い途上国に対しても，課税による資金調達を求める必要性が出てくる[43]．

新税としての炭素税の導入はどの国でも難しい．国際競争力を考慮すると，一国ゆえにかえって難しい側面もある．フランスの炭素税のように違憲判断がされる可能性もある（2009 年 12 月 29 日）．したがって，世界的に共通した炭素税を導入し，税収を気候変動のための大気安定化基金に拠出する制度に関しては，衡平原則を損なわないような制度設計による政治的合意可能性や法的実行可能性の高いものにすることが望ましい．本来の政策税としての役割を越え，財源調達目的として設計する方が実現可能性は高くなる．

スターン・レビューや IEA 世界エネルギー展望，UNFCCC 事務局，世界銀行など，種々の機関が将来的な気候変動対策として必要な資金規模の推計をしている．いずれの推計でも，気候変動のための適応資金は巨額になることが予想されている．

適応基金は巨額となることから，拠出金は課税による資金調達の方が望まし

---

[41] 伝統的な経済理論では，大気中のCO_2の帰属価格はすべての国にとって共通であって，それに基づく炭素税の税率も同一でなければならないとされている．

[42] 宇沢弘文「地球温暖化と持続可能な経済発展」宇沢弘文・細川裕子編『地球温暖化と経済発展』（東京大学出版会，2009 年）154 頁．

[43] 炭素税のインセンティブ効果から求められる衡平性の観点からは，米国とともに，中国やインドなど非附属書 I 国ではあるが排出量の多い国に対しても炭素税賦課による拠出を求める必要が出てくる．しかし，財源調達のための世界統一炭素税と割り切ってしまうと，途上国の負担を求める必要性は低くなる．

い。国際連帯税のうち，実現可能なものから制度化するとなると，まずは，航空券連帯税の拡大であろう。わが国においても，既に平成 22 年度税制改正大綱のうち，主要課題にも明記されていることから，実現性が高いのではないか。

次に実現可能なのは，通貨取引開発税であろう。通貨取引開発税は，銀行への課税である。世界のうち 7 カ国で通貨取引の 75％以上に達している[44]。前述したように，2010 年 6 月に開催された G20 財務相・中央銀行総裁会議での合意は見送られたが，カナダやオーストラリアなどの合意があれば導入は不可能ではない。フランスが導入に熱心なこと，ベルギーでは既に法案が成立していることからして，EU 域内での導入可能性は高いと思われる。

「将来世代のため」の責任を果たすべく，少なくとも附属書 I 国の「現代世代」の「現代世代」に対する法的責任の担保の一つとして，地球環境税（炭素税）の実現を目指す必要がある。しかしながら，世界共通の地球環境税の導入は，衡平性への配慮が必要である。途上国への課税に対しては，「差異のある責任」「各国の能力」からみて，賛否両論がある。ゆえに実現可能な世界共通の炭素税として，適応基金への資金調達を主目的にした低率課税──スイス案──が望ましいのではなかろうか。

---

[44] 毎日 1 兆ドル分以上のドル，ポンド，ユーロ，円が取引されている。通貨取引の割合は，ロンドン 31％，ニューヨーク 15％，日本 9％，シンガポール 6％，フランクフルト 5％，スイス 4％，香港 4％である。三木・杉田・前掲注(19)3 頁。

〈著者紹介〉

兼 平 裕 子（かねひら ひろこ）
　　1955 年　愛媛県出身
　　1978 年　広島大学政経学部卒業
　　1997 年　税理士登録
　　2003 年　神戸大学大学院法学研究科博士課程修了・博士（法学）
　　現在　　愛媛大学法文学部・教授

〈主　著〉
『それでも環境税を払いたくなる本』（海象社，2009 年）

学術選書
56
環 境 法

❀ ❀ ❀

低炭素社会の法政策理論

2010（平成22）年 9 月10日　第 1 版第 1 刷発行
5856-1:P232　Y 6800E-012:050-015

著　者　兼 平 裕 子
発行者　今井 貴　稲葉文子
発行所　株式会社 信 山 社
〒113-0033 東京都文京区本郷6-2-9-102
Tel 03-3818-1019　Fax 03-3818-0344
henshu@shinzansha.co.jp
笠間才木支店 〒309-1611 茨城県笠間市笠間515-3
笠間来栖支店 〒309-1625 茨城県笠間市来栖2345-1
Tel 0296-71-0215　Fax 0296-72-5410
出版契約2010-5856-1-01010 Printed in Japan

©兼平裕子, 2010　印刷・製本／東洋印刷・渋谷文泉閣
ISBN978-4-7972-5856-1 C3332 分類323.916-a030環境法

JCOPY 〈（社）出版者著作権管理機構 委託出版物〉
本書の無断複写は著作権法上での例外を除き禁じられています。複写される場合は、
そのつど事前に、（社）出版者著作権管理機構（電話03-3513-6969、FAX 03-3513-6979、
e-mail: info@jcopy.or.jp）の許諾を得てください。

◇総合叢書◇

1　甲斐克則・田口守一 編　企業活動と刑事規制の国際動向　11,400円
2　栗城壽夫・戸波江二・古野豊秋 編　憲法裁判の国際的発展Ⅱ　続刊
3　浦田一郎・只野雅人 編　議会の役割と憲法原理　7,800円
4　兼子 仁・阿部泰隆 編　自治体の出訴権と住基ネット　6,800円
5　民法改正研究会 編(代表 加藤雅信)　民法改正と世界の民法典　12,000円
6　本澤巳代子・ベルント・フォン・マイデル 編　家族のための総合政策Ⅱ　7,500円
7　初川　満 編　テロリズムの法的規制　7,800円
8　野田昌吾・守矢健一 編　法発展における法解釈学(Rechtsdogmatik)の意義　近刊
10　森井裕一 編　地域統合とグローバル秩序　6,800円

◇法学翻訳叢書◇

1　R.ツインマーマン　佐々木有司 訳　ローマ法・現代法・ヨーロッパ法　6,600円
2　L.デュギー　赤坂幸一・曽我部真裕 訳　一般公法講義　続刊
3　D.ライポルド　松本博之 編訳　実効的権利保護　12,000円
4　A.ツォイナー　松本博之 訳　既判力と判決理由　6,800円
9　C.シュラム　布井要太郎・滝井朋子 訳　特許侵害訴訟　6,600円

信山社

価格は税別

◇学術選書◇

1	太田勝造	民事紛争解決手続論(第2刷新装版)	6,800円
2	池田辰夫	債権者代位訴訟の構造(第2刷新装版)	続刊
3	棟居快行	人権論の新構成(第2刷新装版)	8,800円
4	山口浩一郎	労災補償の諸問題(増補版)	8,800円
5	和田仁孝	民事紛争交渉過程論(第2刷新装版)	続刊
6	戸根住夫	訴訟と非訟の交錯	7,600円
7	神橋一彦	行政訴訟と権利論(第2刷新装版)	8,800円
8	赤坂正浩	立憲国家と憲法変遷	12,800円
9	山内敏弘	立憲平和主義と有事法の展開	8,800円
10	井上典之	平等権の保障	近刊
11	岡本詔治	隣地通行権の理論と裁判(第2刷新装版)	9,800円
12	野村美明	アメリカ裁判管轄権の構造	続刊
13	松尾 弘	所有権譲渡法の理論	近刊
14	小畑 郁	ヨーロッパ人権条約の構想と展開〈仮題〉	続刊
15	岩田 太	陪審と死刑	10,000円
16	石黒一憲	国際倒産 vs. 国際課税	12,000円
17	中東正文	企業結合法制の理論	8,800円
18	山田 洋	ドイツ環境行政法と欧州(第2刷新装版)	5,800円
19	深川裕佳	相殺の担保的機能	8,800円
20	徳田和幸	複雑訴訟の基礎理論	11,000円
21	貝瀬幸雄	普遍比較法学の復権	5,800円
22	田村精一	国際私法及び親族法	9,800円
23	鳥谷部茂	非典型担保の法理	8,800円
24	並木 茂	要件事実論概説 契約法	9,800円
25	並木 茂	要件事実論概説Ⅱ 時効・物権法・債権法総論他	9,600円
26	新田秀樹	国民健康保険の保険者	6,800円
27	吉田宣之	違法性阻却原理としての新目的説	近刊
28	戸部真澄	不確実性の法的制御	8,800円
29	広瀬善男	外交的保護と国家責任の国際法	12,000円
30	申 恵丰	人権条約の現代的展開	5,000円
31	野澤正充	民法学と消費者法学の軌跡	6,800円

信山社

価格は税別

◇学術選書◇

32	半田吉信	ドイツ新債務法と民法改正	8,800円
33	潮見佳男	債務不履行の救済法理	近刊
34	椎橋隆幸	刑事訴訟法の理論的展開	12,000円
35	和田幹彦	家制度の廃止	近刊
36	甲斐素直	人権論の間隙	10,000円
37	安藤仁介	国際人権法の構造Ⅰ〈仮題〉	続刊
38	安藤仁介	国際人権法の構造Ⅱ〈仮題〉	続刊
39	岡本詔治	通行権裁判の現代的課題	8,800円
40	王　冷然	適合性原則と私法秩序	7,500円
41	吉村德重	民事判決効の理論(上)	8,800円
42	吉村德重	民事判決効の理論(下)	9,800円
43	吉村德重	比較民事手続法	近刊
44	吉村德重	民事紛争処理手続の研究	近刊
45	道幸哲也	労働組合の変貌と労使関係法	8,800円
46	伊奈川秀和	フランス社会保障法の権利構造	近刊
47	横田光平	子ども法の基本構造	10,476円
48	鳥谷部茂	金融担保の法理	近刊
49	三宅雄彦	憲法学の倫理的展開	続刊
50	小宮文人	雇用終了の法理	近刊
51	山元　一	現代フランス憲法の理論	近刊
52	高野耕一	家事調停論(増補版)	続刊
53	阪本昌成	表現の自由〈仮題〉	続刊
54	阪本昌成	立憲主義〈仮題〉	続刊
55	山川洋一郎	報道の自由	近刊
56	兼平裕子	低炭素社会の法政策理論	6,800円
57	西土彰一郎	放送の自由の基層	近刊
58	木村弘之亮	所得支援給付法	近刊
59	畑　安次	18世紀フランスの憲法思想とその実践	近刊
2010	高瀬弘文	戦後日本の経済外交	8,800円
2011	高　一	北朝鮮外交と東北アジア:1970-1973	7,800円

信山社

価格は税別